地基处理技术研究

秦鹏飞　著

郑州大学出版社

图书在版编目(CIP)数据

地基处理技术研究 / 秦鹏飞著. — 郑州 : 郑州大学出版社, 2021.9
(2024.6 重印)
ISBN 978-7-5645-8037-7

Ⅰ. ①地… Ⅱ. ①秦… Ⅲ. ①地基处理 Ⅳ. ①TU472

中国版本图书馆 CIP 数据核字(2021)第 141436 号

地基处理技术研究
DIJI CHULI JISHU YANJIU

策划编辑	袁翠红	封面设计	苏永生
责任编辑	刘永静	版式设计	苏永生
责任校对	李 蕊	责任监制	李瑞卿
出版发行	郑州大学出版社	地 址	郑州市大学路 40 号(450052)
出 版 人	孙保营	网 址	http://www.zzup.cn
经 销	全国新华书店	发行电话	0371-66966070
印 刷	廊坊市印艺阁数字科技有限公司		
开 本	787 mm×1 092 mm 1 / 16		
印 张	12.75	字 数	309 千字
版 次	2021 年 9 月第 1 版	印 次	2024 年 6 月第 2 次印刷
书 号	ISBN 978-7-5645-8037-7	定 价	68.00 元

前言

QIANYAN

2013年9月和10月，中国国家主席习近平先后提出建设"丝绸之路经济带"和"21世纪海上丝绸之路"的合作倡议。"一带一路"旨在借用古代丝绸之路的历史符号，高举和平发展的旗帜，积极发展与沿线国家的经济合作伙伴关系，共同打造政治互信、经济融合、文化包容的利益共同体、命运共同体和责任共同体。

铁路、公路、水利、港口、矿产等重大基础设施的建设是落实"一带一路"倡议的重要抓手。"一带一路"贯穿亚欧非大陆，沿线地质条件差异大，地质构造活跃，地形地貌特殊，气候分异明显，给沿线基础设施建设的地基处理带来了新的挑战。如火如荼的大规模工程建设，促使地基处理技术取得了长足发展，涌现了一批有突出影响力的创新成果。

注浆技术在建筑基础加固与沉降防治、隧道水害治理与不良地质体补强、路基塌陷治理、边坡支护和文物修补等工程中有重要应用，已经产生了明显的经济、社会和生态效益。复合地基技术则在公路、铁路、工业与民用建筑等各项建设中发挥重要作用，同样是不可替代的地基处理手段。为及时总结新理论、新技术、新理念、新设备的宝贵研究成果，本书从化学材料、劈裂机制、数值模拟等方面对注浆技术进行了探讨分析，从CFG、PCC、X形桩等方面对复合地基技术进行了梳理总结。对部分较复杂且显示性不够直观的图，本书提供了数字扫码，以便达到更好的学习效果。

本书可供土建、交通、水利、电力、港口、铁道、地质等部门从事岩土工程勘察、设计、施工的技术人员和管理人员使用，也可作为土木工程专业及相关专业本科生的参考用书，还可作为准备国家注册土木工程师(岩土)执业资格考试的参考书。

本书在编写过程中，参考了很多文献资料，郑州铁路职业技术学院的张月玥同志参与了中篇和下篇部分文字的编辑加工工作，在此一并表示感谢。由于编写时间仓促，再加上专业水平和实践经验限制，书中难免存在不妥和疏漏之外，请读者批评指正。

著者

2021 年 5 月

目录
MULU

上篇　注浆技术研究

化学注浆技术及其应用进展……2
劈裂注浆技术研究新进展述评……9
隧道注浆研究新进展及工程应用……14
岩土工程注浆技术与其应用研究……20
砂砾石土灌浆技术研究述评……26
砂砾石土可灌性的研究……32
砂砾石土灌浆防渗效果定量评价试验研究……38
不良地质体注浆技术研究述评……44
不良地质体注浆细观力学模拟研究……49
基于 FLAC3D 的砂砾石土石坝防渗加固稳定性分析……55
砂砾石层灌浆浆液扩散半径试验研究……62
砂砾石土渗透注浆浆液扩散规律试验研究……67
滩涂淤泥化学加固处理的试验研究……72
稳定性浆液在砂砾石土中灌浆的对比试验研究……78
新疆某水利工程垂直防渗方案比选……85
新疆下坂地水利枢纽工程深厚覆盖层防渗技术……92
参考文献……100

中篇 复合地基技术研究

地基处理新技术及应用研究…………………………………………………………… 108
复合地基新技术及应用研究…………………………………………………………… 115
CFG 桩复合地基技术及工程应用研究 ………………………………………………… 122
基坑工程支护新技术及应用研究……………………………………………………… 128
土钉支护在某深基坑工程中的应用分析……………………………………………… 133
参考文献………………………………………………………………………………… 139

下篇 土力学理论研究

新时代岩土力学基本问题探究………………………………………………………… 144
极限平衡和数值方法在边坡工程中的应用…………………………………………… 151
湿陷性黄土加固技术及其研究进展…………………………………………………… 157
岩土工程数值分析与其应用研究……………………………………………………… 163
不同应力路径下饱和粉土强度与变形特性试验研究………………………………… 168
土工测试技术及工程应用研究………………………………………………………… 175
软土地铁车站注浆加固技术分析……………………………………………………… 181
颗粒流 PFC2D 计算方法及应用研究述评 …………………………………………… 185
参考文献………………………………………………………………………………… 192

上篇　注浆技术研究

化学注浆技术及其应用进展

近年来,化学注浆技术在涉及微细裂隙抗渗治理、泥化夹层补强、堤防和建筑物加固及隧道岩溶突涌水处治等的水电、建筑、交通、采矿等领域均得到了广泛的推广应用,取得了巨大的经济和社会效益。伴随着化学注浆技术的进步,化学注浆理论、化学注浆材料和化学注浆工艺及设备研究均取得了重要进展。本文尝试对化学注浆新成果及其工程应用情况进行阐释和述评。

1 化学注浆理论

化学注浆理论有其自身鲜明的特征,在某些方面显著区别于水泥注浆理论。如采用丙烯酸盐或环氧树脂等化学材料对岩体挤压破碎带进行加固,采用溶胶树脂或聚氨酯等材料对孔隙砂岩进行防渗处治时等。由于浆液成分和工程地质条件等与水泥注浆时的情形不同,因而注浆设计方法和计算理论也就大不相同。

1.1 吸渗理论

研究表明,化学注浆过程中浆液与固相介质间不仅存在着灌浆压力产生的渗透作用,而且还存在着介质对浆液的吸渗作用,浆液可以通过吸渗作用浸润渗透到岩土介质的夹泥孔隙中。吸渗作用在化学注浆技术中意义重大,是除注浆压力外保证岩土体获得良好可灌性的另一动力。当浆液与岩土介质表面接触时,浆-土的界面张力和吸渗作用可以将介质中的孔隙水置换出来,浆液则可以渗透并填充到介质的空隙内,如图 1 所示。图中:s 为岩体,w 为孔隙水,g 为浆液;σ_s、σ_g和 σ_w分别为岩体、浆液和水的表面张力;σ_{sg}、σ_{sw}和 σ_{gw}分别为岩-浆、岩-水和水-浆的界面张力;θ 为润湿角。性能良好的化学浆液具有自动渗入被灌介质和被灌介质自动吸吮的双向作用机制。

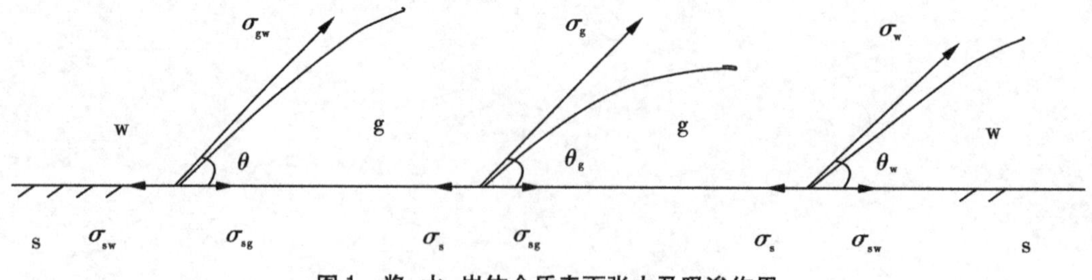

图 1 浆-水-岩体介质表面张力及吸渗作用

浆液与岩土介质吸渗作用的强弱与浆液和被灌介质的物理化学性能有关。研究表

明,影响岩体对浆液吸渗速度大小的主要参数有浆液与介质的表面张力、地层的渗透率、浆液的饱和度及润湿角等,具体如下:

$$v_i = \sqrt{Kn}\,\sigma_{gw}f(\theta)\left[\frac{K_g K_w}{\mu_g K_w + \mu_w K_g} \times \frac{\partial J(S_g)}{\partial S_g} \times \frac{\partial S_g}{\partial x}\right] \tag{1}$$

式中 K,n——被加固岩土体介质的渗透率(Darcy)和孔隙率;

σ_{gw}——浆水界面张力;

θ——润湿角(为保证浆液对被加固体良好的浸润和吸渗作用,要求 $\theta<90°$);

K_g、K_w——岩体对浆和水的相对渗透率;

S_g——浆液的饱和度;

$J(S_g)$——Leverett 函数。

$$J(S_g) = \frac{p_c(S_g)}{\sigma_{gw}\cos\theta}\sqrt{K/n} \tag{2}$$

式中 $p_c(S_g)$——毛细压力,可由试验测定。

在我国丹江口大坝(2012)、澜沧江小湾水电站(2016)、雅砻江锦屏电站(2017)等大型水利工程建设中均遇到了极复杂的地质难题,需要高质量的灌浆技术进行加固处理。科研人员和技术人员通过制备浸润性和亲和性优良的化学浆液,充分发挥和利用浆液与介质的吸渗作用,出色地完成了化学注浆任务,取得了很好的注浆效果。

1.2 劈裂-压密注浆

劈裂注浆过程是先压密后劈裂的复杂动态过程,劈裂注浆过程中压密和劈裂注浆形式伴生伴长,其发展形式为压密→劈裂→压密→劈裂交替进展。压密程度越高,则土的压缩模量、黏聚力和内摩擦角等强度性能指标及防渗性能指标改善越显著。注浆压力继续上升后则在大主应力作用方向产生劈裂缝,而后沿着大主应力的作用方向向两侧扩展,最终在加固体内形成尖角状的浆脉,如图 2 所示。随着浆脉厚度在扩展方向上逐渐衰减,注浆效果由近及远则逐渐降低。

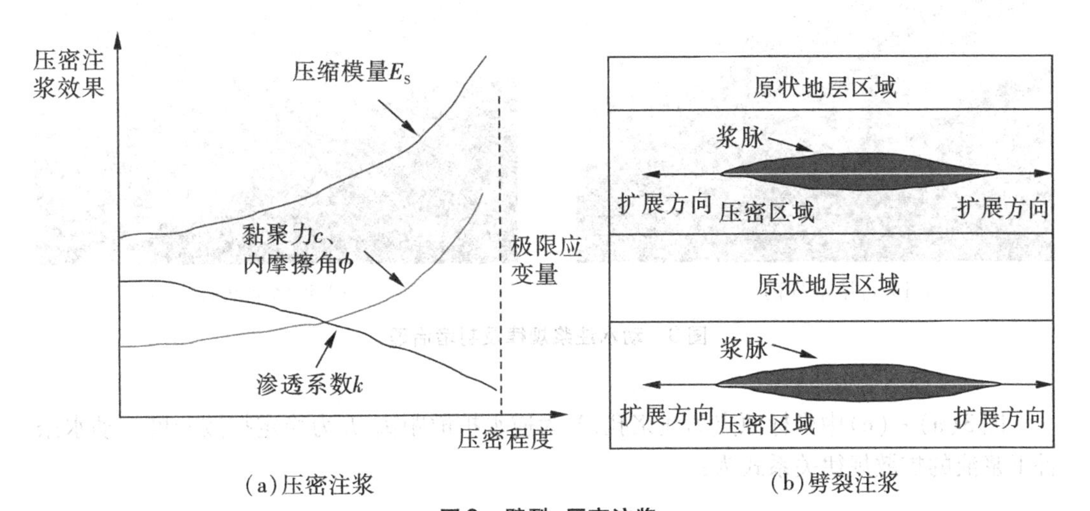

(a)压密注浆 (b)劈裂注浆

图2 劈裂-压密注浆

研究表明,受注浆压力影响,垂直于浆脉扩展方向上的原岩应力会有所增加,而平行于浆脉扩展方向上的原位应力则几乎没有变化,劈裂-压密注浆对垂直于劈裂通道方向上的注浆效果影响非常有限。注浆压力、注浆速率和浆液黏度等参数是保证劈裂-压密注浆取得良好效果的关键因素,对于深浅不同的加固介质,应采取压力不等的差异化注浆控制技术,并适时调整注浆速率和浆液配比,从而取得最优的注浆效果。

1.3 动水注浆

动水注浆理论主要应用于岩溶突涌水等工程地质灾害处治或坝基渗漏涌水封堵等。化学浆材在动水中运移扩散时,扩散形态受水流场的影响非常显著。水流场中逆水方向和垂直于水流方向的浆液扩散范围较小,而顺水方向浆材扩散范围较大,扩散距离随时间延长而扩大,呈 U 形规律,如图 3 所示。

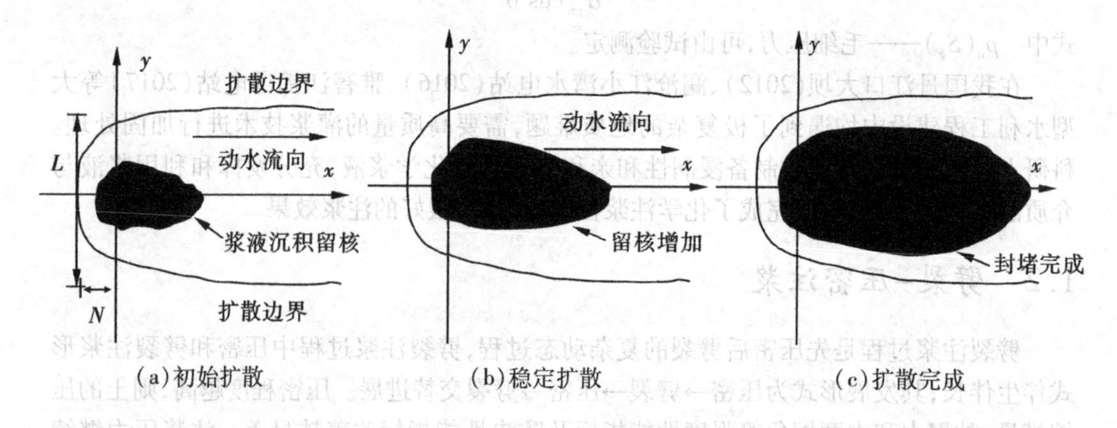

(a)初始扩散　(b)稳定扩散　(c)扩散完成

(d) 封堵治理前　(e) 封堵治理后

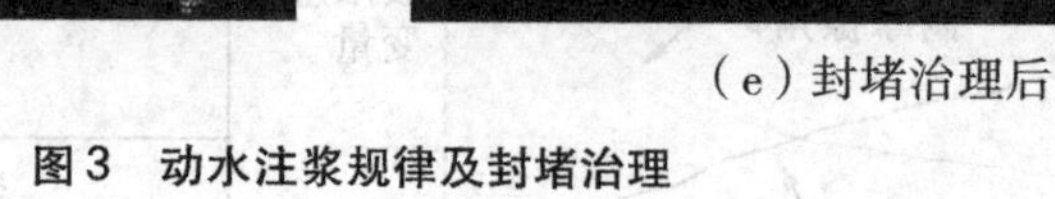

图 3　动水注浆规律及封堵治理

图 3(a) ~ (c)中坐标原点为注浆孔,N 为逆水扩散距离,L 为稳定扩散开度。动水条件下浆液的扩散规律关系式为:

$$
y=\begin{cases}\pm\dfrac{1}{2}\sqrt{L^2-(x+N-L)^2}\ (-N\leqslant x\leqslant L-N)\\ \pm\dfrac{L}{2}(x>L-N)\end{cases}\tag{3}
$$

扩散一定时间后浆液开始沉积，黑色区域为浆液沉积留核区。沉积留核区初始范围较小，呈椭圆形或彗星形，随着注浆的持续进行范围不断扩大，并且沿动水水流方向向下扩展，封堵完成后趋于稳定。图3(d)和(e)为岩溶涌水封堵治理效果，只要材料和工艺运用恰当便可顺利达到涌堵治理目标。

2 化学注浆材料

化学注浆材料可分为防渗堵漏材料和补强加固材料两类，前者如水玻璃类、丙烯酸盐类、聚氨酯类、木质素类和丙烯酰胺类材料等，后者如环氧树脂类、甲基丙烯酸酯类材料等。新材料是化学注浆技术发展的重要推动力量，CW环氧树脂、高聚物注浆材料、改性脲醛树脂和乳化沥青等新型注浆材料不断涌现，并受到了日益广泛的关注。

2.1 CW 环氧树脂

CW环氧树脂材料是以低黏度环氧树脂为主剂，无毒、高韧性且适宜于水下固化的固化体系及反应性表面活性剂为助剂而组成的新型注浆材料。工程实践表明，CW环氧树脂具有黏度低、强度高、渗透性优异和长期稳定性高等诸多优势。其中，双酚A型环氧树脂因具有挥发性低、耐腐蚀性强等优点，近年来常被选作CW环氧树脂的主剂。双酚A型环氧树脂有机高分子结构如图4所示。

在我国三峡、溪洛渡等重点水利工程软弱岩层和破碎带的治理中均采用过CW环氧树脂材料，已经取得了显著的注浆效果和较高的经济社会效益，隧道、土建等其他工程建设领域也可推广采用。CW环氧树脂的主要性能指标如表1所示。

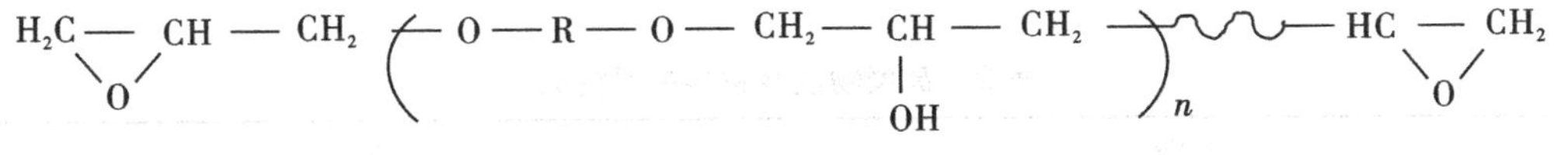

$H_2C—CH—CH_2$（O 桥接）$\left(—O—R—O—CH_2—CH(OH)—CH_2—\right)_n$ ～～ $HC—CH_2$（O 桥接）

图4 双酚A型环氧树脂分子结构

表1 CW环氧树脂主要性能指标

参数	数值
浆液密度/(g/cm^3)	1.02～1.06
初始黏度/MPa·s	6～20
与玄武岩接触角/(°)	0
20 ℃界面张力/(mN/m)	35

续表 1

参数	数值
可操作时间/h	10 ~ 90
30 d 抗压/抗拉强度/MPa	60 ~ 80/8 ~ 20
30 d 黏结强度(干、湿)/MPa	>3.0
LD_{50}/(mg/kg)	>5 000,实际无毒

2.2 高聚物注浆材料

高聚物注浆材料的主要成分是有机高分子化合物,如多异氰酸酯、聚醚多元醇和聚酯多元醇等。高聚物材料注射到不良地质体的空穴后,有机高分子材料间能迅速产生化学反应使得体积急剧膨胀,生成高强度和高韧性的固结体,从而达到防渗堵漏和补强加固的目的,如图 5 所示。经高聚物材料加固后的建筑具有结构致密、协调变形好等优点,因而是新型的优良注浆材料。高聚物注浆材料的性能特点如表 2 所示。

(a) 球形结石体

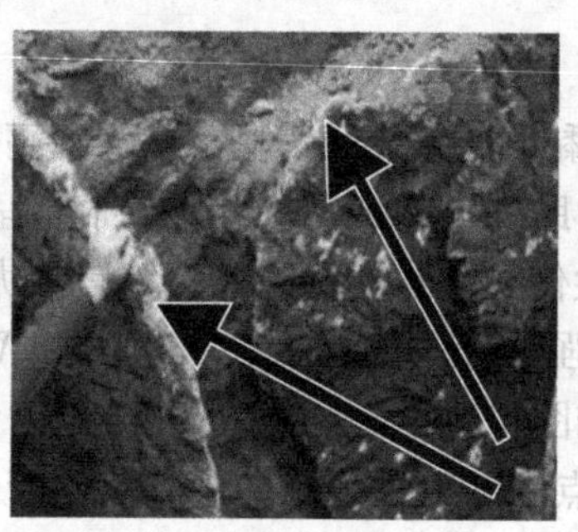

(b) 片状结石体

(c) 管涌封堵

图 5 高聚物注浆材料

表 2 高聚物注浆材料主要性能

参数	数值
表面干燥时间/s	10 ~ 60
自由膨胀密度/(kg/m^3)	≥40
强度达到 90% 的时间/min	≤15
自由膨胀抗压/抗拉强度(3 d)/MPa	≥0.26/≥0.15
收缩率/%	≤1
低毒残留率	满足饮用水要求
技术优势	微损易控、环保耐久

2.3 改性脲醛树脂

脲醛树脂(UF)是由尿素和甲醛缩聚而成的有机高分子材料,因其具有胶合强度高、反应速度快、合成工艺简单且性价比高、来源广泛等优点而成为化学注浆的主要材料之一。传统生产工艺制备的脲醛树脂含有高量的游离甲醛,在一定程度上限制了脲醛树脂的推广应用。近年来,科研人员相继尝试并成功获取了苯酚改性、三聚氰胺改性脲醛树脂,经过检验后在工程实践中取得了良好效果。三聚氰胺改性脲醛树脂合成原理如图6所示。

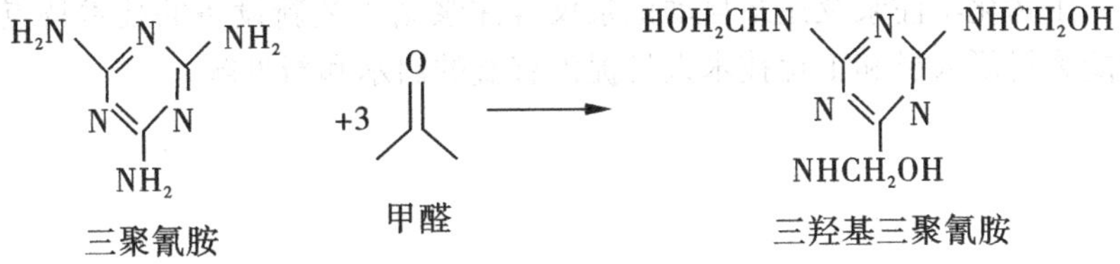

H_2N N NH_2 N N NH_2 三聚氰胺 +3 O 甲醛 → HOH_2CHN N $NHCH_2OH$ N N $NHCH_2OH$ 三羟基三聚氰胺

图6 三聚氰胺改性脲醛树脂合成过程

2.4 乳化低热沥青

沥青具有加热后变为易于流动的液体、遇水冷却后变为流动性较差的固体的物理特性,基于此性能可选其作为良好的抗冲释和涌水封堵注浆材料。普通沥青需加热至150 ℃才可实现较好的流动性,而掺加乳化剂和破乳剂改良后的低热沥青只需要80 ℃就能融熔流动,有利于节省能源简化施工。乳化低热沥青的主要技术性能如表3所示。

表3 乳化低热沥青性能

沥青	外加剂	外加剂含量	水	乳化剂	破乳剂	破乳时间/s	破乳后温度/℃	破乳效果(油包水)
1	氯化钙	0.05	1	0.03	0.01	38	78	流动性好,黏性好
1	偏铝酸钠	0.05	1	0.03	0.01	38	78	流动性好,黏性好,较硬
1	速凝剂	0.05	1	0.03	0.01	35	75	流动性好,较黏稠
1	水玻璃	0.05	1	0.03	0.01	38	74	流动性好,黏性好
1	快硬水泥	0.6	1	0.03	0.01	35	79	流动性好,黏性好,较硬

3 化学注浆新工艺和新设备

近年来,化学注浆技术与锚固、爆破等其他工艺技术和电渗、微生物学等新兴学科嫁接和结合,在工程建设中发挥了更加强大的功效和作用。而电子科学技术的进步则推动了高精度和多功能的监测设备的研发,从而也极大地推动了化学注浆技术的蓬勃发展和广阔应用。

4 小结

化学注浆技术在微细裂隙抗渗治理、泥化夹层补强、堤防和建筑物加固及隧道岩溶突涌水处治等水电、建筑、交通、采矿等领域均得到了广泛的推广应用,取得了巨大的经济和社会效益。本文阐释分析了化学注浆新理论、新材料和新工艺及新设备在工程中的应用情况,主要包括吸渗理论、压密和劈裂注浆及动水注浆理论的技术优势和工程实践,CW环氧树脂、高聚物注浆材料和低热沥青等新型化学材料防渗加固原理和性能,锚注、爆破注浆和电渗、生物化学注浆及注浆自动记录仪等注浆新工艺新设备的技术特点和应用领域等,希望能为科研人员和工程技术人员提供有益的启示和新见解。

劈裂注浆技术研究新进展述评

劈裂注浆是软弱土等不良地质体加固的有效手段，目前已广泛应用于建筑地基、地铁隧道、矿山巷道和水利等各项工程中。劈裂注浆在加固体内形成纵横交错的网状浆脉，浆脉起到骨架支撑和“加筋”作用，可以显著提高加固体的整体强度和刚度。劈裂注浆的力学机理非常复杂，需要结合理论推导、模型试验和数值计算等多种分析方法进行深入研究。本文首先厘清了劈裂注浆的发展过程和能量消耗方式，然后基于弹塑性理论、模型试验和数值计算等方法对劈裂注浆技术的最新研究成果进行阐释和述评，期望能为工程技术人员和科研人员提供有益启示和新见解。

1 劈裂机理

劈裂注浆是压密注浆的继续和发展，劈裂通道形成后不断向新的起劈位置扩展。劈裂注浆过程中伴随有压密注浆和渗透注浆等多种复杂作用方式，常需要结合球形或柱形扩孔理论及能量分析的方法进行分析计算。

1.1 劈裂过程

根据注浆压力的变化和能量的耗散规律，可将劈裂注浆过程划分为能量积聚、劈裂流动和浆液能量转移3个阶段：(1)能量积聚阶段。浆液在注浆孔附近积聚形成浆泡，对塑性影响区范围的土体产生压密作用，土体受挤密作用以塑性应变能的形式积蓄能量。(2)劈裂流动阶段。注浆压力升高至土体的启劈压力，浆液沿着最薄弱面将土体劈裂，注浆压力回升后产生二次劈裂(图1)。(3)浆液能量转移阶段。劈裂通道形成后浆液不断向周边扩展，锋面压力降低，浆液转而以渗透形式扩散，所携带能量向土体转移。

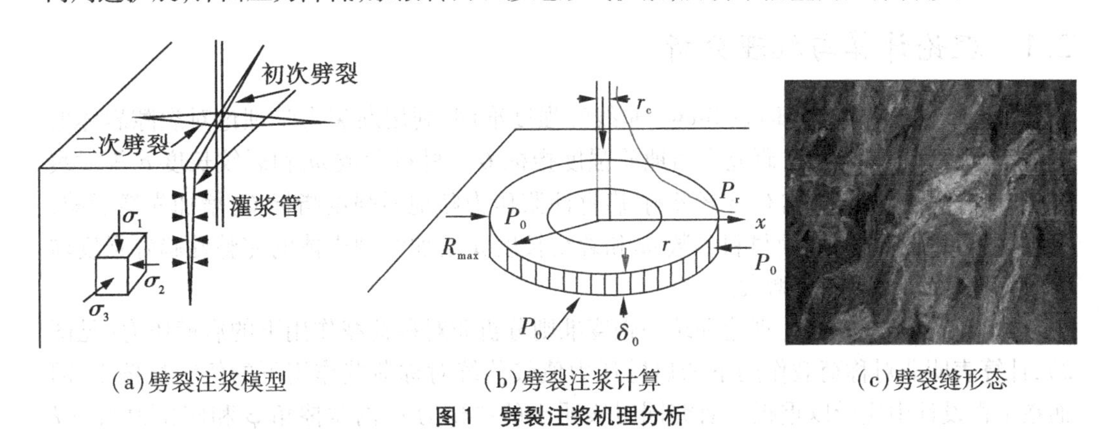

(a)劈裂注浆模型　　(b)劈裂注浆计算　　(c)劈裂缝形态

图1　劈裂注浆机理分析

1.2 能量消耗

根据能量守恒原理，劈裂注浆所消耗的能量由储存于土体中的能量和启劈所耗费的能量两部分构成，即

$$\Delta E = (\Delta E_s + \Delta E_f) + (\Delta E_{ic} + \Delta E_{ip} + \Delta E_{iv} + \Delta E_{is} + \Delta E_{it}) \tag{1}$$

式中，ΔE_s 和 ΔE_f 分别为土体和浆液的弹性应变能；ΔE_{ic} 为启劈土体所消耗的能量；ΔE_{ip} 为土体弹塑性过渡变形所消耗的能量；ΔE_{iv}、ΔE_{is} 和 ΔE_{it} 为浆液流场与土体应力场产生耦合作用所消耗的能量。

1.3 劈裂半径及压力衰减规律

在孔内注浆压力的作用下，浆液将在土层一定范围内产生平面径向流动。若浆液为牛顿流体，则其流动规律遵从 Navier-Stokes 方程

$$\frac{1}{\rho}\frac{\partial p(x,t)}{\partial x} + \frac{\partial u(y,t)}{\partial t} = v\frac{\partial^2 u(y,t)}{\partial y^2} \tag{2}$$

式中，ρ 为流体的质量密度；u 为浆液的流速；$\mu(t)$ 为时变性运动黏度；p 为注浆压力。根据边界条件和定解条件，当 $x=0$ 时，$p(x,t)=p_c$；当 $x=R_{max}$ 时，$t=0$，$p(x,t)=p_0$；当 $y=\pm\delta_0/2$ 时，$u(y,t)=0$。可求得

$$p_r = p_c - \frac{6\mu_0 Q}{\pi\delta_0^3}\ln\frac{r}{r_c} \tag{3}$$

$$R_{max} = r_c e^{\frac{(p_c-p_0)\pi\delta_0^3}{6\mu_0 Q}} \tag{4}$$

式中，p_c 和 p_r 分别为注浆孔内和任意扩散半径 r 处的注浆压力值；r_c 为注浆孔孔径；R_{max} 为浆液的最大扩散距离。

2 研究进展

2.1 理论计算与机理分析

邹金锋(2013)基于 Hoek-Brown 非线性强度准则，利用断裂力学理论对裂隙岩体的劈裂注浆机理进行分析。研究表明地质强度指标 G_{SI}、材料参数 m_i 和裂纹长度 a 等对裂隙岩体的启劈注浆压力均有显著影响，启劈注浆压力随地质强度指标 G_{SI} 增加先增后减，G_{SI} 约为 50 时达到峰值，而材料参数 m_i 和裂纹长度 a 增加时则岩体的完整性趋好强度增大，启劈注浆压力也随之增大。

张淼(2013)基于扩孔理论和统一强度准则分析非对称荷载作用下的启劈压力(见图2)，计算表明非对称荷载作用下的启劈压力值较传统对称荷载作用下的值明显偏小，因而在工程设计中应予以重视。研究同时表明土的黏聚力 c、内摩擦角 φ 和侧压力系数 k 等对启劈压力 p 有较显著的影响，启劈压力 p 与黏聚力 c、内摩擦角 φ 基本呈正相关关系，

而当侧压力系数 $k<1$ 时启劈压力 p 与 k 正相关，$k>1$ 时则负相关。

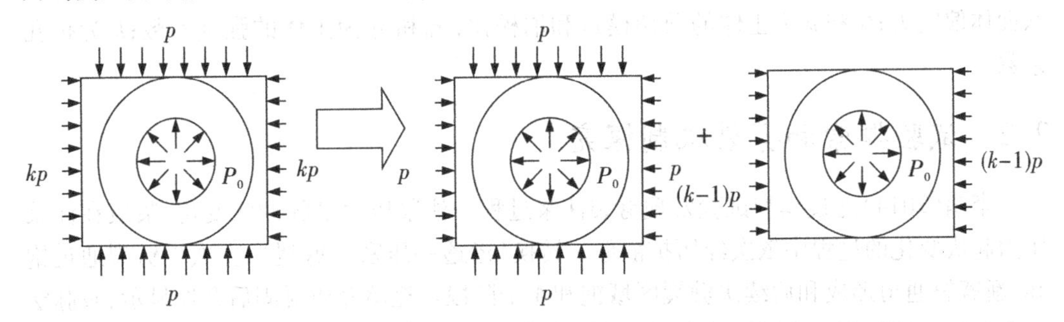

图2 非对称荷载下劈裂注浆力学机制分析

黄明利(2013)指出劈裂注浆的扩展方向具有较大的随意性，通过在注浆孔附近开挖设置诱导孔则可改变劈裂扩展的方向，从而实现定向劈裂注浆(见图3)。理论计算表明注浆孔4倍孔径范围内开挖布设诱导孔可显著地改变孔周应力场的分布，当注浆孔与诱导孔的间距达到临界值 d 时孔周大小主应力将发生改变，浆液由竖向劈裂方式转变为水平向劈裂方式。劈裂方式的转变有利于在土体中形成横向组合梁或承载拱形式的浆脉骨架，从而显著提高注浆效果。

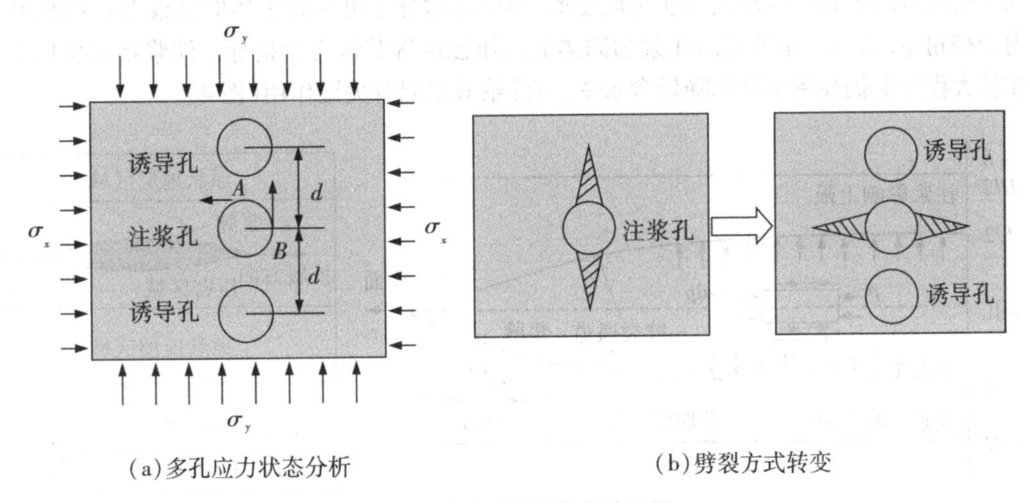

(a)多孔应力状态分析　　(b)劈裂方式转变

图3 诱导劈裂注浆力学机制

周茗如(2018)采用扩孔理论推导了劈裂注浆初始阶段应力场和应变场的理论解答，并根据黏性土一般强度准则分析了黄土地区劈裂注浆的力学机理，得到了不排水条件下劈裂注浆压力的计算公式[式(5)、式(6)]，为黄土地区工程建设提供了指导。

$$\rho_{\mathrm{uuv}}=(\sigma_{r_\mathrm{p}}-\sigma_0)\left(\frac{q_\mathrm{p}}{G\sqrt{k+2}}\right)+\sigma_0 \tag{5}$$

$$\rho_{\mathrm{uuh}}=(1+\eta)\left[(\sigma_{r_\mathrm{p}}-\sigma_0)\left(\frac{q_\mathrm{p}}{G\sqrt{k}+2}\right)^{k(1/\eta-1)/(k+1)}\right]+2[\eta(v+1)+v-1]\sigma_0 \tag{6}$$

式中，p_{uuv}和p_{uuh}分别为竖向和水平向劈裂注浆压力；σ_{rp}为弹塑性边界上的径向应力；q_p为八面体偏应力；G和ν为土体的剪切模量和泊松比；σ_0和η为土体的强度参数；k为扩孔系数。

2.2 试验探索和劈裂机制探究

李鹏(2014)通过模型试验发现劈裂注浆过程中注浆压力呈脉冲状变化，浆液在注浆压力起伏变化的过程中依次经历扩散形式转换(渗透→压密→劈裂)、主次生劈裂通道饱和、新劈裂通道形成和后续次劈裂区域饱和4个阶段。充填介质凝固后开挖显示，浆脉宏观上呈现为环注浆孔多区域分布，细观则呈现为一条骨架浆脉衍生多条分支脉络分布，主次浆脉在劈裂注浆过程中同步发展、共生共存。

张庆松(2016)分析认为浆液流场与土体应力场的耦合效应对黏土劈裂机制及劈裂规律存在较大影响，理论推导表明受浆液流场的限制注浆孔及浆液锋面附近注浆压力衰减较快，劈裂通道宽度随注浆压力衰减而呈现出非线性衰减特征；一定注浆压力下浆液扩散半径与土体的弹性模量及浆液的塑性黏度呈反比例关系，一定扩散半径下劈裂通道宽度则与浆液的塑性黏度呈正比例关系，与土体的弹性模量呈反比例关系。

朱明听(2018)指出劈裂注浆所形成的浆脉与原位土体的物理力学性质差异较大，当承受荷载时两者将产生较大的非协调变形，因而浆脉骨架可提高土体的黏聚力c、降低其内摩擦角φ，却不能显著提高注浆加固体的抗压强度等其他力学指标。注浆挤密作用可在较大程度上提高密实度和降低含水率，对注浆效果起着关键作用(图4)。

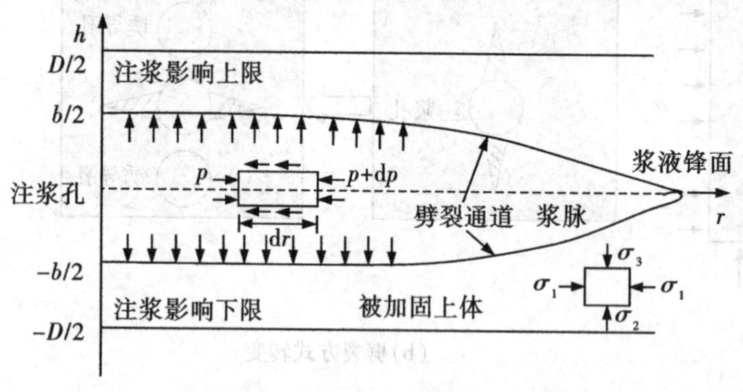

(a)“浆-土”耦合效应及劈裂宽度衰减

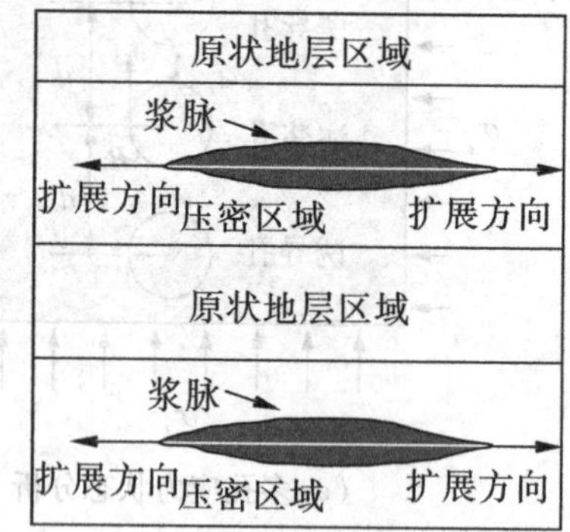

(b)劈裂扩展形态

图4 劈裂注浆机理分析

张家奇(2018)指出分层界面两侧介质不同的被注时序响应浆液不同的穿层路径，分层介质的层间突变性导致浆液发生渗透-界面式、劈裂-渗透式和渗透-界面-劈裂式这3种不同的扩散模式，分别对应界面浆脉黏结、贯穿浆脉连接和并行浆脉架构3种加固特征；提出注浆材料动态调节、同孔多序梯度注浆和分层界面控域注浆3种土石分层介质注浆控制方法。

张连震(2018)研究显示劈裂注浆加固体的力学性能呈现各向异性特征，平行于浆脉方向的土体表现出较高的侧向刚度和抗变形能力,但其抗剪性能和抗渗性能却明显劣于垂直浆脉方向的土体。研究还显示垂直和平行于浆脉方向的黏聚力、压缩模量等均沿扩展方向线性衰减,影响注浆加固体力学性能的主要因素是注浆压力、注浆孔间距和单孔注浆量。

2.3 数值模拟计算(数值试验)

近年来基于离散元(DEM)和有限元(FEM)的商业软件异军突起,为劈裂注浆机理探究也提供了新的途径。宿辉(2013)指出劈裂灌浆作用发生时,劈裂缝的出现拓展了灌浆孔周边的区域空间,孔隙率较灌浆前明显增加,基本呈同心圆状辐射分布,外围颗粒则受明显挤压作用而产生侧移。

郑刚(2015)通过 PFC2D 数值试验发现注浆压力是注浆过程中的决定性因素,注浆压力对浆液的扩散半径、土体的孔隙率及应力状态均有显著的影响。数值试验表明浆液的扩散半径随注浆压力的增加先增后减,存在最优注浆压力。测量圈的记录则显示距注浆孔越近,土体的孔隙率、主应力等力学参数变化越复杂。

秦鹏飞(2017)指出注浆孔外围环向拉应力的增加导致土体劈裂缝的产生,并改变了土体结构,拓展了土体内部空间,应变率相应增加(图 5,扫码进入)。

图 5

王晓玲(2017)指出单裂隙岩体劈裂注浆过程中浆液与岩壁存在流固耦合作用,这种流固耦合作用随注浆压力 p 的增加而增大,随裂隙宽度 u 的增大而减小,但基本不随裂隙倾角 φ 的变化而变化。

图 6

程少振(2018)基于有限元(FEM)和流体体积函数(VOF)法对劈裂注浆规律进行深层探索。研究显示初次劈裂阶段地层的整体性和结构性改变较小,二次劈裂后斜向浆脉则迅速产生并扩展,其对土体的结构性改变较大,地层竖向位移随之增加(图 6,扫码进入);注浆孔深度和土体的压缩模量对浆脉的宽度和劈裂缝的扩展形态影响较为显著,注浆深度增加和土体压缩模量增大则劈裂注浆效果变差。

3 小结

劈裂注浆理论和试验研究取得了许多重要的研究成果,有力地推动了劈裂注浆技术在工程实践中的应用。基于黏性流体力学和弹性力学的基本理论,对劈裂注浆过程中注浆压力的衰减规律和劈裂缝的扩展规律进行深刻揭示,并在此基础上从理论计算与机理分析、试验探索和劈裂机理探究及数值试验等方面对劈裂注浆技术的最新研究成果进行阐释和述评,并对裂隙岩体的劈裂注浆机制、非对称荷载作用下的劈裂注浆机理及劈裂缝发展规律等进行深层次剖析,期望能为工程技术人员和科研人员提供有益启示和新见解。

隧道注浆研究新进展及工程应用

随着“一带一路”畅议的纵深推入,高铁、公路等基础设施的建设不可避免穿越大量山岭隧道,预计至2030年我国隧道通车里程将超过10 000 km。隧道施工往往面临岩溶、断层等不良地质条件,极易诱发突泥涌水、塌方等严重地质灾害。实践表明注浆是保证隧道建设顺利进展的有效方法,通过注浆可以有效封堵地下水的渗流通道,提高泥化岩等不良地质体的强度,目前已在郑万高铁、厦门地铁等多项工程中得到了成功应用。近些年来基于渗滤效应、脉动工艺的注浆新理论及劈裂注浆技术得到了快速发展,高聚物、微生物菌液等新型注浆材料得到了广阔应用,而注浆数值计算技术也取得了重大突破,本文尝试对最新成果进行系统阐释和述评。

1 注浆理论

注浆理论研究是指导隧道工程建设顺利进展的重要基础和保证,是推动隧道注浆技术发展的先决条件。隧道注浆理论研究主要包括水泥浆液的渗滤效应,浆材的黏度时变效应,基于弹塑性理论的劈裂注浆技术以及脉动注浆扩散规律等,目前已初步形成了完善的体系。

1.1 渗滤效应

水泥浆液是含有颗粒介质的两相流体,当水泥浆液在裂隙岩体或富水砂层的孔道中流动扩散时,受惯性力或吸附力等因素的影响,水泥颗粒会逐渐偏离流线方向并在孔隙通道内沉积。水泥颗粒被土体骨架“滤出”将孔隙通道堵塞,致使断面上的浆液过流量减少。孔隙通道上的颗粒淤积量随时间迁延增多,最终把通道完全堵塞致使浆液扩散终止,这种现象称为注浆过程中的“渗滤效应”。

图1

李术才(2014)指出受深层“渗滤效应”的影响,水泥颗粒在注浆通道上产生了不均匀的淤堵沉积,致使被注介质渗透系数发生了不均匀的变化[图1(a),扫码进入],由于水泥颗粒被滤出导致浆液浓度沿扩散路径不断降低,扩散末端水泥颗粒沉积不密实属无效注浆区段;王凯(2020)分析了普通水泥和超细水泥在微裂隙岩体中的渗滤机制,发现普通水泥的最小可注入和最小无渗滤裂隙开度分别为140 μm和310 μm,而超细水泥则分别为80 μm和280 μm,减小水泥粒径对最小可注入开度影响明显,而对最小无渗滤开度影响不明显;朱光轩(2020)考虑渗流域内各组分质量守恒[图1(b),扫码进入],采用颗粒沉积概率模型描述水泥颗粒在多孔介质内沉积吸附行为,建立了考虑渗滤效应的柱形扩散理论模型,研究发现注浆速率和水灰比越小,孔口处的孔隙率衰减越快,水泥浆液在砂土中的滤过效应越显著。

1.2 劈裂注浆

劈裂注浆拓展了岩土介质的孔隙结构，提高了低渗透地层的可注性。劈裂注浆形成的网状浆脉可起到骨架支撑和“加筋”作用，显著地提高地基强度和刚度，因而劈裂注浆技术研究也具有重要的理论意义和科学价值。孙锋（2011）基于宾汉体黏度时变性方程和平板裂缝模型（图2），推导了宾汉体浆液劈裂注浆的启劈压力和扩散半径计算公式[式(1)、式(2)]。

$$p_u=\frac{12\eta_{p0}\delta_u^{-2}(e^{\frac{kR}{\bar{u}}}-1)-3\tau_s kR(\delta^2-4y_p^2)}{k(\delta^3-8y_p^3)}+c \tag{1}$$

$$R=\frac{(\delta^3-8y_p^3)(p_u-c)}{12\eta(t)\overline{\delta u}-3\tau_s(\delta^2-4y_p^p)} \tag{2}$$

式中，δ 为裂缝高度；$\bar{u}$ 为浆液平均流速；τ_s 和 $\eta(t)$ 为浆液流变参数；c 为锋面压力。张森（2013）基于扩孔理论和统一强度准则对非对称荷载下的启劈压力进行了计算（图3），分析表明非对称荷载下的启劈压力明显小于对称荷载下的启劈压力，且土的抗剪强度参数 c、φ 和侧压力系数 k 等对启劈压力 p 均有较显著的影响；邹金锋（2013）基于非线性Hoek-Brown强度准则，利用断裂力学对Ⅱ型和复合型裂隙岩体的劈裂注浆机理进行分析[图4(a)]，研究表明岩体材料参数 m_i、裂纹长度 a 及地质强度指标 G_{SI} 对岩体启劈压力影响均十分显著；张庆松（2016）根据试验结果分析认为浆液流场与土体应力场存在耦合效应[图4(b)]，受浆液流场限制劈裂通道宽度随注浆压力衰减呈现非线性衰减特征，劈裂通道宽度与浆液的黏度呈正比，与土体的弹性模量呈反比；张乐文（2018）基于基床系数法对劈裂注浆过程进行了分析，研究显示基床系数标准值和浆液黏度对劈裂扩散半径影响较大，劈裂扩散半径与基床系数标准值正相关而与浆液黏度负相关，任意时刻黏性土中的劈裂扩散半径小于砂土。

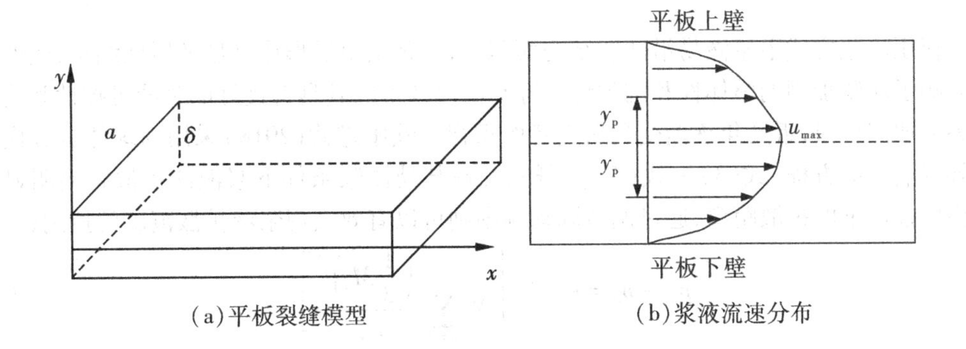

(a)平板裂缝模型 (b)浆液流速分布

图2 幂律型浆液劈裂注浆机理

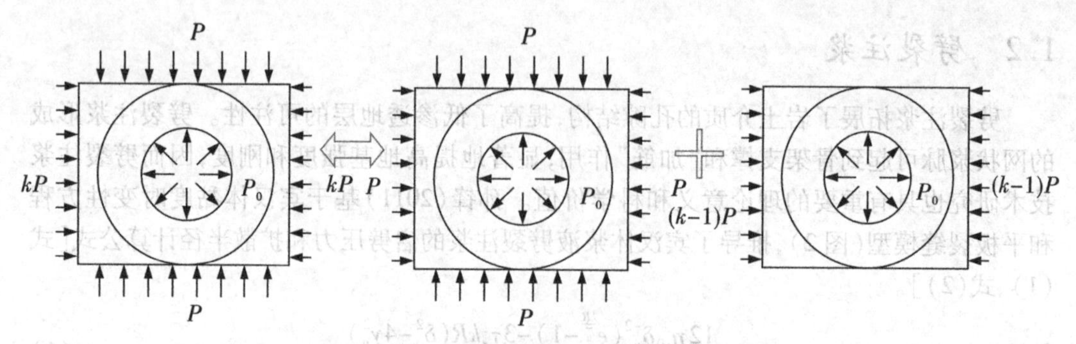

图3 非对称荷载下劈裂注浆力学机制分析

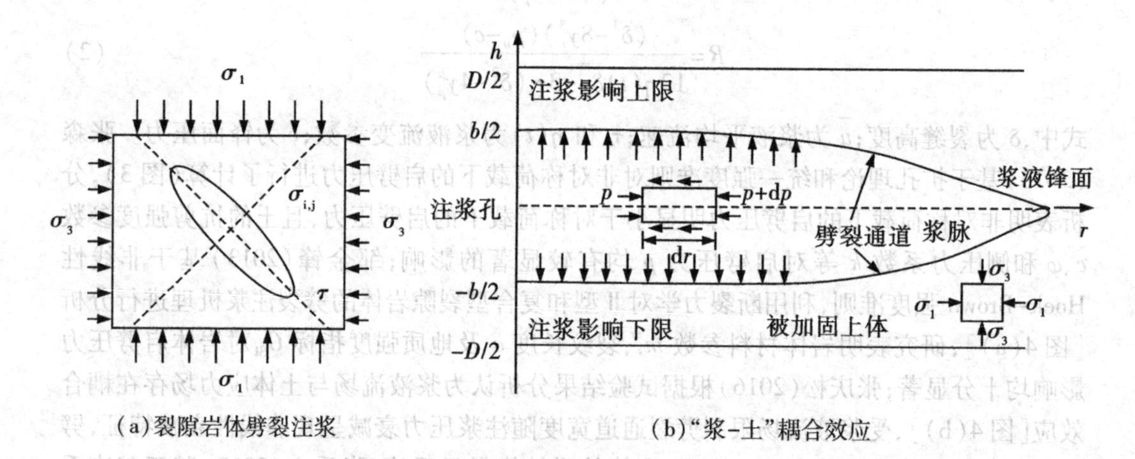

(a)裂隙岩体劈裂注浆　(b)"浆-土"耦合效应

图4 劈裂注浆机理分析

1.3 脉动注浆

恒压注浆方式下浆液易沿薄弱结构面跑浆,注浆结束后形成夹层的饼状结构,较严重地影响了注浆加固的整体性和均匀性。脉动注浆技术因其具有良好的浆液可控性和均匀的整体加固效果,近几年逐渐受到研究者的重视。欧阳进武(2018)采用扁球体劈裂模型推导浆液扩散方程[式(3)~式(5)],研究发现脉动注浆条件下浆液的扩散距离明显小于稳压条件下的扩散距离,通过调节脉动频率则可以有效实现浆液扩散范围的控制;

$$p_n - p_0 = \mathrm{e}^{-\frac{1}{3}M_n r_n^3}\left[N_n \sum_{n=1}^{\infty} \frac{\left(\frac{1}{3}M_n\right)^n}{n!}\right] \tag{3}$$

$$M_n = \frac{8192(1-\mu^2)\mu_{\mathrm{B}}}{\pi^4 b_n^3 ET\sqrt{16-\pi^2}} \tag{4}$$

$$N_n = \frac{12\tau_{\mathrm{s}}}{\pi b_{\mathrm{n}}} \tag{5}$$

式中,p_n、p_0分别为第 n 次脉动后的注浆压力和初始注浆压力,;r_n第 n 次脉动后的浆液扩散距离；r_0为注浆孔半径；μ_B为浆液的塑性黏度；E 为土体的弹性模量；T 为脉动注浆间隔时长；τ_s为浆液剪切屈服强度；b_n为第 n 次脉动后劈裂通道宽度。张聪（2018）基于宾汉流体流变模型、黏性流体渗流方程和水泥颗粒沉积理论，推导了脉动压力下宾汉流体有效渗透扩散半径的计算公式（式6），结果显示浆液扩散距离随脉动注浆时长的增长和地层孔隙率的增大而增大，随脉动注浆间隔时长的增长和地层孔隙率的减小而减小。

$$\Delta p=\frac{[\phi_0-(n-1)\theta kct_2]}{3t_1K\dfrac{kct_2}{\pi r_1^2}}r_n^3-\frac{[\phi_0-(n-1)\theta kct_2]\beta}{3t_1K}r_n^2+\frac{4}{3}\lambda\left[(n-1)\frac{kct_2}{\pi r_1^2}\right] \tag{6}$$

式中，Δp 为 n 次脉动后的压力差；ϕ_0为地层的初始孔隙率；β 为水的黏度与浆液黏度的比值；K 为地层渗透系数；λ 为启动压力梯度。

2 注浆新材料

注浆技术最活跃和最具有推动力的创新因素是新材料，每一次注浆新材料的涌现都会对注浆工艺、设备及注浆计算理论产生重大变革。伴随着化学、生物技术的发展，高聚物等高分子材料和微生物菌液等新型材料相继投入工程应用，并取得了明显的经济社会效益。

2.1 高聚物注浆材料

高聚物注浆材料的主要成分是非水反应类双组分发泡聚氨酯，目前已广泛应用于堤坝修复、道路脱空塌陷治理及隧道防渗加固等工程领域。高聚物材料注射入不良地质体的空穴后，体积可迅速膨胀 2～4 倍，反应生成高强度、高韧性和良好耐久性的结石体，从而实现加固土体和抬升基础的目的。高聚物注浆材料具有轻质早强、膨胀力大、绿色环保等诸多优势，其主要技术性能指标请见表 1。

表 1 高聚物注浆材料主要性能

表面干燥时间/s	自由膨胀密度/(kg/m³)	强度达到 90% 的时间/min	自由膨胀抗压/抗拉强度(3d)/MPa	收缩率	低毒残留率	技术优势
10～60	≥40	≤15	≥0.26/≥0.15	≤1%	满足饮用水要求	微损易控、环保耐久

2.2 微生物菌液

近些年来微生物诱导碳酸钙沉淀技术（MICP）受到了专家学者的广泛关注，并取得了许多重要的研究成果。微生物注浆的加固机理与水泥注浆的加固机理相似，微生物矿化作用产生的凝胶体被称为“生物水泥”（图 5）。

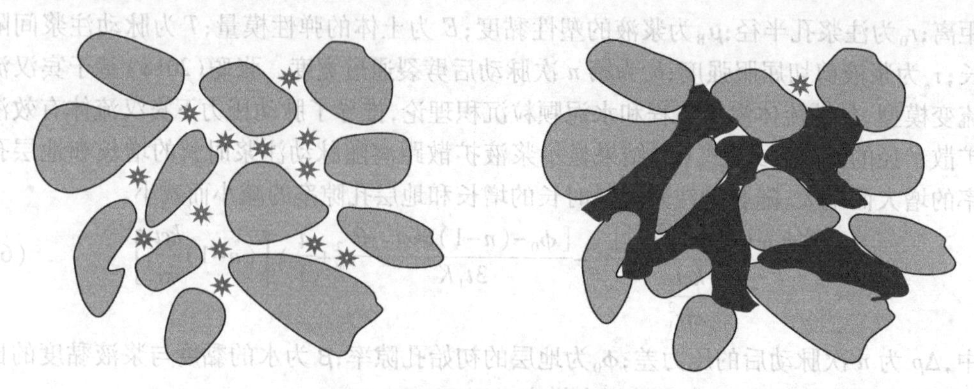

图5 微生物加固土原理及过程

程晓辉(2013)指出菌液浓度、营养液盐分、菌酶活性、环境温度和pH值及注射方式等均会对加固效果产生影响,微生物加固土的力学性质则主要取决于碳酸钙结晶体的晶型、沉淀量的大小及其在孔隙中的分布形态。刘汉龙(2016)通过实验发现菌液注射均匀的情形下砂土抗剪强度可提高50%以上,防渗性能降低2~3个数量级(10^{n} cm/s→10^{n-2}、10^{n-3} cm/s),同时砂土的抗液化性能也得到显著改善;韩智光(2016)分别以巴氏芽孢八叠球菌和乙酸钙为菌液和营养液加固砂土,发现被加固试样中NH_{4+}呈指数规律衰减,依据试样面积比例设计注浆速率则可以显著提高成矿均匀性;陈婷婷等(2018)研究发现适当降低尿素水解速率或增加营养盐的传输速率对结石体的均匀生成分布有利,而合理控制营养盐的浓度则可以增加碳酸钙沉淀量的生成数量;彭劼等(2019)利用尿素水解菌ATCC11859对有机质黏土进行了加固试验,通过对比加固前后有机质土的无侧限抗压强度、有机质含量、渗透系数和$CaCO_3$含量等,认为微生物加固有机质土是可行且有效的。微生物注浆技术的鲜明特征是它实现了岩土工程与生物、化学学科的有机融合,可以预见其重大的工程价值和广阔的前景。

3 计算机数值模拟

近些年来随着高性能计算机技术的发展,数值仿真模拟在注浆等岩土工程领域中得到了越来越广泛的应用。计算机数值模拟技术具有运行成本低、功能强大高效等特性,可以实现注浆过程从“不可见”到“可见”的转化,对于深刻揭示浆液扩散规律及浆-土动态耦合过程中应力、位移的变化具有独特的优势(张晓双,2016)。计算机数值模拟技术已逐渐成为工程领域解决问题的主流方法,与理论分析、试验研究一起成为注浆等科学研究的三大支柱。

郑刚(2015)通过PFC2D数值试验发现注浆压力是注浆过程中的决定性因素,注浆压力对浆液的扩散半径、土体的孔隙率及应力状态均有显著的影响。数值试验表明浆液的扩散半径随注浆压力的增加先增后减,存在最优注浆压力。测量圈的记录则显示距注浆孔越近,土体的孔隙率、主应力等物理力学参数变化越复杂;雷进生等(2015)利用

Diamond-square 方法构建非均质地层分形模型，采取 Delaunay 方法将所构建模型剖分为有限元网格，然后通过 Comsol 两相流/动网格分析技术实现了渗流场和应力场耦合作用下浆液的扩散模拟（图6，扫码进入）；王晓玲等（2018）推导流固耦合作用下宾汉姆浆液的扩散方程［式(7)］，并采用离散元程序对单裂隙注浆规律进行数值模拟，研究发现注浆压力和裂隙宽度是影响浆液扩散形态的主要因素，而裂隙倾角对注浆效果影响不大；

图6

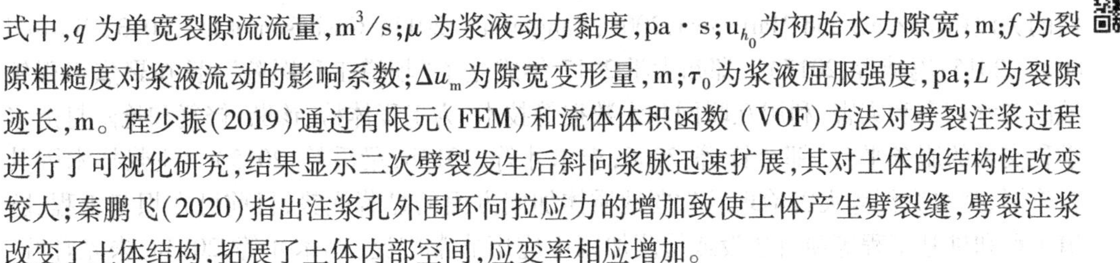

$$q=\frac{1}{\mu}\left[-\frac{\Delta p}{12L}(u_{h_0}+f\Delta u_{\mathrm{m}})^3+\frac{\tau_0^3}{3(\Delta\rho/L)^2}-\frac{\tau_0}{4}(u_{h_0}+f\Delta u_{\mathrm{m}})^2\right] \tag{7}$$

式中，q 为单宽裂隙流流量，m^3/s；μ 为浆液动力黏度，pa・s；u_{h_0} 为初始水力隙宽，m；f 为裂隙粗糙度对浆液流动的影响系数；Δu_{m} 为隙宽变形量，m；τ_0 为浆液屈服强度，pa；L 为裂隙迹长，m。程少振（2019）通过有限元（FEM）和流体体积函数（VOF）方法对劈裂注浆过程进行了可视化研究，结果显示二次劈裂发生后斜向浆脉迅速扩展，其对土体的结构性改变较大；秦鹏飞（2020）指出注浆孔外围环向拉应力的增加致使土体产生劈裂缝，劈裂注浆改变了土体结构，拓展了土体内部空间，应变率相应增加。

4 小结

注浆技术作为有效的加固和防渗手段，具有投资小见效快、适应地层广等诸多优势，目前已在隧道等工程的建设中得到了广阔应用，并取得了巨大的经济和社会效益。从渗滤效应、劈裂机制和脉动原理等方面对隧道注浆理论进行了阐释，并结合高聚物和微生物菌液对注浆新材料进行了分析探讨，最后从 Comsol、PFC 等方面对数值模拟技术进行了梳理总结。隧道注浆技术领域所取得的宝贵研究成果，必将推动着相关产业向精细化质量方向全面提升。

岩土工程注浆技术与其应用研究

“一带一路”新时代背景下，我国的堤坝、隧道、公路、铁路等基础设施建设发展迅速，而其安全运行所隐藏的各种病害如涌水渗水、塌方、开裂（图1）等不容忽视，日益引起人们的关注（Kitazume and Maruyama，2005；Yang et al.，2011；Gustafson et al.，2013；Birdsell et al.，2015；冯啸等，2017）。郑州大学2017年成立了“坝道工程医院”，旨在聚焦工程领域的各种病害和灾害，利用互联网和大数据等技术，为工程体检、诊断、修复和抢险打造多学科交叉的服务平台（邹金锋等，2006；李术才等，2013b；梁禹等，2015）。注浆技术因其在渗漏、突水突泥等灾害治理及软弱地质体加固方面的显著优势，目前已在坝基工程、隧道工程和桩基工程等项目建设或检测加固中应用非常广泛（李术才等，2013a；朱光轩等，2017）。

近年来，裂隙岩体分形几何、模糊-云理论，NURBS-Brep精细地质建模和虚实耦合计算机技术的创建和发展，以及日渐成熟的隧道和桩基工程的施工工法，有力推动了注浆技术在岩土工程各项建设中的应用，本文尝试对注浆技术的研究新进展进行阐释和述评。

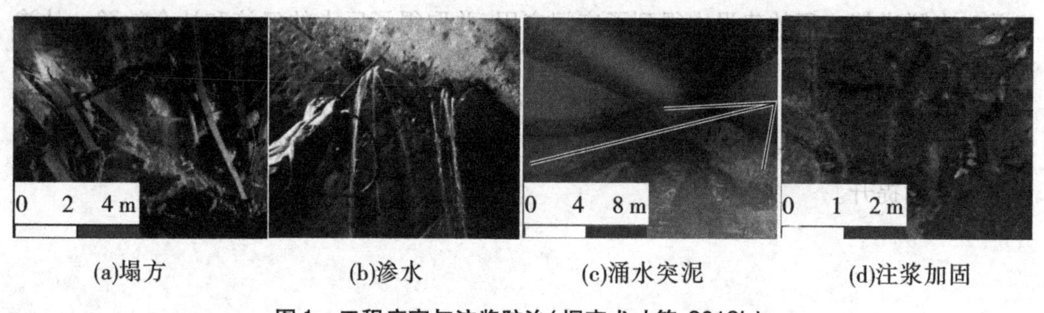

(a)塌方　(b)渗水　(c)涌水突泥　(d)注浆加固

图1　工程病害与注浆防治（据李术才等，2013b）

1　坝基工程注浆

帷幕注浆和固结注浆技术在减轻坝基溶蚀、提高水利工程服役寿命等方面具有不可替代的重要作用，坝基注浆是岩土工程注浆技术最具有活力和创新性的发展方向之一。

1.1　可灌性分析

钟登华等（2017）基于分形理论建立了裂隙岩体灌浆注灰量的表达式，见式（1）、式（2），并推导了岩体注灰量与导水率的关系。根据注灰量与导水率的关系曲线，将灌浆区域划分为正常区域、微细裂隙区域和水力劈裂区域，分析结果可用于指导实际工程注灰量的设计和预测。

$$CT_{1D}=\frac{\rho_g V_{tot}}{1+wc}=\frac{\rho_g I_D w\beta^2 l_{max}^2}{1+wc}\times\frac{\Delta p}{2\tau_0}\times\frac{D_f}{2-D_f}\times\left[1-\left(\frac{l_{crit}}{l_{max}}\right)^{2-D_f}\right] \quad (1)$$

$$CT_{2D}=\frac{\rho_g V_{tot}}{1+wc}=\frac{\pi\rho_g I_D^2 w\beta^3 l_{max}^3}{1+wc}\times\left(\frac{\Delta p}{2\tau_0}\right)^2\times\frac{D_f}{3-D_f}\times\left[1-\left(\frac{l_{crit}}{l_{max}}\right)^{3-D_f}\right] \quad (2)$$

式中，CT_{1D}、CT_{2D}分别为一维和二维流动情况下的注灰量；ρ_g为浆液密度；I_D为浆液的相对扩散距离；D_f为分形维数；l_{crit}、l_{max}分别为临界迹长和最大迹长。李晓超等(2017)提出基于模糊 RES(rock engineering system，岩石工程系统)-云模型的大坝基岩可灌性评价方法，实现了注浆过程中模糊性和随机性等因素对岩体可灌性影响的分析。模糊 RES 理论可以降低专家经验对半定量编码方法的主观作用，而基于定性概念与定量表示不确定转换的云模型则在此基础上实现了可灌性等级与评价指标值间的不确定映射，进一步深化了可灌性评价体系的内涵等。

1.2 新材料及工艺

作为水泥材料的替代品，有机高分子材料和生物材料等新型注浆材料相继涌现。王复明等(2016,2018)、石明生等(2016)将非水反应高聚物材料应用于渗漏水处治实践中，并探索总结出膜袋封闭反压注浆与导管注浆(图2，扫码进入)等多种有效治理方案，目前已在水库溢洪道、海港堤防及其他地下工程中取得良好效果（材料性能见表1)。彭劼等(2018)、缪林昌等(2018)通过培育芽孢杆菌等微生物，并对菌液浓度、营养液盐分、菌酶活性、环境温度、pH 值及注射方式等进行调节，实现了砂土的有效胶结和固化等。

图2

表1 高聚物注浆材料主要性能

表面干燥时间/s	自由膨胀密度/(kg/m³)	强度达到90%的时间/min	自由膨胀抗压/抗拉强度(3 d)/MPa	收缩率	低毒残留率	技术优势
10~60	≥40	≤15	≥0.26/≥0.15	≤1%	满足饮用水要求	微损易控、环保耐久

1.3 数值模拟

计算机数值仿真具有简洁直观、精准高效等优势。伴随着高性能计算机技术的发展，数值模拟已成为注浆技术研究的重要途径。闫福根等(2012)采用 NURBS-BREP 混合技术建立三维精细地质模型，基于 Struts+Hibernate 技术采集灌浆数据实现了三维地质模型和灌浆孔模型的耦合，并通过三维剖切分析得到单位注灰量与不良地质体分布的规律及可视化。王晓玲等(2013)推导流固耦合作用下宾汉姆浆液的扩散方程[式(3)]，并采用离散元程序对单裂隙注浆规律进行数值模拟，研究发现注浆压力和裂隙宽度是影响浆液扩散形态的主要因素，而裂隙倾角对注浆效果影响不大。

$$q=\frac{1}{\mu}\left[-\frac{\Delta p}{12L}(u_{h_0}+f\Delta u_m)^3+\frac{\tau_2^3}{3(\Delta p/L)^2}-\frac{\tau_0}{4}(u_{h_0}+f\Delta u_m)^2\right] \quad (3)$$

式中，q 为单宽裂隙流流量，m^3/s；μ 为浆液动力黏度，Pa·s；Δp 为注浆压力差，Pa；u_{h_0} 为初始水力隙宽，m；f 为裂隙粗糙度对浆液流动的影响系数；Δu_m 为隙宽变形量，m；τ_0 为浆液屈服强度，Pa；L 为裂隙迹长，m。雷进生等(2015)利用 Diamond-square 方法构建非均质地层分形模型，采取 Delaunay 方法将所构建模型剖分为有限元网格，然后通过 Comsol 两相流/动网格分析技术实现了渗流场和应力场耦合作用下浆液的扩散模拟(图 3，扫码进入)。王乾伟等(2017)基于宾汉姆流体的 k-ε 紊流数学模型式(4)对注浆过程进行数值模拟，并采用球形和椭球型元球构建浆液的扩散曲面，借助光滑粒子流体动力学(SPH)方法和纹理映射技术实现了模拟结果的三维可视化(图 4，扫码进入)。

图 3

图 4

$$\frac{\partial\rho}{\partial t}+\frac{\partial}{\partial z}(\rho w\phi)+\frac{1}{r}\frac{\partial}{\partial r}(r\rho v\phi)=\frac{\partial}{\partial z}\left(\Gamma\frac{\partial\phi}{\partial z}\right)+\frac{1}{r}\frac{\partial}{\partial r}\left(\frac{\Gamma}{r}\frac{\partial\phi}{\partial\theta}\right)+\frac{1}{r}\frac{\partial}{\partial\theta}\left(\frac{\Gamma}{r}\frac{\partial\phi}{\partial\theta}\right)S \tag{4}$$

式中，ρ 为浆液密度，kg/m^3；φ 为任一输运量，分别对应 1、Y_m、u、v、w、k 和 ε；Γ 为广义扩散系数，cm^2/s)；S 为方程的源相。可视化等数值模拟成果可以准确指导现场注浆施工进程，为全面提升注浆质量和管理水平提供了重要保障。

2 隧道工程注浆

高铁山岭隧道、地铁隧道、越江及海底隧道在交通运营领域发挥着重要作用，注浆是防治隧道涌水突泥、塌方等病害，保证工程安全的有效方法。通过注浆填充隧道掘进时土层损失产生的孔隙，可以减轻对土体应力场的扰动，同时形成帷幕屏障，实现隧道防水抗渗的需要（图 5）。

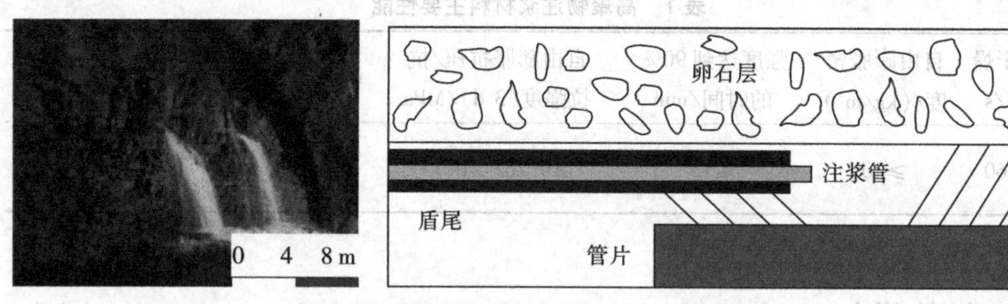

图 5 隧道涌水与盾尾注浆（据叶飞等，2012）

2.1 盾构隧道

李志明等(2010)计算表明浆液沿隧道横断面填充扩散时，注浆压力由上而下逐渐增加，浆液沿隧道纵向扩散时，注浆压力随扩散距离增加而逐渐减小，考虑黏度时变性影响时注浆压力衰减加快(图 6)；

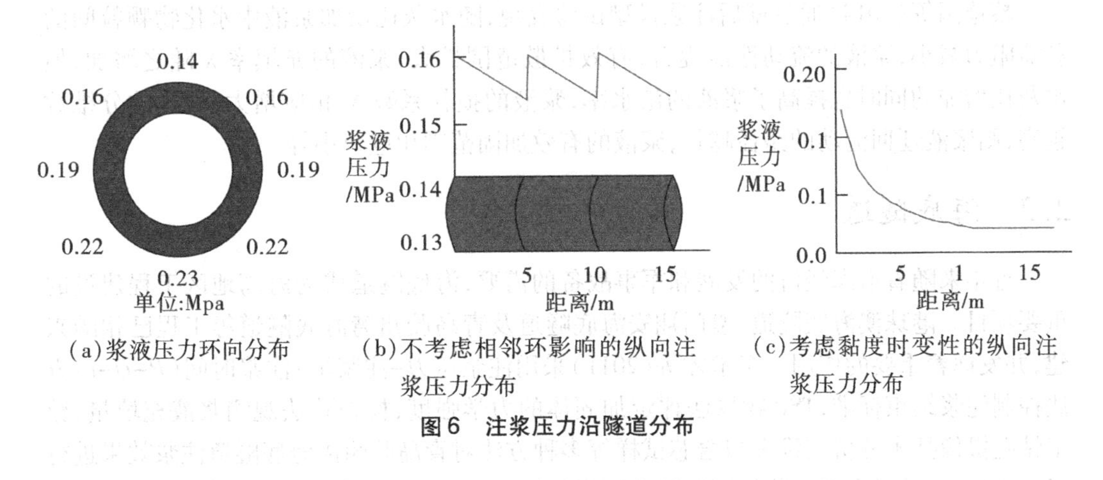

(a)浆液压力环向分布　(b)不考虑相邻环影响的纵向注浆压力分布　(c)考虑黏度时变性的纵向注浆压力分布

图6　注浆压力沿隧道分布

叶飞等(2009,2013,2017)考虑浆液的黏度时变性计算了盾尾注浆时浆液的扩散半径及管片压力的大小[式(5)、式(6)],分析表明浆液的扩散半径及管片压力受浆液黏度时变性的影响非常显著,通过调整浆液配比则可以有效降低这种影响;

$$r=\sqrt{\frac{2k_{\mathrm{w}}\Delta p}{\beta_0\rho g n'\ln(r/r_0)}\ \frac{1-\mathrm{e}^{\alpha t}}{\alpha}} \tag{5}$$

$$F_{\mathrm{g}}=\int_0^t p_f\pi r dr=\frac{\pi r^2}{2}p_{\mathrm{g}}-\frac{\pi n'\beta_0\rho g}{8k_{\mathrm{w}}}\left[\ln\left(\frac{r}{r_0}\right)-\frac{1}{4}\right]r^4\ \frac{\alpha}{1-\mathrm{e}^{-\alpha t}} \tag{6}$$

式中,k_{w}为水体在土层中的渗透系数;Δp 为浆水压力差;β_0为浆水初始黏度比;n'为等效孔隙率;α 为与浆液和介质孔隙率相关的参数。

苟长飞(2013)假定压密注浆过程中浆体呈半球形扩散,应用弹塑性理论计算了土体的塑性区扩张率 ζ、浆体扩张率 ξ 及注浆对管片产生的总压力 F_{s}的大小式(7)、式(8)、式(9)、式(10),结果表明压密注浆对管片产生的压力与土体的泊松比呈正相关,而与土体的弹性模量、黏聚力和内摩擦角呈负相关,注浆压力严格控制在0.33 MPa以下有利于地层结构和管片衬砌的稳定;

$$\begin{cases}\sigma_r-\alpha\sigma_\theta=\gamma\\ \alpha=(1+\sin\varphi)/(1-\sin\varphi)\\ \gamma=2c\cos\varphi/(1-\sin\varphi)\end{cases} \tag{7}$$

$$\zeta=\frac{R_p}{R_0}=\beta\xi \tag{8}$$

$$\frac{1}{\xi}=\frac{R_0}{R_{\mathrm{u}}}=\frac{(1-2v)(\alpha+1)}{E(\alpha+2)}\left(P_{\mathrm{p}}+\frac{\gamma}{\alpha-1}\right)\left[\beta^{\frac{2(\alpha-1)}{\alpha}}-\beta^3\right]+\frac{\gamma(1-2v)}{E(\alpha-1)}(\beta^3-1)-\delta\beta^3+1 \tag{9}$$

$$F_{\mathrm{s}}=F_{\mathrm{g}}+F_{\mathrm{p}}=\pi\left[PR_{\mathrm{u}}^2-\frac{\gamma}{\alpha-1}(R_{\mathrm{p}}^2-R_{\mathrm{u}}^2)+C(R_{\mathrm{p}}^{\frac{2}{\alpha}}-R_{\mathrm{u}}^{\frac{2}{\alpha}})\right] \tag{10}$$

式中,R_0、R_{u}和 R_{p}分别为浆体初始半径、压密扩张后浆体半径和土体塑性区半径;β 为土体塑性区半径与压密扩张后浆体半径之比,$\beta=R_{\mathrm{p}}/R_{\mathrm{u}}$;$P_{\mathrm{p}}$为弹塑性交界面扩张压力;$F_{\mathrm{g}}$、$F_{\mathrm{p}}$分别为浆体和土体对管片产生的压力。

蔡德国等(2014)通过壁后注浆模型试验发现,随水灰比增加浆液中水化物颗粒间的黏滞阻力减小,浆液的流动性能提升,有效扩散范围扩大,浆液的充填率 λ 随之增加,但水灰比增加的同时也提高了浆液的泌水率,浆液的损耗系数 λ_3 相应增大;砂样的分维数越高,则浆液迂回流动的路径越长,浆液的有效加固范围相应减小等。

2.2 海底隧道

近年来随着沿海经济的发展和军事战备的需要,海底隧道成为海湾地区工程建设的重要项目。港珠澳海底隧道、厦门翔安海底隧道及青岛胶州湾海底隧道等工程已相继兴建,并发挥着重要的作用。李术才等(2011)采用注浆压力-注浆量-注浆时间(P-Q-t)方法控制注浆结束标准,TSP 物探法评定加固体的力学强度,检查孔法观测浆液充填量,数字钻孔摄像技术分析三维虚拟岩芯试样等多种方法对青岛胶州湾海底隧道注浆效果进行了综合检验,结果表明注浆加固后隧道围岩等级由Ⅴ级提升至Ⅳ级,注浆对海底隧道等工程建设效果同样显著;孙锋等(2012)结合厦门翔安海底隧道进行现场注浆试验,研究发现 HSC 浆液基本以劈裂方式挤压、加固全风化围岩,注浆后岩层内形成纵横交错的网状浆脉,岩体物理力学性能显著改善,满足开挖设计的强度要求;张顶立等(2018)通过材料复合和工艺复合构筑了海底隧道复合注浆理念,根据浆脉搭接特征将浆脉骨架分为滑动连接、活动铰接、刚性连接、固定铰接 4 种形式,并采用壳体理论对注浆复合体的安全性进行了科学评价(图 7,扫码进入)等。

图 7

3 桩基工程注浆

图 8

钻孔灌注桩等桩基工程中,桩周泥皮和桩底沉渣对桩基承载力的发挥影响较大,通过后注浆技术则可以显著改善这一状况(黄生根和龚维明,2006;曾志军等,2014;朱楠和崔自治,2014)。浆液注入后产生填充、渗透、压密和劈裂等作用,可有效提高桩基的力学性能,减小桩基的沉降量(图 8,扫码进入)。

邹金锋等(2012)指出桩基后注浆可以增加桩端直径,扩大桩体承载面积,进而有效改善桩体的受力性能和沉降特性,现场测试表明桩侧桩端联合注浆可有效减少桩体沉降量 30% 以上;房凯等(2012)通过现场载荷试验发现当桩顶荷载分别达到设计承载力特征值和极限承载力标准值时,未注浆桩与注浆桩沉降量的比值分别为 1-2 和 3-4,统计分析表明注浆桩承载力提高系数 β 服从正态分布(式 11);

$$f(\beta)\begin{cases}11.3\exp(-[(\beta-1.235)/0.1349]^2)\ (\text{桩顶沉降为 }0.5d\%)\\11.23\exp(-[(\beta-1.358)/0.1267]^2)\ (\text{桩顶沉降为 }1d\%)\end{cases}\tag{11}$$

式中,$\beta=Q_b/Q_a$,即相同桩顶位移下两者承载力的比值[图 8(b)];d 为桩体直径。郭院成等(2013)应用 BOTDR 光纤测量技术测试了后注浆桩桩侧摩阻力的分布规律,发现在细砂层和局部粉质黏土层中桩侧产生负摩阻力,注浆设计和施工中需作为重点区域加以关注;戴国亮等(2018)发现桩端桩侧联合注浆可有效提升钻孔灌注桩的承载能力,现场测试表明深厚细砂地层中注浆桩的极限承载力提高幅度可达 66.03% ~96.40%,同时沉降量也得到了有效控制，试验还发现由于注浆对端承力影响的复杂性，桩端阻力提高系数存在较大的离散性等。

4 小结

注浆技术因其在渗漏、突水突泥等灾害治理方面的显著优势，在岩土工程项目建设和运营维护中应用非常广泛，近些年来注浆技术获得了巨大的发展进步，取得了明显的社会和经济效益。从可灌性理论分析、注浆新材料和计算机技术方面对堤坝工程注浆进行了阐释述评，并从盾构隧道和海底隧道方面对隧道注浆技术进行了探讨分析，最后对桩基后注浆技术进行了梳理总结。岩土工程注浆技术的发展进步，必将推动岩土工程建设向着精细化管理和精细化质量方向全面提升。

砂砾石土灌浆技术研究述评

砂砾石土(sand gravel)是第四纪沉积物中的一种具有鲜明特征的松散粗碎屑堆积物,在我国各主要河流的现代河床中普遍存在。根据勘查资料,我国西南地区水能蕴藏量大的一些河流,其河床砂砾石土堆积厚度一般为数十米至百余米,局部地段可达数百米。砂砾石土透水性较强,承载能力往往不足,常需要进行灌浆(grouting)加固处理才能满足工程建设的要求。灌浆技术具有工期短、见效快、设备简单、对环境影响小及易于控制等优点,自1802年Charles Berigny在Dieppe冲刷闸的修理中采用此项技术之后,其在水利工程帷幕防渗和地基加固等方面得到了越来越广泛的推广和应用。本文对砂砾石土灌浆技术近年来所取得的研究成果进行分析整理,期望着能为广大灌浆工作的工程技术人员提供有益的参考和借鉴,从而更好地推动灌浆技术的发展。

1 灌浆理论

灌浆技术的发展进步离不开科学准确灌浆理论(grouting theoretics)的指导,灌浆理论的研究始终是灌浆技术发展进步重要的先导条件。在水泥浆液的扩散理论研究方面,Maag(1938)假设浆液是牛顿流体(Newton fluid),地层均匀和各向同性,建立了砂土层的球形渗透理论 $R=\sqrt[3]{\frac{3kh_0r_0t}{n\beta}}$。Magg公式奠定了砂砾石土渗透灌浆理论研究的基础,在初步或粗略估算水泥浆液在砂砾石层中的扩散半径时仍具有一定的适用性。

1.1 非牛顿流体

近些年来国内科研人员对灌浆理论又进行了进一步不懈的深入研究,使得灌浆理论园地内又盛开了一枝枝娇艳的花朵。杨秀竹(2004)在广义达西定律及球形扩散理论模型的基础上,推导出了宾汉体(Binham fluid)浆液在均质砂土中进行渗透注浆(penetration grouting)时有效扩散半径的计算公式 $\Delta p=\frac{\phi\beta}{3tKl_0}l_1^3-\frac{\phi\beta}{3tK}l_1^2+\frac{4}{3}\lambda l_1-\frac{4}{3}\lambda l_0$,并将该理论推导公式用在某防洪堤注浆防渗帷幕工程中,结果发现浆液达到同样扩散半径时所需的注浆压力,Maag公式的计算结果明显偏小;杨秀竹(2005)基于广义达西定律及球形扩散理论模型,推导出幂律型浆液在砂土中进行渗透注浆时有效扩散半径计算公式 $\Delta p=\left(\frac{\varphi}{3t}\right)^n\left(\frac{\mu_e}{K_e}\right)\left(\frac{1}{1-2n}\right)(l_1^{1-2n}-l_0^{1-2n})l_1^{3n}$,并分析了注浆压力差随浆液流变参数 c 和 n 及浆液扩散半径的变化情况。结果发现注浆压力差随流变参数 c、n 分别呈线性和非线性变化,浆液扩散半径增大所需的注浆压力差也相应地增加,增长的幅度受浆液流变参数的影响比较显著。

杨秀竹所推导出的宾汉体和幂律体浆液扩散半径的计算公式，具有重要的工程实际意义。它打破了 Magg 公式对水泥浆液的流体特征的限制，从而使浆液的流体性质更接近工程实际情况，理论计算公式与实际值进一步相符合。

1.2 黏度时变性

浆液黏度和动切力有无时变性(time-variant)对所计算的注浆扩散半径影响很大。若考虑时变性，则浆液的实际扩散半径会小很多。但很多注浆扩散理论恰恰忽略了浆液黏度的时变性，在建立注浆扩散模型时采用浆液的初始黏度值，并认为在扩散过程中恒定不变，这样计算出的理论扩散半径显然远大于实际值，与之相关的注浆孔距和排距也不合理，用于指导施工时很难保证注浆效果。

阮文军(2005)通过试验发现浆液在凝固前其黏度存在时变性，变化规律符合指数函数 $\eta(t)=\eta_{p0}e^{kt}$。其中 k 为黏性时变系数，对于水泥基浆液，$k=0.009\sim0.033$，$\eta_{p0}=10\sim70$。水泥基浆液的动切力随时间变化不大，可认为 $\tau(t)=\tau_0(0)$；王立彬从渗透灌浆基本理论出发，以常用的球形和柱形扩散公式为例，在考虑黏度随时间变化的情况下，利用数学理论中积分的方法求出浆液黏度的平均值，推导了黏度渐变型浆液在砂砾石土中的球形渗透扩散理论公式 $r_1=\sqrt[3]{\dfrac{3kh_1r_0\rho_w v_w t^2}{n\int_0^t\mu(t)\,dt}}$ 和柱形渗透扩散理论公式 $r_1=\sqrt[n]{\dfrac{2kh_1t^2\rho_w v_w}{\ln\dfrac{r_1}{r_0}\int_0^t\mu(t)\,dt}}$，并将推导公式应用于实际工程。结果表明，用 Maag 公式计算出的结果明显偏大，容易造成工程隐患；杨志全基于宾汉体浆液的流变方程与流体黏度时变性方程，推导了时变性宾汉体浆液柱-半球形渗透注浆扩散公式 $\Delta p=p_1-p_0=\dfrac{\phi l_1^2\left(m+\dfrac{2}{3}l_1\right)\beta e^{kt}}{2tmK}\ln\dfrac{l_1(l_0+m)}{l_0(l_1+m)}+\dfrac{4}{3}\lambda(l_1-l_0)$，并给出了半球体部分扩散半径 l 与柱体部分扩散长度 m 的关系 $m=(2l_1/3)(2n+1)$。其后又通过室内注浆试验进行了验证，结果表明：由黏度时变性宾汉体浆液的柱-半球形渗透机制计算的半球体部分扩散半径、圆柱体部分扩散长度及注浆扩散体体积的理论计算值与试验测量值分别有15%、10%及40%左右的差异，但都处在可接受的误差范围内，因而总体上能较好地反映黏度时变性宾汉体浆液的柱-半球形注浆渗透规律，对注浆设计、施工和理论研究具有指导作用。

1.3 劈裂灌浆

水泥浆液是含有颗粒性的悬浊液，一般认为小于0.2 mm的孔隙通道水泥颗粒是不能灌入的，由致密土体所构成的地层可灌性较差。但是工程实践却表明，某些孔隙通道极其细密的地层(如粉细砂地层)采用水泥浆液灌浆后加固效果却极好，这一反常现象曾经困扰了一些工程技术人员。其实这是由于地层内出现了水力劈裂现象。浆液在劈裂面上施加的注浆压力过大，使得土体被挤裂，产生了劈裂缝。然后劈裂缝在注浆压力的持续作用下继续张开，进而形成了纵横交错的网状浆脉，浆脉起到骨架作用达到了土体加固的效果。劈裂灌浆也是一种重要的灌浆技术，在地基处理中有着广泛的应用。

邹金锋(2006)基于达西定律和均匀劈裂缝的假定基础，推导出劈裂注浆注浆压力 p_r 沿裂缝发展方向上的衰减规律 $p_c=p_r=\frac{6\mu_0 Q}{\pi\delta_0^3}\ln\frac{r}{r_c}$，公式表明裂缝上任意一点的注浆压力与裂缝扩散半径 r 的对数和注浆量 Q 成正比，而与裂缝宽度 δ_0 的三次方成反比，研究还得到了在注浆压力 p_c 作用下浆液所能扩散到的最大半径为 $R_{max}=r_c e^{\frac{(p_c-p_0)\pi\delta_0^3}{6\mu_0 Q}}$；张忠苗(2008)在幂律型浆液平板窄缝流动模型的基础上，推导出了劈裂注浆时浆液最大扩散半径的计算公式 $L_{max}=(p_c-p_0)\left(\frac{b}{q}\right)^n\left(\frac{n}{2n+1}\right)^n\frac{\delta^{2n+1}}{2k}$，并计算分析了注浆压力差随稠度系数、流变参数、裂隙高度的变化情况以及裂隙高度对最大扩散半径的影响。结果表明注浆压力差随稠度系数的增大呈线性增大，随流变参数的增大呈非线性增大。裂隙高度的减小使所需注浆压力差迅速增大，并使扩散半径迅速减小，这种影响随着水灰比的增大而减小；孙锋(2009)等基于宾汉流体流变方程和平板裂缝理想平面流模型，推导了考虑流体时变性的致密土体劈裂注浆扩散半径计算公式 $R=\frac{(\delta^3-8y_p^3)(p_u-c)}{12\eta(t)\delta u-3\tau_s(\delta^2-4y_p^2)}$等。劈裂灌浆技术所取得的研究成果必将有力推动灌浆技术的蓬勃发展。

1.4 灌浆模拟试验

目前关于灌浆理论的研究还不够成熟，难以真实反映砂砾石土体灌浆过程。室内物理模拟试验则可以观测到灌浆的全过程，可直接观察浆液的在砂砾石土体中的扩散分布情况，并可以模拟复杂条件下灌浆参数和地质、水流等因素的影响。因此开展室内灌浆模拟试验研究也十分必要。

杨坪(2006)等通过在模拟的砂卵石层中进行注浆试验，得出浆液扩散半径与渗透系数、注浆压力、注浆时间、水灰比等影响因素之间的关系 $\begin{cases}R=19.953m^{0.121}k^{0.429}p^{0.412}t^{0.437},\\ b_m=0.258, b_k=0.666, b_p=1.338,\\ b_t=0.309, r=0.971\end{cases}$，注浆后的抗压强度 P 与地层孔隙率 n、水灰比 m、注浆压力 p、注浆时间 t 之间的关系为 $\begin{cases}P=0.984n^{0.517}m^{-1.488}p^{0.118}t^{0.031},\\ b_m=0.905, b_k=0.086, b_p=0.109,\\ b_t=0.006, r=0.934\end{cases}$；侯克鹏采用自制的试验装置对松散体试件进行了室内灌浆试验研究，对比了不同配比浆液的灌浆效果。其试验结果表明灌浆后松散体试件的强度等力学参数都有了显著的提高，而浆液的配比不仅对其渗透扩散范围有影响，而且对灌浆结石体的力学特性也有显著影响。然后又通过正交试验极差分析方法，计算得到了影响灌浆量和浆液扩散半径的主次因素依次为浆液水灰比、灌浆压力和介质析水率，并给出了灌浆量和扩散半径与各影响因素之间的数学回归模型 $R=218.6329V_{析}^{0.3479}H^{0.9473}P^{0.3137}$，$Q=198.3827V_{析}^{0.4398}H^{0.7829}P^{0.3087}$；等。

灌浆模拟试验所得出的经验公式对于指导灌浆工程实践，具有一定的参考价值。但是由于砂砾石层地质条件复杂多变,试验研究人员所模拟的砂砾石土层并不一定具有广泛的代表性。同时试验结果也受试验操作步骤、试验人员的素质以及对试验数据处理方法的影响,因此这些经验公式有一定适用范围。现场开展灌浆工作前,可针对其施工场地的具体地质和颗粒级配情况,进行专门的灌浆模拟试验研究,以取得更加准确的灌浆效果。

2 灌浆材料

灌浆技术的核心是材料,每一次新的灌浆材料的出现,都会相应地推动灌浆工艺和灌浆技术的发展。我国从20世纪50年代开始灌浆技术及灌浆材料的研究,到现在已经发明了几十种灌浆材料,形成了相对完整的灌浆材料系列。目前用于灌浆施工的浆液大致可分为悬浮性浆液和溶解性浆液两类。悬浮性浆液主要包括水泥浆、水泥黏土浆和黏土浆等颗粒型材料形成的浆液,溶解性浆液则主要包括环氧树脂、丙烯酰胺、聚苯乙烯等化学类材料形成的浆液。

2.1 水泥及稳定性浆液

水泥浆液由于具有结石体强度高、材料来源广、价格低、无毒无污染以及贮存运输方便等特点,成为灌浆施工中应用最广泛的浆液。但普通水泥浆液的水泥颗粒尺寸较大,浆液难以灌入到微细裂隙或孔隙中,且纯水泥浆稳定性差、易沉淀析水、凝结时间较长。20世纪80年代研制出了超细水泥。超细水泥颗粒细小,最大粒径小于20 μm,能够灌注进入宽度小于0.1 mm的微细孔隙中。而且超细水泥比表面积大,活性也比普通水泥大很多,物理化学性质优异。1993年国际大坝委员会主席G. Lombardi提出大坝岩基强度值(GIN)灌浆法,主张采用单一级比的稳定性浆液进行灌浆。工程实践表明,稳定性浆液(stable slurry)结石后结构密实,力学强度高,抵抗物理侵蚀和化学溶蚀的能力强,且浆液具有良好的可控性。20世纪90年代以后,稳定性浆液在灌浆施工中得到了越来越普遍的推广使用。

2.2 化学浆液

化学灌浆浆液比水泥浆液具有更好的可灌性,灌浆材料不含颗粒物质,黏度低,胶凝时间可在几秒到数十分钟任意调节。而且凝胶体的抗渗性能好,能解决极微细缝隙或孔隙的加固和防渗漏问题。我国从20世纪50年代开始化学灌浆技术和材料的研究。1953年研制出水玻璃类灌浆材料,20世纪六七十年代末先后研制开发了环氧树脂、甲基丙烯酸甲酯、丙烯酰胺树脂和聚氨酯等灌浆材料,进入20世纪80年代,根据不同工程需要,先后又开发了酸性水玻璃、丙强、弹性聚氨酯、水溶性聚氨酯、丙烯酸盐、木质素和脲醛树脂等多种灌浆材料及添加不同外加剂的改性灌浆材料。

中国工程院郑守仁院士在2000年全国第八届化学灌浆会议上指出:灌浆材料的环保问题、耐久性问题以及适应不同环境苛刻要求的新品种材料开发问题是今后灌浆材料研究的方向。水利部长江科学研究院总工程师蒋硕忠等针对化学浆材的毒性提出选用浆材的一般原则:能用水泥浆材解决问题的尽量不用化学浆材,化学浆材应严格控制用在非用不可或别无选择的关键部位;在工程基础允许并满足工程质量要求的前提下,必须用化学浆材时应选择无毒性、无环境污染的材料;对毒性、污染较大的物质组成的化学浆材,建议寻求代用品或停用。

3 灌浆自动记录设备

计算机技术的发明创造为人类的生产生活带来了革命性的突破和飞跃式的发展,已经深刻地影响并渗透到了社会生产、生活的各个方面。计算机技术具有强大的存储计算能力、精准高效的数据处理功能和迅捷的信息交流特征,在水利工程建设中引入计算机技术之后,促使水利事业发生了深刻的变化。早在20世纪70年代,日本就把计算机技术引入灌浆施工中,在高102 m、帷幕灌浆量为10万m^3的大内坝灌浆工程中,使用了由计算机管理的全自动化灌浆控制系统。到了80年代灌浆自动记录仪的应用已经广泛普及,一些重要工程的国际招标甚至规定不使用灌浆记录仪的承包商没有投标资格。

灌浆自动记录仪是采用计算机技术的一种自动化监控记录设备,它可以完成灌浆施工过程中重要数据的采集和处理,主要包括灌浆压力、流量、水灰比与浆液密度等。灌浆施工结束后,可根据需要分析计算并处理数据,并可以绘制灌浆压力或浆液流量随时间变化的过程曲线,计算不同时段浆液的总注入量等。在压水试验时还能记录并计算出不同地段的透水率(吕容值)。灌浆自动记录设备的应用大大减少了人力操作,极大地提高了工作效率和工程质量。

在我国,最早进行灌浆自动化研究的是中国水利水电基础工程局科学研究所。1987年我国第一台灌浆记录仪J10智能灌浆记录仪通过技术成果鉴定,并在贵州红枫水电站堆石坝防渗帷幕灌浆试验中得到应用,充分显示了计算机先进技术巨大的推动力量;1999年长江科学院研制出GY-IV型灌浆自动记录仪,流量和压力测量精度均控制在±1%,达到了当时的国际先进水平。进入21世纪以后,高校的科研人员也加入了研究的团队。中南大学徐力生(2004)研制出了高精度动态监测水灰比的核密度计;中南大学陈伟(2007)研制出了LJ型三参数灌浆自动记录仪,能够实现灌浆压力、流量和水灰比3个参数的动态精确检测;中南大学徐蒙(2010)研制出LJ-IV型四参数灌浆与压水检测系统,可以运用传感器技术、电子技术与微机技术对灌浆过程中的压力、流量和水灰比、地层抬动等4个关键技术参数进行动态检测。实验结果表明系统具有稳定性好、精度和灵敏度高、响应速度快等特点,在高温、潮湿、高灰尘的恶劣施工现场能正常工作;等。

随着计算机技术的进步和网络的发展,网络化的灌浆采集和系统整理将是未来的发展趋势。运用先进的网络、信息技术将各种施工点记录仪的数据上传到中央服务器,可以进行数据汇总和信息管理。用户在任何有网络的地方可以实时查看灌浆过程的流量、压力、密度等数据。网络化灌浆采集和整理系统还将进一步扩展到手机端。用户可以通过手机实时监控灌浆,用户只需要通过手机的GPRS网络,在任何地方都可以实时查看灌浆过程中的流量、压力、密度数据和灌浆施工过程曲线,使得灌浆施工技术愈加智能化便捷化。

4 小结

随着水利工程的兴起和地下工程建设规模的不断扩大,灌浆技术得到了较快的发展,灌浆理论、灌浆材料和灌浆设备方面的研究也取得了丰硕的成果。灌浆理论研究始终是灌浆技术发展进步的先决条件,灌浆材料是灌浆技术飞跃前进的核心环节和动力来源,而灌浆设备是灌浆技术快速发展的重要支撑和保障,三者相互依存,相互影响。近些年来广大科研人员潜心研究,取得了许多宝贵的研究成果,有力地推动了灌浆事业的蓬勃发展。本文对这些珍贵的成果资料进行总结述评,希望能为广大灌浆工程技术人员和研究人员提供有益参考和借鉴,为灌浆技术的发展进步尽绵薄之力。

砂砾石土可灌性的研究

在砂砾石土中灌浆时,大多采用水泥浆或水泥黏土浆作为灌浆材料。而水泥浆或水泥黏土浆是含有颗粒性的材料,当砂砾石土的土体比较致密、孔隙通道极其细小时,水泥颗粒是不能灌入进去的。因而在进行灌浆设计和施工时,水泥浆或水泥黏土浆在砂砾石土中的可灌性是一个非常重要的问题,它是决定灌浆效果的先决条件。

近些年来,国内外提出了一些评价可灌性的方法,其中以“可灌比值”较为简单和实用。但可灌比值的取值标准却存在较大的差距,例如MitChell认为,对于土壤等多孔介质注浆,要求GR≥25才能保证注浆成功,并且认为若GR≤11,则水泥浆液不能用来灌注该土壤;若11≤GR≤19,则认为水泥浆液可能不能用来灌注该土壤。King和Bush认为当GR≥8时才可灌注,当GR≥16时才能保证注浆成功。以可灌比值GR判断地层可灌性之所以会有这么大差异,张文倬指出其主要原因是:①可灌比值仅表示被灌地层与灌浆材料颗粒之间的几何关系,若以颗分曲线表示则二者都只是一个点,而通过该点可以有性质不同的曲线族,当可灌比值相同时,未能完全反映某一曲线的性质;②可灌比值未包含灌浆作业的主要因素,如设计指标(灌浆后达到的防渗标准)、灌浆压力及浆液在孔隙中流动的阻力、施工工艺水平等。本文在前人研究的基础上,将明确砂砾石层可灌性的概念并分析其影响因素,综合考虑可灌比值、浆液性能、灌浆压力以及防渗标准或加固强度等方面的影响,从多角度分析砂砾石层的可灌性,为今后砂砾石层灌浆提供技术指导。

1 可灌性定义

可灌性是指砂砾石地层能接受灌浆材料灌入的一种特性。传统的可灌性仅包含了被灌地层的性能特征,而对浆液自身的流变性能、灌浆压力等因素的作用考虑不够,实际上这些因素也起着重要的影响。这里综合考虑可灌比值、浆液流变性能、灌浆压力以及灌浆效果等因素,将可灌性定义为:在一定的灌浆压力作用下,水泥或其他浆液灌入到特定地层内的能力,以及灌后地层所能达到改良效果的能力。下面将从这些主要影响因素出发,分析探讨砂砾石层的可灌性。

2 可灌比值

当采用水泥或水泥黏土等粒状材料制成的浆液在砂砾石土层中进行灌注时,应当充分考虑粒状材料的尺寸效应。理论上讲只有当灌浆材料的颗粒尺寸d小于砂砾石层的孔隙宽度D_p时,水泥颗粒和浆液才有可能进入砂砾石土中。这里定义净空比为

$$R=D_p/d \tag{1}$$

即式(1)的"净孔比"R 大于 1 时,砂砾石土才具有可灌性。

但在灌浆过程中,尤其当浆液的浓度较大时,水泥或黏土材料往往以两粒或多粒的形式同时进入孔隙,这样会导致灌浆通道的堵塞。因此,仅满足 R 的条件是不够的,不一定会达到预期的灌浆效果,还必须考虑群粒抱团而堵塞通道产生的影响。工程技术人员经研究后认为,当净空比 R 大于等于 3 后,由群粒形成的结构是不稳定的,容易被灌浆压力击溃而不致造成灌浆通道的堵塞,因而主张用式(2)作为设计灌浆材料的基础:

$$R=D_p/d\geqslant 3 \tag{2}$$

然而砂砾石土体内部结构极其复杂,孔隙通道大小不一,而灌浆材料的颗粒尺寸也很不均匀,因而怎样选用 D_p 和 d 值是一个难题。工程中一般采用砂砾石土的颗粒尺寸与灌浆材料颗粒尺寸的相互关系来表达可灌性,如式(3)所示:

$$N=D_{15}/d_{85} \tag{3}$$

式中,N 表示可灌比值;D_{15} 表示砂砾土中含量为 15% 的颗粒尺寸大小;d_{85} 表示灌浆材料中含量为 85% 的颗粒尺寸大小,对于水泥材料一般为 0.05 mm。

由式(1)及式(2)可看出,净空比 R 的数值表示砂砾石土孔隙可能通过的灌浆材料的粒数,例如 $R>2$ 时即表示容许两粒以上的材料通过,可见净空比越大,可灌性就越高。但式中的 D_p 值目前尚无有效的方法可以实测,需采用数学方法加以估算。为此,这里引入"有效孔隙比"的概念:

$$e_e=D_p/D \tag{4}$$

式中,e_e 为砂砾土的有效孔隙比;D 为砂砾土的颗粒直径。今以 d_{85} 代替 d,D_{15} 代替 D,并把式(4)代入式(1)得:

$$R=e_eD/d=e_eD_{15}/d_{85} \tag{5}$$

再把式(5)代入式(3)得:

$$N=D_{15}/d_{85}=R/e_e \tag{6}$$

由式(6)可知,只要定出 R 和 e_e 值即可求得 N 值,进而根据砂砾石土的 D_{15} 和 N 值计算所需的灌浆材料。由于河床砂砾石一般都受过比较充分的摩擦,颗粒大小混合而堆积得比较紧密,其有效孔隙比多变化在 0.195 ~ 0.215。因此,在计算可灌比值时取有效孔隙比等于 0.20 比较合理,于是式(6)可简化为:$N=D_{15}/d_{85}=5R$。如前所述,当净空比等于或大于 3 时,灌浆材料颗粒难于在孔隙中形成稳定的结构,若取 $R=3$ 则可得到 $N=15$,就是说可灌比值达到 15 时地层就具备了良好的可灌性。

3 浆液流变性能

3.1 流型和流变参数

灌浆施工中常用的浆液大致可分为牛顿(Newton)流体和宾汉(Bingham)流体两种。溶液型浆体,如化学浆液,属于牛顿流体,其流动性由浆体的黏度 η 决定。黏度愈小,则在孔隙中的渗透性愈好。粒状悬浮体系浆体,如泥浆、稳定性水泥浆属于宾汉体,其流动性由流变曲线上的两个参数决定，即屈服强度 τ_0 和黏度 η。当作用于宾汉流体上的剪切力小于屈服强度 τ_0 时，浆体静止不动，只有当剪切力超过屈服强度之后浆体才开始运动，并表现出类似于牛顿流体的特性。式(8)及式(9)表示了两类浆体的流变方程。

$$\tau = \eta \frac{dv}{dz} \tag{7}$$

$$\tau = \tau_0 + \eta \frac{dv}{dz} \tag{8}$$

上述两式中的 η 为牛顿型浆液的黏度，τ_0 为初始屈服强度，$\frac{dv}{dz}$ 为剪切速率。浆液流变曲线示意图请见图1。

假定宾汉体浆液在二维平面等宽光滑孔隙中扩散，浆体在孔隙中的压力分布及最终扩散半径理论计算公式分别为

$$P = P_0 - \frac{\tau_0}{h}(r - r_0) \tag{9}$$

$$R = \frac{P_0 h}{\tau_0} + r_0 \tag{10}$$

由式(10)可知，初始屈服强度 τ_0 决定了浆体在孔隙通道中的扩散范围(扩散半径)。即便是在相同的灌浆压力作用下，不同性能的浆体扩散距离也各不相同。实验室试验证实了这一现象。图2为水灰比分别为0.6：1和1：1的水泥浆液在相同地层中的扩散距离，其灌浆压力均为50 kPa，扩散半径却相差5倍以上。

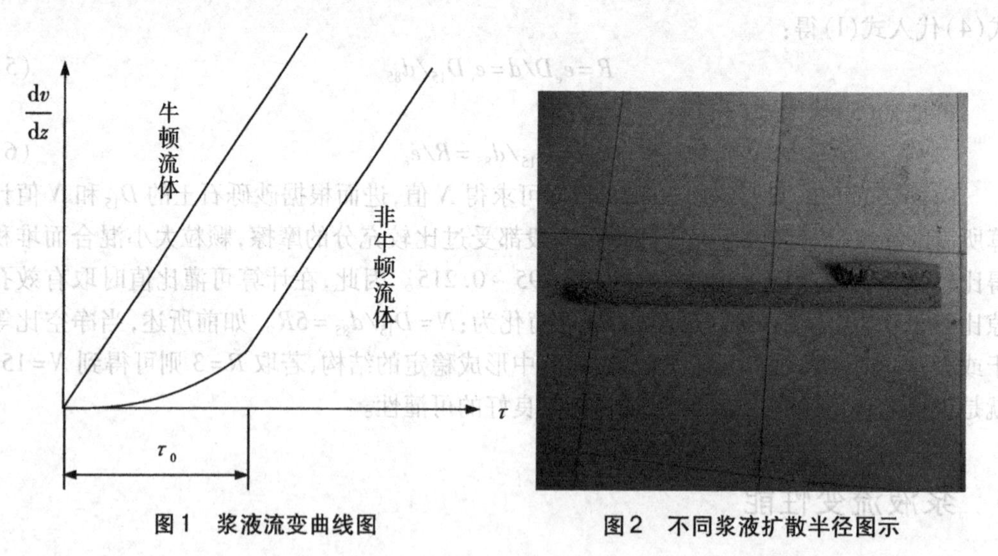

图1　浆液流变曲线图　　　　图2　不同浆液扩散半径图示

表1给出了两种水灰比水泥浆的流变参数，由此可见流变性能对可灌性的影响十分显著。

表 1　两种水灰比水泥浆的流变参数

水灰比	膨润土掺量/%	流变参数		灌浆压力/kPa	扩散距离/cm
		屈服强度 τ/Pa	塑性黏度 η/mPa·s		
0.6∶1	5	6.48	29.83	50	18
1∶1	5	0.93	9.39	50	96

3.2　维持流动性能力的影响

在灌浆过程中，由于浆液黏度的增加和颗粒的沉淀分层，浆液的流动性能将随时间的增长而降低。维持流动性能力很差的浆液，在水泥颗粒沉淀后会造成机具管路和地层孔隙的堵塞，并导致灌浆作业的过早结束。普通水泥浆如果水灰比较大，水泥颗粒很难在其内部形成稳定的悬浮体系，极易在水溶液中沉淀分层进而堵塞管道。掺入膨润土后的稳定性浆液或水泥黏土浆则是比较稳定的悬浮体系，其在灌浆施工过程中具有良好的可控性，水泥颗粒沉淀较少不致堵塞通道。

由于稳定性浆液具有良好的流动性能，其在砂砾石地层中的可灌性能比普通水泥浆液优越得多。自20世纪90年代以来，在灌浆施工中稳定性浆液逐渐取代了普通水泥浆液，这就是不同浆液流动性能不同而影响可灌性的例证。

4　灌浆压力

水泥浆液是含有颗粒性的悬浊液，一般认为小于0.2 mm的孔隙通道水泥颗粒是不能灌入的，由致密土体所构成的地层可灌性较差。但是工程实践却表明，某些孔隙通道极其细密的地层（如粉细砂地层）采用水泥浆液灌浆后加固效果却极好，这一反常现象曾经困扰了一些工程技术人员。其实这是由于地层内出现了水力劈裂现象。浆液在劈裂面上施加的注浆压力过大，使得土体被挤裂，产生了劈裂缝。然后劈裂缝在注浆压力的持续作用下继续张开，进而形成了纵横交错的网状浆脉，浆脉起到骨架作用达到了土体加固的效果。劈裂灌浆示意图见图3。

劈裂灌浆的机理可按照有效应力的摩尔-库仑破坏原理进行分析。根据摩尔-库伦破坏准则，在各向同性地层中，材料的应力状态达到下列平衡式时即发生破坏

$$\sigma'_1=\sigma'_3\tan^2\left(45°+\frac{\varphi'}{2}\right)+2c'\tan\left(45°+\frac{\varphi'}{2}\right) \tag{11}$$

式中，σ'_1、σ'_3分别为有效最大、最小主应力；c'为有效黏聚力；φ'为有效内摩擦角。地层中由于灌浆压力的作用，将使砂砾石土的有效应力减小。当灌浆压力P_e达到式(12)的标准时，就导致了地层的劈裂破坏：

$$P_e=\frac{(\gamma h-\gamma_w h_w)(1+k)}{2}-\frac{(\gamma h-\gamma_w h_w)(1-k)}{2\sin\varphi'}+c\cot\varphi' \tag{12}$$

式中，γ、γ_w 分别为砂砾石土的容重和水的容重；h、h_w 分别为灌浆层以上的土层厚度和地下水位高度；k 为主应力比。水力破坏机理请见图 4。

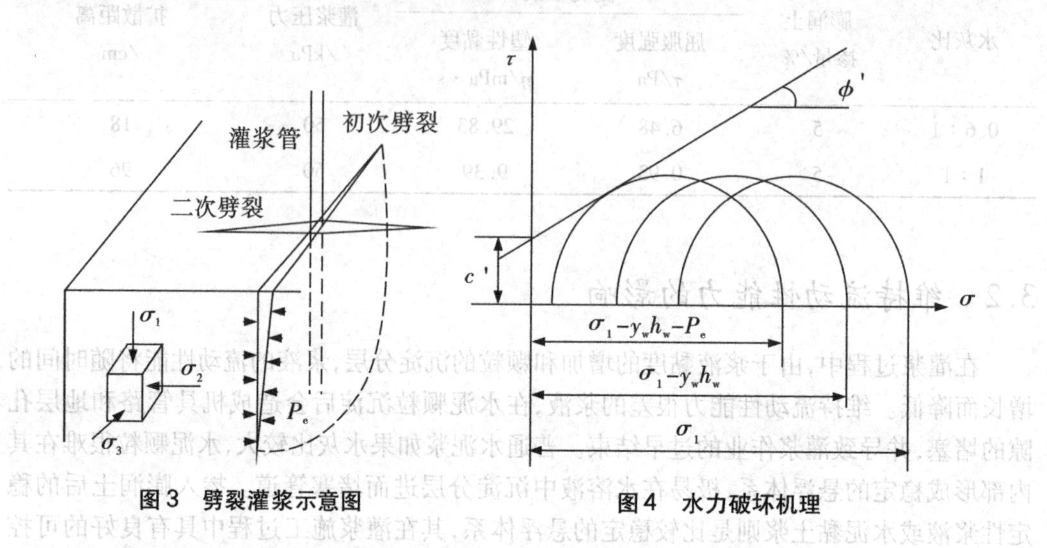

图 3 劈裂灌浆示意图　　图 4 水力破坏机理

劈裂灌浆作用发生时，由于劈裂缝的出现改变了土体的可灌性，使不可灌的地层变得可灌。而原本可灌的地层，由于水泥浆液灌入量的增加，将变得更为可灌。灌浆压力对土体可灌性的影响同样十分显著。

5 灌浆效果

灌浆按其目的一般分为帷幕灌浆和固结灌浆，灌浆所要求达到的不同效果对砂砾石土的可灌性也有影响。

在帷幕灌浆过程中，常以抗渗设防的渗透系数来衡量灌浆效果。目前砂卵石土层灌浆一般要求将渗透系数降低到 $1\times10^{-4}\sim10^{-5}$ cm/s。帷幕灌浆防渗标准的意义实质上是指经过改良后的土体内允许残存多大比例的空隙。在对相同土质的砂砾石层进行帷幕防渗灌浆时，若要求达到的防渗设计标准（渗透系数）不同，则其可灌性也是不同的。如某坝基冲积层设计要求防渗标准分别为 1×10^{-4} cm/s 与 5×10^{-4} cm/s，计算得出相应的帷幕厚度为 11.8 m 和 24.6 m，当用相同浓度的水泥黏土浆进行灌注时，前者不易满足而后者却较易满足。显然可以看出，在帷幕灌浆施工中可灌性与防渗标准密切相关。

而在固结灌浆施工中，水泥浆液灌入地层后对土体的改良效果主要表现为土体的物理力学参数的提高，即黏聚力 c、内摩擦角 φ 等得到不同程度的提高，而这些指标提高的程度与水泥浆液灌入量的多少有关。若要求灌浆加固处理后地基达到较高的承载力，则需要灌入较多的水泥浆液，有时可能还需要借助劈裂灌浆的作用。若对灌后地基承载力没有太高要求，则灌浆工作就可以做得轻松一些。可见地基处理需加固的强度对可灌性也有很大影响。

6 小结

影响砂砾石土可灌性的因素包括可灌比值、浆液自身流变性能、灌浆压力和灌浆效果等。本文具体分析了各不同因素对砂砾石土可灌性的影响：

(1)用可灌比值($N=D_{15}/d_{85}$)衡量砂砾石土的可灌性，是一种简便而有效的方法，一般认为可灌比值达到15地层就具备了良好的可灌性；

(2)浆液自身的流变性能对可灌性有较大影响，屈服强度 τ_0 影响浆液在砂砾石土层中的扩散范围(扩散半径)，黏度 η 和屈服强度 τ_0 共同影响浆液的扩散速度；

(3)灌浆压力对砂砾石土具有显著影响，劈裂灌浆有助于提高砂砾石土的可灌性；

(4)灌浆要求达到的防渗标准或加固强度等灌浆效果同样影响砂砾石土的可灌性。

可灌比值、浆液流变性能、灌浆压力和灌浆效果都直接影响砂砾石土的可灌性，砂砾石土的可灌性能是上述各个因素的综合作用。在分析砂砾石土可灌性时要综合考虑这些因素的影响，不能将它们孤立分割。忽略了其中任何一个因素来分析砂砾石土的可灌性都是不全面的，有时会得出错误的结果。本文对影响砂砾石土可灌性的因素进行了全面剖析，希望能为砂砾石土灌浆设计或施工提供有益指导。

砂砾石土灌浆防渗效果定量评价试验研究

砂砾石层是第四纪沉积物中的一种具有鲜明特征的松散粗碎屑堆积层，在我国分布非常广泛。通过灌浆可以显著改变砂砾石地层的承载性能、变形性能和渗透性能，充分发挥和利用砂砾层的潜力，能够使砂砾石土层软弱土地基满足工程建设的要求。自19世纪初出现以来，灌浆工法以其设备简单、施工灵活、适应地基变形能力好、造价低等特点，在大坝等水利工程的固结和帷幕灌浆中得到了广泛的应用，几乎每一座大坝的基础都进行过灌浆处理（见图1、图2）。

图1 砂砾石层河床图示

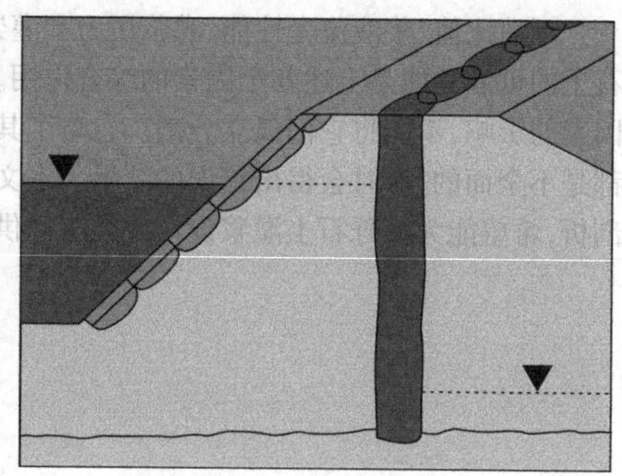

图2 灌浆形成防渗帷幕图示

由于灌浆工程是隐蔽工程，灌浆后水泥浆液对砂砾石地层的改善情况无法进行直观观测，给灌浆效果的定量评价带来一定困难。

1 灌浆效果评价研究现状

目前灌浆效果的检查通常采用现场压水试验、钻孔声波测试和平板载荷试验等方法进行分析评价。曾纪全（2001）根据溪洛渡水电站软弱岩带固结灌浆试验效果检测要求，进行了灌浆前后的岩体钻孔变形试验、岩体承压板法变形试验、软弱岩带岩体强度试验和岩体声波测试等，测试成果较为客观、完整地反映了岩体结构差异、构造影响、软弱层带等的变形性质，以及固结灌浆对软弱岩带的改善程度；乐俊义（2008）针对某水电站的下卧软弱夹层基础，在厂房区利用12个灌浆钻孔进行声波测试，并取岩芯进行单轴抗压强度和波速测试，评价了基础质量，揭示了软弱夹层的厚度及其分布。通过Ⅰ序灌浆和Ⅱ序灌浆前后的波速对比测试，评价了基础的灌浆效果，为基础质量验收提供了重要依据。林加兴（2010）用13个检测孔共70个分段，采用超声波对福建泉州山美水库大坝绕坝渗流防渗帷幕灌浆效果进行检测，并对岩体超声波参数特征及灌浆效果进行了评判和分析。检测结果表明,67 分段占总段数的 95.7%,超声波检测评判为灌浆效果好;3 个孔中的 3 个检测段,超声波检测评判为灌浆效果差,占总段数的 4.3%。灌浆质量符合规范要求,可为水库大坝防渗加固后运行管理提供参考;张文举(2012)基于 20 多个大型水利水电工程固结灌浆检测资料,分别对断层破碎带、风化及开挖影响区等不同条件岩体固结灌浆前、后波速的变化进行分析,建立固结灌浆后岩体波速提高率与灌浆前岩体波速之间的关系。同时,对波速变化与变形参数之间的关系进行探讨,并与瀑布沟水电站进水塔基础固结灌浆试验结果进行比较。结果表明,待灌浆岩体自身的可灌性是固结效果的决定性因素;不同工程条件岩体具有相对应的波速提高率范围,置信水平为 95% 条件下,断层破碎带、风化岩体和开挖影响区岩体波速提高率范围分别为 14% ~38%、10% ~25% 和 6% ~16%;波速提高率与灌浆前岩体波速之间的关系可以用来对岩体固结灌浆效果进行预测;武科(2012)假定施工工艺其他条件不变的情况下,针对灌浆孔间距布设与劈裂灌浆防渗实际效果之间的相互作用规律,基于大型有限元数值计算方法,采用 Mohr-Coulomb Hardening 本构模型,通过布设不同间距灌浆孔的流固耦合计算,研究了堤坝劈裂灌浆过程中浆液所产生的孔隙水压力、堤坝应力应变等分布规律,揭示了堤坝劈裂灌浆浆液在土体内渗流固结机理,探讨了其对坝体稳定性的影响,评价了灌浆效果。

从被灌体的介质上看,已有研究成果主要为裂隙岩体介质或风化破碎带及软弱夹层岩体的灌浆,对砂砾石层的灌浆研究关注较少。研究方法以现场原位测试为主,间有数值软件模拟研究,但是针对砂砾石土开展室内模型试验研究工作的并不多见。为此,本文通过实验室内砂砾石层灌浆模拟试验,对砂石料结石体采取室内压水试验的测试方法,客观全面的评价灌浆防渗效果,期望着为砂砾石土灌浆技术提供有益参考和借鉴。

2 试验材料、方法及设备

本次试验所选用的砂子为某砂料厂生产的石英砂,粒径分别为 2 ~4 mm 和 4 ~8 mm,以质量比 3∶7 混合,如图 3 所示。本次试验采用的砂料孔隙比分为 0.70 和 0.80 两种。根据孔隙比的计算公式 $e=\frac{a_s(1+w)\rho_w}{\rho}-1$,分别计算出不同孔隙比所对应的砂料干密度及质量,试验前均匀装入灌浆模型中。灌浆模型为建筑用给排水管(PVC 管),直径为 50 mm,长度约为 50 cm。本次试验的灌浆压力由浆液的自重提供,即将灌浆塑料软管提升一定高度形成压力浆头以进行灌注。灌浆试验前对浆液的比重等性能参数进行测试,根据计算公式 $p=\gamma h$ 分别计算出灌浆压力所对应的高度 h,将塑料软管提升至相应高度后固定,倒入水泥浆进行灌注,如图 4 所示。为了使砂石料结石体的长度均控制在 50 cm 左右,以增强试验结果的对比性,本次试验的灌浆压力分别取 30 ~100 kPa 不等。

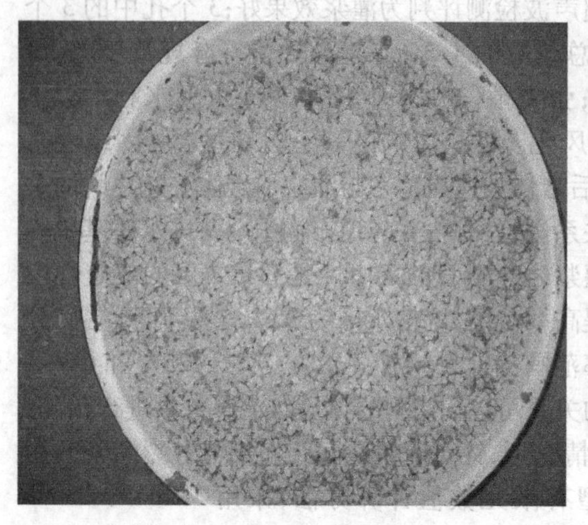
图3 试验用石英砂

图4 灌浆简易设备

3 浆液性能基本参数

本次试验所选用的水泥为早强型复合硅酸盐水泥，强度等级为 P·C32.5R。所配置的水泥浆液水灰比分别为0.7∶1、0.8∶1和0.9∶1，分别加入5%膨润土以形成稳定性浆液。对水泥浆的物理力学性能等参数进行了测试，主要包括浆液的比重、流变参数和凝结时间等。浆液的比重采用比重秤进行测量；析水率采用1000 mL量筒静置2 h后测得；流变参数采用ZDN-6旋转黏度计进行测定计算；凝结时间则依照《水泥标准稠度用水量、凝结时间、安定性检验方法》(GB 1346—2011)采用ISO标准法维卡仪进行测定。水泥浆液的基本物理力学性能指标请见表1。

表1 水泥浆液基本性能参数

水灰比	膨润土 掺量/%	密度/(g/cm³)	析水率	流变参数 屈服强度/Pa	流变参数 塑性黏度/mPa·s	初凝时间	终凝时间
0.7∶1	3	1.70	—	6.18	27.83	4 h 50 min	10 h 20 min
0.8∶1	3	1.63	—	5.24	22.24	6 h 15 min	11 h 35 min
0.9∶1	3	1.58	0.01	1.93	15.33	7 h 25 min	14 h 45 min

4 试验结果分析及建议

灌浆试验结束后将砂石料试样在一定湿度环境下养护28 d，养护示意图如图5所示。养护龄期满后分别对砂石料结石体进行了压水试验测试。

4.1 压水试验

采用手动试压泵对砂料结石体试样进行了压水试验测试。手动试压泵是由泵体、柱塞、密封圈、控制阀、压力表和水箱等几部分组成的微型压水装置，如图6所示。压水时柱塞通过手柄上提，在泵体内形成真空，进水阀开启，水流经进水管进入泵体。手柄施力下压时进水阀则关闭，出水阀顶开，输出压力水，并进入被测砂料试样。如此往复提压手柄，可使水压升高直至达到设定需求。

图5 试样平躺养护图示

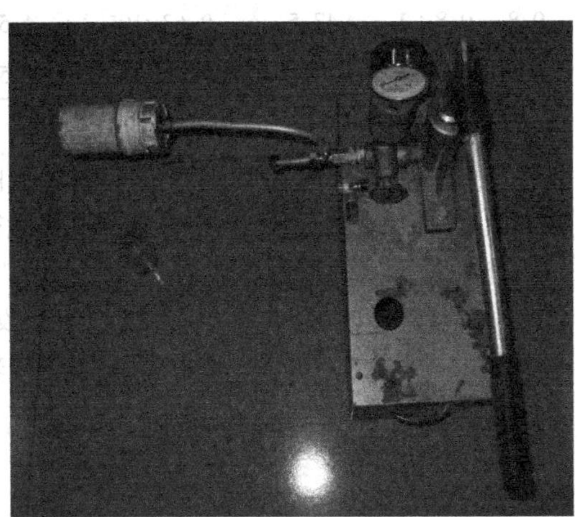

图6 压水试验

将砂料结石体均截成长度 L 为 10 cm 的试样，采用0.2 MPa 的水压进行了压水试验，压水时间 t 为 30 min。根据量杯中渗出水的水量 Q，利用公式 $k=\frac{QL}{AHt}$ 进行渗透系数的计算。式中，A 为砂石料圆柱试样的截面面积，圆柱试样直径 50 mm，面积为 19.625 cm^2；H 为0.2 MPa 压力对应的水头，为 20 m。

4.2 试验结果分析

经测试和计算，不同水灰比水泥浆液在不同砂石料中形成的结石体，其渗透系数变化范围为 $10^{-6}\sim10^{-7}$ cm/s。这表明水泥浆液凝结后与砂料形成了牢固的凝胶体，砂石料中的孔隙基本被凝胶体充满，有效地起到了止水防渗的作用。不同水灰比的水泥浆液在不同地层中形成的结石体，其渗透系数沿扩散半径方向上的变化规律请见表2。

表2 试验结果

地层孔隙比	水灰比	结石体长度/cm	渗透系数/(cm/s)				
			第1段	第2段	第3段	第4段	第5段
0.7	0.7：1	45.5	7.23×10^{-7}	4.52×10^{-7}	9.33×10^{-6}	3.73×10^{-6}	4.83×10^{-4}
	0.8：1	47	5.33×10^{-7}	8.14×10^{-7}	6.52×10^{-7}	4.77×10^{-6}	3.62×10^{-4}
	0.9：1	48	4.28×10^{-7}	4.12×10^{-7}	1.93×10^{-7}	3.73×10^{-6}	4.11×10^{-3}
0.8	0.7：1	46	6.22×10^{-7}	7.53×10^{-7}	8.13×10^{-7}	3.63×10^{-7}	4.83×10^{-5}
	0.8：1	47.5	9.63×10^{-7}	4.57×10^{-7}	8.64×10^{-6}	8.73×10^{-6}	4.15×10^{-4}
	0.9：1	49	7.42×10^{-7}	6.52×10^{-7}	7.33×10^{-7}	3.43×10^{-7}	4.82×10^{-4}

从表中可以看出，水灰比和砂石料地层的孔隙比对渗透系数的影响并不明显，只要砂料的孔隙被凝胶体充满，地层的渗透性状就得到了同样的改善。从表中还可以看出，扩散半径末端最远端的渗透系数约为 $10^{-3}\sim10^{-4}$ cm/s，明显高于扩散半径上离注浆口近端的部位。将PVC塑料外壳拆除后发现，此末段的部位未被水泥浆完全充满，结石体不如前端那样致密和密实，如图7所示。末端这种较为疏松的胶结形态直接影响了其防渗效果。

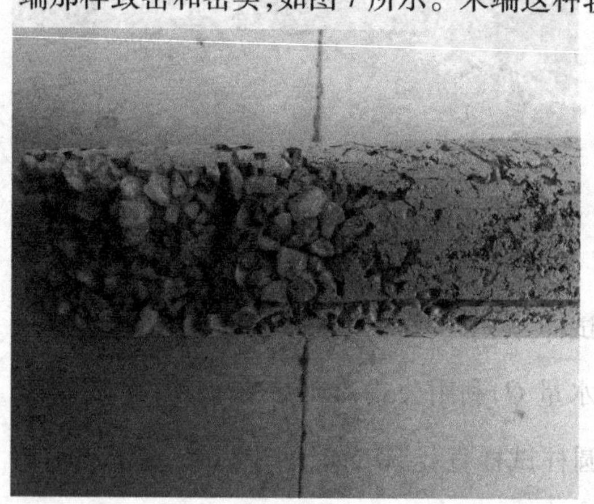

图7 砂料结石体末端形态

4.3 对现场帷幕灌浆施工的建议

图8给出了现场灌浆施工中帷幕钻孔搭接可能出现的几种情况，其中图8(a)为有效搭接，能起到较好的止水防渗作用；图8(b)则为无效搭接，不能起到止水防渗的作用；图8(c)则搭接过量，造成了较大的浪费。

根据对室内模拟灌浆试验结果的分析，建议现场施工中采用图8(a)的帷幕搭接形式。现场灌浆施工时应使帷幕钻孔最大扩散半径处留取一定的重叠和搭接量，这样可以保证帷幕搭接部位结构的密实度，从而起到良好的防渗效果。建议帷幕搭接部位搭接量为最大扩散半径的10%～20%。

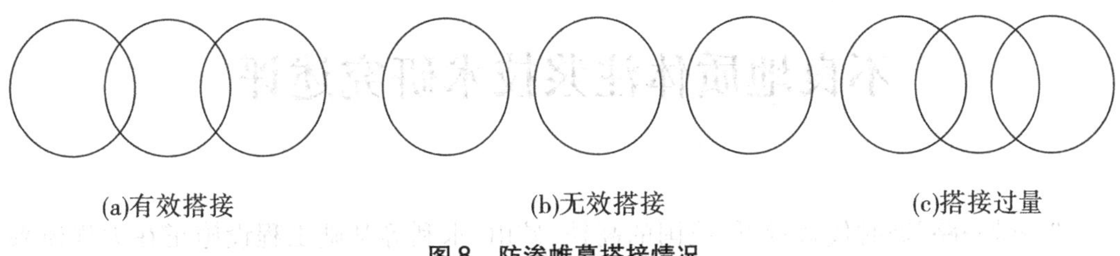

图8 防渗帷幕搭接情况

5 小结

通过设计试验，将不同水灰比的水泥浆液灌入到不同孔隙比的砂砾石地层中，并通过室内压水试验对结石体的防渗效果进行了检测。试验结果显示，水灰比和孔隙比对砂石料结石体渗透系数的影响并不明显，只要砂料的孔隙被凝胶体充满，地层的渗透性状就得到了同样的改善，砂石料结石体的渗透系数可达 $10^{-6}\sim10^{-7}$ cm/s。而沿结石体扩散半径方向上末段的部位未被水泥浆完全充满，防渗性能较前端有所下降。为使灌浆帷幕充分发挥防渗效果，建议现场施工时使钻孔帷幕留取一定搭接量，搭接量可为最大扩散半径的10% ~20% 。

不良地质体注浆技术研究述评

“一带一路”新时代背景下，我国的高铁、矿山、水利等基础工程设施正在大规模兴建。由于地质条件复杂，工程建设中产生的一系列流沙、突涌水等地质灾害比较突出亟须加强防治，而风化岩和破碎带等软弱岩体也亟须补强加固。多年的工程实践表明注浆法具有优异的防渗和加固效果，且具有投资小见效快的显著优势，因而在各项工程建设中得到了广泛应用。伴随着注浆技术日益广阔的应用，注浆技术研究也取得了巨大的发展进步。考虑水泥颗粒沉淀的渗虑效应和考虑浆液黏度时空变异特性的注浆新理论为注浆技术工程应用提供了更加准确的指导，高聚物注浆材料、CW 环氧树脂、微生物菌液等新型注浆新材料的涌现为注浆技术发展提供了更加强大的动力，PFC 颗粒流数值模拟等计算机新技术为注浆技术探索提供了新途径，本文尝试对这些最新成果进行系统阐释和述评。

1 注浆理论

注浆理论研究是注浆技术工程应用的重要指导和保证，也是注浆技术发展进步的重要先导条件。注浆理论研究已经取得了丰硕的研究成果，使得注浆理论研究体系日益丰盈。

1.1 渗滤效应

水泥浆液是典型的颗粒型浆液，当水泥颗粒在多孔介质等不良地质体的孔隙

通道中流动扩散时，水泥颗粒受吸附力等外界因素的干扰和影响，逐渐与水溶液分离沉析。水泥颗粒被土体骨架“滤出”而堵塞孔隙，致使浆液流速减缓。水泥颗粒在孔隙通道中的淤积量随时间迁延而逐渐增多，最终把空隙通道堵塞致使浆液扩散终止而形成闭浆，这种现象称为注浆过程中的“渗滤效应”。“渗滤效应”模型如图 1(a)所示。

李术才(2014)指出受深层“渗滤效应”的影响，水泥颗粒在注浆通道上产生了不均匀的淤堵沉积，致使被注介质渗透系数发生了不均匀的变化[图 1(b)]，由于水泥颗粒被滤出导致扩散路径末端水泥颗粒沉积不密实，因而扩散路径末端不能认定为有效注浆区段；冯啸(2017)将“渗滤效应”视为滤积的水泥颗粒与被注介质的介质骨架质量交换的过程，通过分析颗粒型浆液的密度方程，运用线性滤过定律计算了水泥颗粒在砂土介质中的渗滤系数 λ，结果表明渗滤系数 λ 随注浆时间延长不断增加而非定值，加固体强度受“渗滤效应”影响则沿程衰减，基本与 λ 呈负相关关系；朱光轩(2017)研究发现“渗滤效应”致使水泥颗粒在被注介质表面大范围留存滞积，导致注浆过程中恒定过流断面上的注浆量急剧减小，注浆压力则快速升高，较严重地影响了注浆效果。

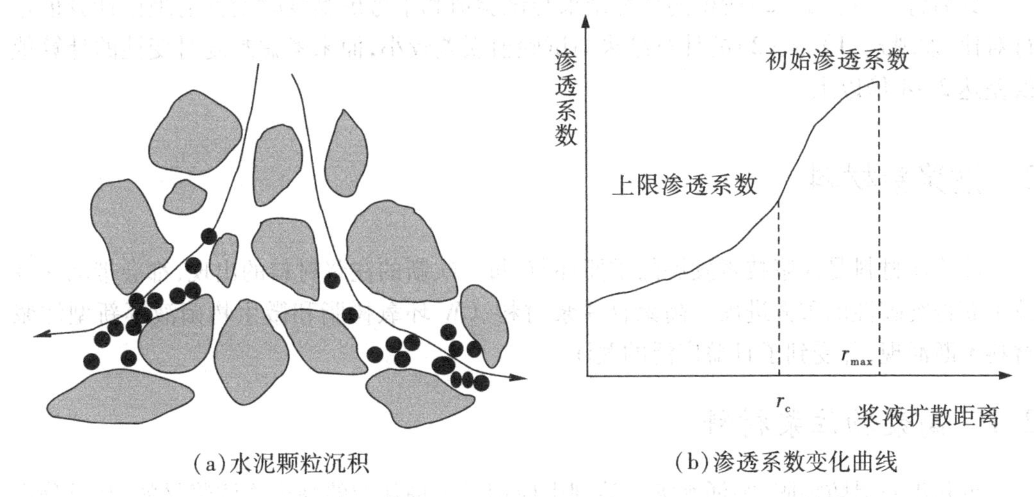

(a)水泥颗粒沉积　　(b)渗透系数变化曲线

图 1　渗虑效应分析

1.2　黏度时空变异性

浆液在注浆通道内的运移扩散是个复杂的物理化学过程,由于受注浆材料初始配置的不均匀性、化学反应进程的快慢不同及施工工艺和地质条件等诸多因素的影响,浆液的塑性黏度在被注介质体内存在时空变异性。若忽略浆液黏度的时空变异特性,采用浆液的初始塑性黏度并认为始终恒定不变,这样在注浆施工中存在明显的误导和缺陷,很难保证取得良好的注浆效果。

李术才(2013)指出水泥-水玻璃等速凝类注浆材料,浆液黏度时变性对浆液

的扩散范围和注浆压力梯度的分布影响非常显著,试验结果表明受黏度时变性影响注浆压力与浆液扩散距离呈对数函数形式衰减,最大扩散距离 1/5 的测点其注浆压力已衰减至孔口注浆压力的 50% 以下;叶飞(2013)指出单液纯水泥浆宾汉姆流体其动力黏度 $\mu(t)$ 符合指数函数关系,可表示为 $\mu(t)=ae^{t}$,而 C-S 等双液浆宾汉姆流体动力黏度 $\mu(t)$ 则符合幂函数关系,可表示为 $\mu(t)=At^{B}$,受黏度时变性影响盾构壁后注浆时浆液的扩散半径显著减小,浆液的扩散半径与黏度参数 A 基本呈负线性关系。研究还表明浆液黏度不仅呈现时变性特征,而且还呈现出复杂的空间变异性特征;张连震(2017)通过对黏度时变性流体流型和剪应力-剪切速率本构模型的分析,引入毛管组模型建立了稳定层流运动条件下浆液的渗透注浆扩散方程,并推导得到考虑时变性影响的注浆过程中各主要控制参数注浆压力、浆液扩散距离和注浆时间的关系为

$$p_c=\int_0^{l_m}\left[\frac{q}{Sk}\mu\left(\frac{\varphi Sl}{q}\right)+\frac{2\tau_0}{3}\sqrt{\frac{2\varphi}{k}}\right]\mathrm{d}l+p_w \tag{1}$$

$$p_c=\int_0^{\frac{qt_m}{\varphi S}}\left[\frac{q}{Sk}\mu\left(\frac{\varphi Sl}{q}\right)+\frac{2\tau_0}{3}\sqrt{\frac{2\varphi}{k}}\right]\mathrm{d}l+p_w \tag{2}$$

其后将式(1)、式(2)所得的计算结果与试验值和未考虑黏度时变性的理论计算值进行对比,发现式(1)、式(2)的计算结果与试验值误差较小,而未考虑黏度时变性的计算值误差达2~4倍以上。

2 注浆新材料

注浆新材料是注浆技术发展的重要环节,每一次新的注浆材料的出现,都会带动注浆技术获得突破性的重大进展。高聚物注浆材料、CW环氧树脂和微生物菌液等新型注浆材料不断涌现,并受到了日益广泛的关注。

2.1 高聚物注浆材料

近几年来堤防加固、突涌水灾害治理中应用了一种新型的高聚物注浆材料,其成分主要是异氰酸脂、聚醚多元醇和聚酯多元醇等有机高分子化合物。高聚物材料注射到不良地质体的空穴后,有机高分子材料间能迅速产生化学反应使得体积急剧膨胀,生成高强度和高韧性的固结体,从而达到防渗堵漏和补强加固的目的,如图2所示。经高聚物材料加固后的建筑具有结构致密、协调变形好等优点,因而是优良的新型注浆材料。

(a)球形结石体

(b)片状结石体

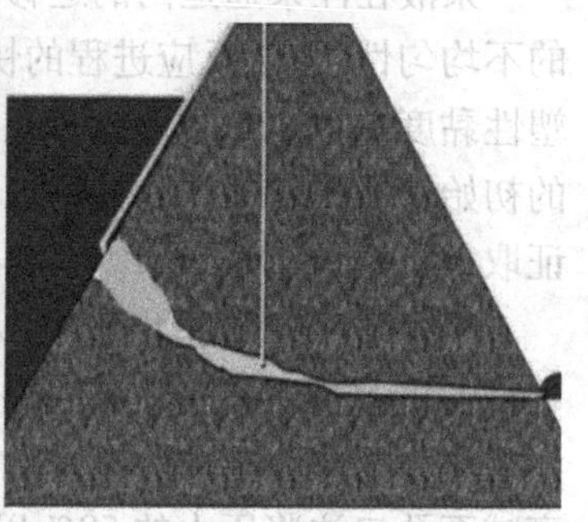
(c)管涌封堵

图2 高聚物注浆材料的工程应用

2.2 CW环氧树脂

CW环氧树脂材料是以低黏度环氧树脂为主剂,无毒、高韧性且适宜于水下固化的固化体系及反应性表面活性剂为助剂而组成的新型注浆材料,工程实践表明CW环氧树脂具有黏度低、强度高、渗透性优异和长期稳定性高等诸多优势。其中双酚A型环氧树脂因具有挥发性低、耐腐蚀性强等优点,近年来常被选作CW环氧树脂的主剂。双酚A型环氧树脂有机高分子结构见图3。

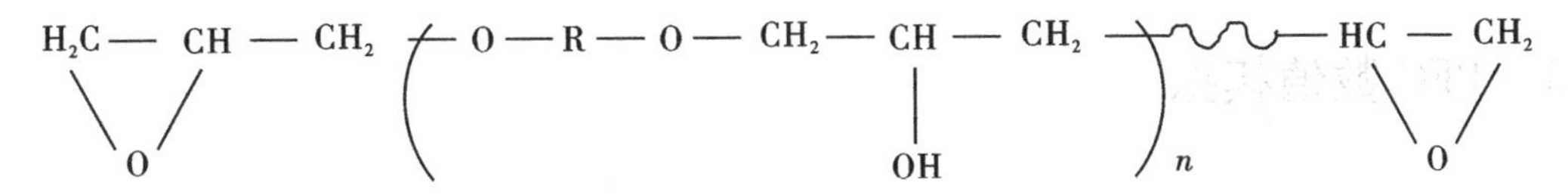

图3 双酚A型环氧树脂分子结构

在我国三峡、溪洛渡等重点水利工程软弱岩层和破碎带的治理中均采用过CW环氧树脂材料，已经取得了显著的注浆效果和较高的经济社会效益，隧道、土建等其他工程建设领域也可推广采用。CW环氧树脂的主要性能指标如表1所示。

表1 CW环氧树脂主要性能指标

浆液密度/(g/cm³)	初始黏度/(MPa·s)	与玄武岩接触角/(°)	20 ℃界面张力/(mN/m)	可操作时间/h	30 d抗压/抗拉强度/MPa	30 d黏结强度(干、湿)/MPa	LD_{50}/(mg/kg)
1.02~1.06	6~20	0	35	10~90	60~80/8~20	>3.0	>5000，实际无毒

2.3 微生物菌液

自然界中存在可以产生脲酶和对尿素进行分解的细菌，如球式芽孢杆菌、反硝化细菌等，它们在新陈代谢过程中分解产生的碳酸根离子能与土壤中游离的阳离子结合生成胶凝晶体。科研人员受此启发在实验室培育这些具有自胶结功能的细菌，并开展相关科学研究的这一新型地基加固和处理技术称为MICP(microbial induced carbonate precipitation)技术。MICP技术生产的无机化合物能显著改善岩土材料的强度和防渗性能，其作用机理与水泥的胶结机理相似，有时也被称为生物水泥(biocement)(如图4所示，扫码进入)。

图4

Dejong等(2011)研究发现微生物固化土的无侧限抗压强度和抗液化性能均优于传统水泥固化土，且施工扰动较小，在建筑物加固改造、边坡治理、隧道及地下管线建设等工程应用方面具有较大优势；彭劼(2018)指出微生物加固土是一个复杂的生物、物理和化学过程，环境温度对微生物的生命活动、营养物质的迁移扩散及化学反应的进展均有重要的影响；缪林昌(2018)研究发现低温条件对细菌的脲酶活性和生长繁殖有明显抑制作用，在地表以下10~15 ℃低温环境中微生物的固化沉淀产率大幅降低，为此他通过在巨大芽孢杆菌营养液种添加尿素并对其进行低温驯化以提高沉淀产率；刘汉龙(2018)指出微生物胶结产生的方解石填充了砂土的孔隙，有效提高了砂土的各项动、静性能力学指标；等。微生物注浆技术是目前岩土工程学科全新的研究领域，随着该技术领域研究难题的不断攻克，可以预见MICP技术必将获得广泛的工程应用并产生巨大的经济社会效益。

3 PFC 数值模拟

注浆过程中浆液的流动隐藏于地下，无法直接观测，致使注浆作业带有较大盲目性。基于细观力学理论的数值仿真试验技术，可以从细观角度研究注浆过程中土颗粒的位移、变形运动及与浆液的耦合作用过程，为注浆机理研究开辟了一条新的途径。近些年来随着高性能计算机技术的发展，数值仿真试验技术在注浆等岩土工程领域中得到了越来越广泛的应用（如图5所示，扫码进入）。通过编制程序对注浆过程中浆液的扩散形态、扩散范围及注浆作用后坝体或地基土应力状态的模拟计算，还可以有效评价注浆效果，对于指导注浆施工具有重要的参考价值。

图5

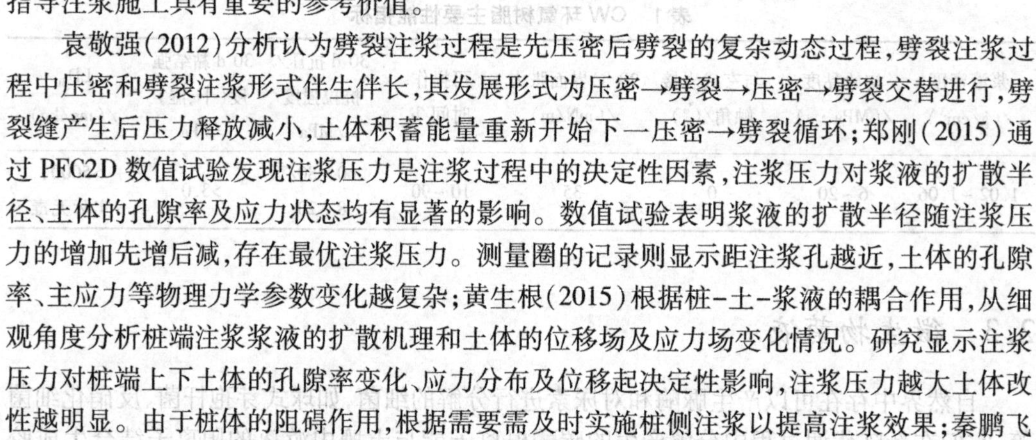

袁敬强（2012）分析认为劈裂注浆过程是先压密后劈裂的复杂动态过程，劈裂注浆过程中压密和劈裂注浆形式伴生伴长，其发展形式为压密→劈裂→压密→劈裂交替进行，劈裂缝产生后压力释放减小，土体积蓄能量重新开始下一压密→劈裂循环；郑刚（2015）通过 PFC2D 数值试验发现注浆压力是注浆过程中的决定性因素，注浆压力对浆液的扩散半径、土体的孔隙率及应力状态均有显著的影响。数值试验表明浆液的扩散半径随注浆压力的增加先增后减，存在最优注浆压力。测量圈的记录则显示距注浆孔越近，土体的孔隙率、主应力等物理力学参数变化越复杂；黄生根（2015）根据桩-土-浆液的耦合作用，从细观角度分析桩端注浆浆液的扩散机理和土体的位移场及应力场变化情况。研究显示注浆压力对桩端上下土体的孔隙率变化、应力分布及位移起决定性影响，注浆压力越大土体改性越明显。由于桩体的阻碍作用，根据需要需及时实施桩侧注浆以提高注浆效果；秦鹏飞（2017）指出注浆孔外围环向拉应力的增加导致土体劈裂缝的产生，并改变了土体结构，拓展了土体内部空间，应变率相应增加。

4 小结

注浆技术近些年来在工程建设中获得了巨大的发展进步，取得了明显的社会和经济效益。考虑水泥颗粒沉淀的渗虑效应和考虑浆液黏度时空变异特性的注浆新理论为注浆技术工程应用提供了更加准确的指导，高聚物注浆材料、CW 环氧树脂、微生物菌液等新型注浆新材料的涌现为注浆技术发展提供了更加强大的动力，PFC 颗粒流细观力学数值模拟等计算机新技术为注浆技术探索提供了新途径。本文对注浆技术最新成果进行系统阐释和述评，希望能为科研人员和工程技术人员提供有益启示和新见解。

不良地质体注浆细观力学模拟研究

岩土体的细观特性是岩土介质宏观特征更加基本的属性，建立细观结构对宏观力学性质的定量反应分析理论已成为当前研究的热点问题。从细观力学角度着手研究岩土等碎散介质的变形和受力特性，是人们深入理解和认识岩土介质物理和力学特性的必由之路。基于细观力学理论的PFC2D数值仿真试验技术，可以从细观角度揭示注浆过程中拉压应力场的分布、土颗粒的变形运动及其与浆液的耦合作用过程等注浆进程的发展动态，为软弱土、风化岩和破碎带等不良地质体的注浆加固分析研究开辟了一条新的途径。

周健(2008,2010)基于颗粒流理论，通过调试PFC2D计算程序中的相关接触模型和力学参数，对砂土的应力应变关系及渗流特征进行了模拟；孙锋(2010)基于PFC2D内置的FISHTANK函数库和FISH语言，对致密土体在不同注浆压力和不同环境条件下劈裂缝的发生、发展规律进行细观模拟研究；蒋明镜(2014)运用PFC2D自定义的FISH语言和C++语言，通过建立*N-S*方程和Tait状态方程实现了弱可压缩流体的CFD-DEM耦合计算；郑刚(2015)通过PFC2D数值试验发现注浆压力是注浆过程中的决定性因素，注浆压力对浆液的扩散半径、土体的孔隙率及应力状态均有显著的影响。数值试验还表明浆液的扩散半径随注浆压力的增加先增后减，存在最优注浆压力；耿萍(2017)通过颗粒流软件验证了劈裂注浆是压密—劈裂—压密—劈裂的动态过程，现场注浆施工应针对实际地质情况，合理安排注浆孔以及注浆顺序；等。

针对注浆过程中颗粒体的位移与渗透、压密和劈裂等作用方式的关系及其转变机理尚不明确，而劈裂注浆的力学机制也不十分清晰，同时考虑不同注浆深度、不同地质条件和不同浆液性质等细观参数变化条件下的注浆规律及效果分析也亟须加强研究。本文基于流固耦合的原理建立颗粒流数值模型，采用Itasca公司开发的PFC2D计算程序，从细观层面模拟研究了不同注浆条件下浆液的扩散和分布形态、颗粒体的位移及应力场的分布，并对不同渗透性质浆液、不同地质参数情形下的注浆效果进行了初步探索。

1 注浆细观模拟的基本理论

PFC2D将岩土介质看作离散颗粒的集合体，其求解思路是通过对软弱土或风化岩体的物理特征及接触关系进行概化，建立起反映实际工程问题的数值模型，从而将其映射到数学领域进行求解。PFC2D的计算优势主要有：(1)圆形颗粒的“叠合”特征宜于判断和描述，计算效率高；(2)采用显式方法计算，内存消耗小；(3)内置的强大功能可同时对成千上万个颗粒进行动态计算；(4)颗粒彼此独立可以分离，能够实现大变形问题的模拟计算。

1.1 流动方程

在 PFC2D 数值模型中，浆液与颗粒体通过流固耦合的相互作用实现动态计算。颗粒体的孔隙间存在能承受水压的流体域(domain)，通过假想的管道(pile)与四周连通，注浆过程中浆液通过连通的流体域和颗粒间的管道实现动态传播和扩散。浆液在管道内的流动假定遵从裂隙立方定理，其流量计算式为

$$q = ka^3 \frac{p_2 - p_1}{L} \tag{1}$$

式中，k 为水力传导系数；a 为管道孔径；$p_2 - p_1$ 为管道连通的两相邻流体域的压力差；L 为管道长度。当颗粒间接触力为拉力时管道孔径受力扩张，而当颗粒接触力为压力时管道孔径则收缩，管道孔径受颗粒接触力扩张和收缩的计算方法请见式(2)、式(3)：

$$a = a_0 + mg \tag{2}$$

$$a = \frac{a_0 F_0}{F + F_0} \tag{3}$$

式中，m 为缩放因子；g 为两颗粒表面间的法向距离；F 为法向接触力。

1.2 压力方程

储存在流体域中的流体压力在注浆过程中不断更新，以实现颗粒体与流体间的流固耦合作用。流体域内的流体压力大小主要取决于浆液流量，在特定的计算时步内流体压力增量的计算式为：

$$\Delta p = \frac{K_d}{V_d}\left(\sum q\Delta t - \Delta V_d\right) \tag{4}$$

式中，K_d、V_d 分别为浆液的体积模量和流体域的表观体积；$\sum q$ 为进出该流体域的浆液流量，Δt 为计算时间。

1.3 求解方法

交替运用流量方程和压力方程，采用显示计算方法进行求解。由压力扰动 Δp_p 而流入某流体域的流量为

$$q = \frac{Nka^3 \Delta p_p}{2R} \tag{5}$$

式中，N 为与流体域连通的管道数量；R 为该流体域周围颗粒的平均半径。流体域中的流体压力在更新过程中的压力响应为

$$\Delta p_r = \frac{K_d q \Delta t}{V_d} \tag{6}$$

当压力响应小于扰动压力时，系统能够保持稳定的动态计算。动态稳定计算的时间步长请见式(7)。

$$\Delta t=\frac{2RV_{d}}{NK_{d}ka^{2}} \tag{7}$$

2 计算模型及计算参数

本次数值试验共生成1136个颗粒单元,颗粒粒径在3.5~5 mm间均匀分布。为了保证颗粒体生成在指定的边界范围内,可以在模型四周设置墙体(wall)以防止颗粒逃逸,待不平衡力消除后将墙体删除。通过调用FISHTANK中的zap_dead_ends函数可以去除接触连接小于2的颗粒,从而保证注浆过程中所有的管路都畅通。本试验模型的长和宽各为3 m,模型的四周由一排红色颗粒围成,代表不透水边界[图1(a),扫码进入]。图1(b)中黑色圆点代表流体域(domain),由域间的黑色线段构成颗粒间的缝隙通道。模型中粉红色的圆盘代表地层结构中的土体颗粒,连接圆颗粒间的红色线段则代表颗粒间的接触连接。

图1

颗粒流数值计算过程中,细观参数的合理选取是数值计算顺利开展的关键环节,本次数值试验前通过开展Darcy渗流试验、双轴压缩试验等模型试验得到了土体的孔隙率n、法向和切向接触刚度k_n、k_s及摩擦系数f_c等力学参数(表1)。需要指出的是,模型介质的细观参数需要不断的校准和修改尝试才能重现岩土材料的宏观力学响应,如果细观参数与宏观响应结果不符则需反复调试,直到满足要求为止。细观参数的选取过程如图2所示。

表1 颗粒细观参数

最大粒径 R_{min}/cm	粒径比 R_{max}/R_{min}	法向接触刚度 k_n/(N/m)	刚度比 k_n/k_s	摩擦系数 f_c	孔隙率 n	法向黏结强度 /N	切向黏结强度 /N
5.0	1.35~1.47	5×10^{7}	1	0.2~0.4	0.25	5×10^{4}~5×10^{6}	5×10^{4}~5×10^{6}

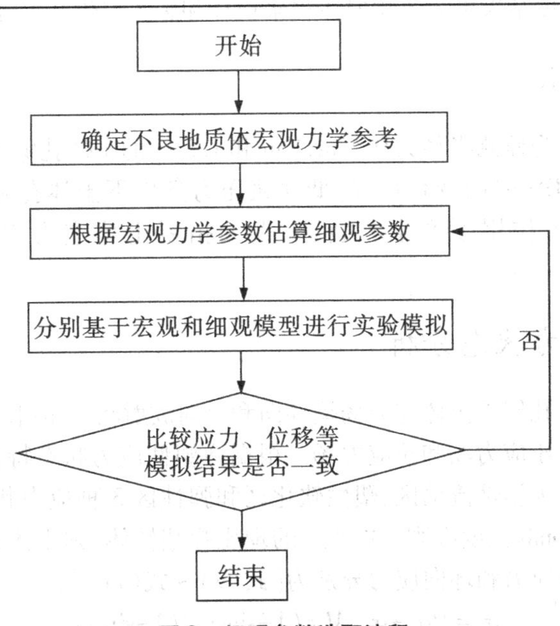

图2 细观参数选取流程

3 注浆效果细观分析

图3

图4

3.1 浆液–颗粒耦合作用下颗粒体位移

浆液–颗粒流固耦合作用体系中,颗粒体将随浆液的流动产生位移。颗粒的位移速度和大小可以从细观角度揭示注浆方式和注浆进程的变化,对进一步探索注浆机理具有重要意义。从图3、图4(扫码进入)可以看出,低压注浆条件下颗粒位置相对稳定,几乎不产生位移,而高压注浆条件下则颗粒相互挤压并向外膨胀,逐渐呈现出杂乱无序的特征。注浆压力对地层结构的改变和破坏作用十分显著。

3.2 不同深度注浆效果

图5

图6

不同深度条件下地层应力状态差别较大,为分析不同应力环境下土体渗透和劈裂注浆等作用方式的不同,通过改变 n_bond(法向黏结强度)和 s_bond(切向黏结强度)等力学参数对注浆效果进行了模拟测试。图5(扫码进入)为注浆压力1 MPa作用下浆液的扩散情况,黏结强度参数分别取为5×10^4 N、5×10^5 N和5×10^6 N。从图中可以看出,低注浆压力条件下浆液基本以渗透的方式向外扩散,黏结强度最小的土体内出现了劈裂现象,黏结强度对浆液的扩散方式有一定影响。

图6(扫码进入)为2 MPa注浆压力作用下浆液的扩散情况,从图中可以看出浆液基本以劈裂灌注方式为主,随黏结强度增加,劈裂缝数目逐渐减少,劈裂效果变差。风化岩体或破碎带等不良地质体注浆加固工程中,黏结强度的适度降低可表征岩体的风化破坏程度,图5、图6的模拟结果可为风化岩体注浆设计和施工提供规律性指导。

3.3 孔隙率变化

图7

图7(扫码进入)为监测半径为0.5 m、1 m和1.5 m的土体孔隙率在注浆压力分别为1 MPa、2 MPa和3 MPa时的变化情况,低注浆压力条件下土体孔隙率增加仅2.3% ~ 7.0%,而高注浆压力作用下产生劈裂缝,大大拓展土体应力空间,孔隙率增幅达23.5% ~33.3%。

图8

3.4 弹塑性应力状态分析

数值计算表明钻孔周围土体应力场呈环向和径向放射状分布(图8,扫码进入),黑色和青色线条分别代表压应力场和拉应力场。根据弹塑性应力状态特征和柱形扩孔理论,可将钻孔周围土体分为塑性流动区、塑性软化区和弹性区3种应力状态。假定所模拟土体为服从 Mohr-Coulomb 强度准则[式(8)]的理想弹塑性体,则土体塑性流动区、塑性软化区和弹性区的径向应力和环向应力分别为[式(9) ~式(11)]:

$$\sigma_r = M\sigma_\theta + \sigma_0, M = (1+\sin\varphi)/(1-\sin\varphi) \tag{8}$$

$$\begin{cases}\sigma_r=\left(p+\dfrac{\sigma_{\rm cr}}{M-1}\right)\left(\dfrac{a}{r}\right)^{\left(1-\frac{1}{M}\right)}-\dfrac{\sigma_{\rm cr}}{M-1}\\ \sigma_\theta=\dfrac{1}{M}\left[\left(p+\dfrac{\sigma_{\rm cr}}{M-1}\right)\left(\dfrac{a}{r}\right)^{\left(1-\frac{1}{M}\right)}-\dfrac{\sigma_{\rm cr}}{M-1}\right]\end{cases}\tag{9}$$

$$\begin{cases}\sigma_r=\left[\sigma_{r_{\rm y}}+\dfrac{\sigma_0}{M-1}\right]\left(\dfrac{r_{\rm y}}{r}\right)^{\left(1-\frac{1}{M}\right)}-\dfrac{\sigma_0}{M-1}\\ \sigma_\theta=\dfrac{1}{M}\left[\left(\sigma_{r_{\rm y}}+\dfrac{\sigma_0}{M-1}\right)\left(\dfrac{r_{\rm y}}{r}\right)^{\left(1-\frac{1}{M}\right)}-\dfrac{2-M}{M-1}\sigma_0\right]\\ \sigma_{r_{\rm y}}=\dfrac{2Mp_0+\sigma_{\rm c}}{M+1}\end{cases}\tag{10}$$

$$\begin{cases}\sigma_r=(p-p_0)\left(\dfrac{r_{\rm y}}{r}\right)^2+\rho_0\\ \sigma_\theta=-(p-p_0)\left(\dfrac{r_{\rm y}}{r}\right)^2+p_0\end{cases}\tag{11}$$

式中，p 为钻孔内的注浆压力；$\sigma_{\rm cr}$和 $\sigma_{\rm c}$分别为土的残余强度和峰值强度；$r_{\rm y}$、$r_{\rm f}$分别为软化区和塑性流动区半径；$\sigma_{r_{\rm y}}$ 为弹塑性交界面上的径向应力；p_0为无限远处静止土压力。式(9)～式(11)表明在注浆压力 p 作用下，土体环向受拉而径向受压，土体产生拉裂破坏而后出现劈裂缝，浆液由渗透方式向劈裂方式转变。

4 浆液性质及地层参数对注浆效果的影响

浆液的渗透性质和土体粒径、级配及摩擦系数等地质条件对注浆效果有一定影响，为检测不同浆液黏度或不同地质条件等因素对扩散形态、方式的作用及影响，通过调节命令流中的 perm、fric 等相关参数开展了模拟测试试验。

4.1 不同渗透性质浆液

图 9

图 9(a)～(c)(扫码进入)分别为注浆压力 1 MPa、2 MPa 和 3 MPa 条件下浆液在土体中的扩散情况，水力传导系数设置为 perm＝0.1。从图中可以看出，低压时浆液的流动扩散速度较慢，基本以压密形式与地基土相互作用，浆液扩散范围十分有限；高压条件下产生较密集的劈裂缝，能够取得理想的劈裂注浆效果。

图 10

图 10(扫码进入)为水力传导系数 perm＝1.0 条件下浆液在土体中的扩散情况，由于浆液渗透性能提高 10 倍，浆液流速大幅提高，浆液不会在注浆通道上积聚并起压，使得劈裂缝数量明显减少。

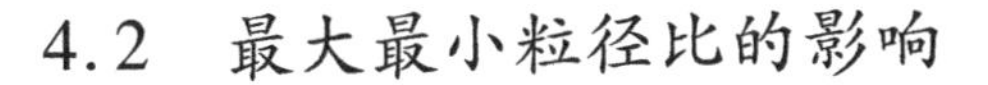

4.2 最大最小粒径比的影响

图 11

图 11(扫码进入)为不同粒径比条件下浆液的扩散情况，从图中可以看出粒径比小的土体级配不良，结构不密实易被注浆压力启劈；颗粒粒径比大的土体结构密实，能够抵抗

注浆压力对地层的破坏作用，浆液以渗透扩散形式为主。

4.3 摩擦系数的影响

图 12

从图 12（扫码进入）可以看出，颗粒间的摩擦系数对浆液扩散范围的影响并不明显。这是因为在劈裂注浆过程中，注浆压力一旦将土层劈开产生裂缝，土颗粒在压力作用下就将相互分离，颗粒间的摩擦系数便无法对注浆效果施加影响。

5 数值模拟与模型试验结果对比分析

图 13（扫码进入）分别给出了不同实验室条件所得到的注浆结石体形态，试验条件如表 2 所示。图 13(a)为砂料渗透注浆模型试验结果，注浆压力由空气压缩机提供，约为 30～60 kPa，注浆时长 15 s，结石体基本呈椭球形；图 13(b)为深厚冲积层劈裂注浆浆脉分布情况，注浆压力 2.5 MPa，劈裂缝宽度 0.3～2.0 cm，扩散半径约 0.5 m，注浆结果及规律与本文 PFC 数值计算基本相符。

图 13

表 2 模型试验试验条件

渗透注浆试验				劈裂注浆试验			
水灰比	砂料性质	注浆压力	扩散半径	水灰比	注浆压力	注浆管间距	注浆时长
0.8：1	中粗砂	30～60 kPa	15 cm	0.6～0.7	2.5 MPa	0.8 m	20 min

6 小结

对注浆过程中浆液在地层中的扩散过程和形态进行了数值模拟计算，所得结论主要如下：

(1)数值计算表明，注浆压力对地层结构的改变和破坏作用十分显著，黏结强度增加劈裂效果逐渐变差，孔隙率随注浆压力提高则显著增大。

(2)基于 Mohr-Colomb 准则的弹塑性理论对钻孔周围土体的应力场进行理论推导，指出环向受拉径向受压的力学机制是劈裂注浆作用方式出现的根本原因。

(3)浆液黏度增加有利于提高劈裂-压密注浆的注浆效果，摩擦系数增加则对注浆效果影响不大。实验室试验对比分析表明，PFC2D 模拟注浆过程是可行的。

基于 FLAC3D 的砂砾石土石坝防渗加固稳定性分析

目前我国已建成各类水库8万多座,其中有很多是在20世纪50~70年代边勘测、边设计、边施工的方式下建造的,限于当时的生产、施工、设备技术条件,建造时未对坝基进行防渗处理。大坝建成后多以带病状态运行,产生较大渗漏,据统计目前我国有将近4万座病险水库。库水渗漏会给工程经济效益带来重大损失,甚至还会影响大坝的安全及稳定。渗漏流水产生的渗透破坏严重时会酿成溃坝及岸堤滑坡等灾难性后果。

对坝基坝体进行灌浆加固是解决渗透破坏的重要技术手段。随着地下工程建设发展规模的不断扩大和水利工程的不断建设,灌浆技术得到越来越广泛的应用。本文对常见的灌浆作用方式进行了阐述,然后基于 FLAC3D 有限差分程序,对河南某水利工程防渗灌浆加固效果进行了数值分析,期望着能对类似工程提供一些参考和指导。

1 灌浆作用方式

根据灌浆过程中浆液与地基土的作用方式,可将灌浆技术分为渗透灌浆、压密灌浆和劈裂灌浆等。

1.1 渗透注浆

渗透注浆(penetration grouting)是在不足以破坏地层构造的压力下,把浆液注入粒状土的孔隙中,以达到防渗堵水或地层加固的目的。渗透注浆过程中,浆液的扩散形态是均匀的,浆液扩散形式取决于注浆管花孔的形状。若采用端头注浆,则浆液呈球形扩散,若采用花管式分段注浆,则浆液呈柱面扩散,如图1所示。

近几十年来,国内外学者对渗流注浆理论进行了深入的研究,发展了一系列渗透注浆理论,并推导了相应的公式,如球形扩散理论、柱形扩散理论、袖套管法理论、Baker 公式、刘嘉才单平板裂隙注浆渗透模型理论、Wallner 公式以及 G. Lombad 公式等。其中以 Maag 球形扩散理论和柱形扩散理论的应用范围最广。浆液的 Maag 球形扩散半径计算公式为 $R=\sqrt[3]{\dfrac{3kh_0r_0t}{\beta n}}$,而浆液的柱形扩散半径计算公式为 $R=\sqrt{\dfrac{2kh_1t}{\beta n\ln\dfrac{R}{r_0}}}$。

式中,R 为浆液扩散半径,cm;k 为砂土渗透系数,cm/s;h_0、h_1 为灌浆压力水头,cm;r_0 为灌浆孔半径,cm;t 为灌浆时间,s;β 为浆液黏度对水的黏度比;n 为砂土的孔隙率。

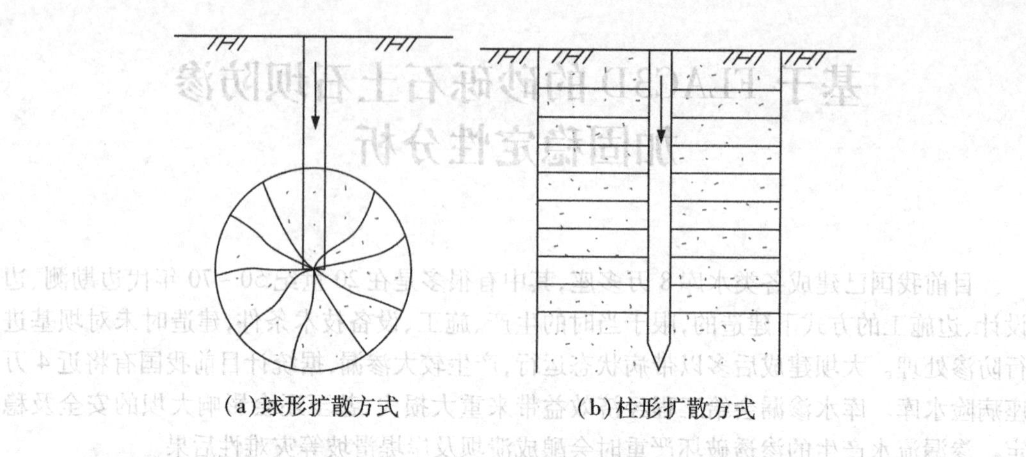

图1 渗透注浆

1.2 压密注浆

压密注浆(compaction grouting)是用极稠的浆液(坍落度<25 mm)通过钻孔并强行挤压土体的注浆方式。由于弱透水性土的孔隙是不进浆的,因此不可能产生传统的充填型灌浆方式,而是在注浆点附近集中地形成近似球形的浆泡,通过浆泡挤压邻近的土体,使土体压密并提高其应力。

压密注浆作用发生时,在注浆处形成球形浆泡,浆体主要依靠对周围土体的压缩进行扩散。当钻杆自下而上注浆时,在土体内形成柱式注浆体。由于浆体完全取代了注浆范围内的土体,在注浆邻近区域中形成大的塑性变形带,而在离浆泡较远的区域土体发生弹性变形。压密注浆扩孔示意图如图2所示。

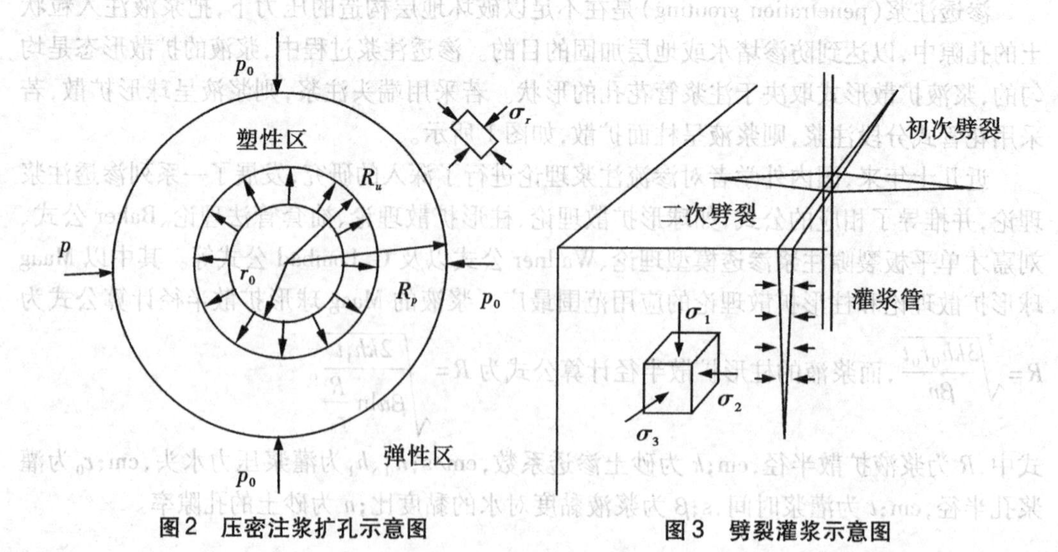

图2 压密注浆扩孔示意图　　图3 劈裂灌浆示意图

注浆体的形状通常为球形或圆柱形,主要取决于任一注浆过程中注浆孔的扩展程度及土层条件。压密注浆技术的加固机理主要是化学胶结作用、离子交换作用和挤压膨胀作用等,通常适用于加固比中砂细的砂土或黏土、杂填土等。

1.3 劈裂灌浆

1.3.1 加固原理

劈裂灌浆是坝基处理中应用得最广泛的地基加固方法。劈裂灌浆的原理是,在弱透水性地基中施加持续增大的注浆压力,当注浆压力达到土层的启劈压力后会在土体内产生劈裂缝,浆液在劈裂面上所施加的压力继而推动裂缝迅速张开扩大,如图3所示。随着注浆压力的持续增加及浆液的连续注入,土体中的浆液在钻孔附近形成纵横交错的网状浆脉,通过所形成的浆脉挤压土体并以浆脉的骨架作用来加固土体,从而使土体的法向应力和土体刚度得到显著提高。

1.3.2 作用过程

根据灌浆压力的不同,劈裂灌浆浆液和土体的相互作用机理可以分为3个阶段:初始鼓泡压密阶段、劈裂流动阶段和被动土压力阶段。

(1)初始鼓泡压密阶段。灌浆开始时,从注浆管压出的浆液将首先充满注浆管外壁与灌浆孔孔壁之间的空隙,由于浆液所具备的能量不大,不能劈裂地层,浆液聚集在灌浆管的孔口附近,形成以灌浆管为主体的球形或柱形浆泡。随着浆液的不断注入以及灌浆压力的不断增大,浆泡逐渐向四周扩张并挤压周围土体,此时属于压密灌浆阶段。

(2)劈裂流动阶段。当地基土体内钻孔某深度周围土体首先受到压缩而屈服以至于流动破坏时,土体就会被灌浆压力所劈开,浆液在地层中产生劈裂流动。劈裂面发生在阻力最小的小主应力面,此时浆液的浆泡将互相连通,在土体中形成纵横交错的网状浆脉。

(3)被动土压力阶段。当劈裂缝发展到一定程度后,注浆管中注浆压力重新上升,地层中应力场发生调整,大小主应力方向产生变化。此时水平向主应力转化为被动土压力状态,需要有更大的注浆压力才能使土体中的裂缝加宽并产生新的裂缝,注浆压力随之出现第二次峰值。经过对灌浆孔分序分次灌注,与浆脉连通的裂缝、洞穴、水平砂层等土体隐患部位都能得到充填挤压密实,土体的承载能力得到显著提高,有效起到防渗或加固的目的。

需要指出的是,浆液与土体之间的渗透、压密或劈裂等作用方式不是孤立存在的,而是相互掺杂和相互转化的,它们可能同时存在于同一次灌浆过程中。低压灌注时主要表现为渗透作用方式,高压时则表现为劈裂和压密作用方式。其中,劈裂灌浆是一个先压密后劈裂的过程,劈裂灌浆作用发生时同时伴随有压密和渗透等其他灌浆作用方式。

2 FLAC3D分析计算方法

FLAC(rast lagrangian analysis of continua)是目前世界上优秀的岩土力学数值计算软

件系统之一,FLAC3D 是由美国 Itasca 公司在 FLAC 基础上开发的面向岩土的三维有限差分程序。FLAC3D 是基于"显示拉格朗日"理论和"混合-离散分区"的数值模拟技术,求解时采用混合离散元方法、动态松弛方法和显式差分等方法进行数值计算。由于 FLAC3D 在计算过程中不形成刚度矩阵,占用内存小计算速度快,目前已成为岩土力学问题数值分析的重要工具。

FLAC3D 将计算区域划分为若干四面体或六面体单元,每个单元在给定的初始条件和边界条件下遵循指定的线性或非线性本构关系。FLAC3D 在显式差分求解中将所有的矢量参数,如力、速度和位移等,均存储在网格节点上,而将所有的材料特性参数均存储在单元的中心。通过运动方程由单元应力可求出节点的速度和位移,然后由空间导数求出单元的应变率,继而借助于材料的本构关系,由单元应变率便可获得单元新的应力。如果单元应力使得材料屈服或产生塑性流动,则单元网格可以随着材料的变形而发生变形。FLAC3D 可以准确地模拟材料的屈服、塑性流动、软化硬化直至大变形,尤其在材料的弹塑性分析、大变形分析以及模拟地下开挖、边坡稳定分析等领域有其独到的优点。显式拉格朗日计算循环如图 4 所示。

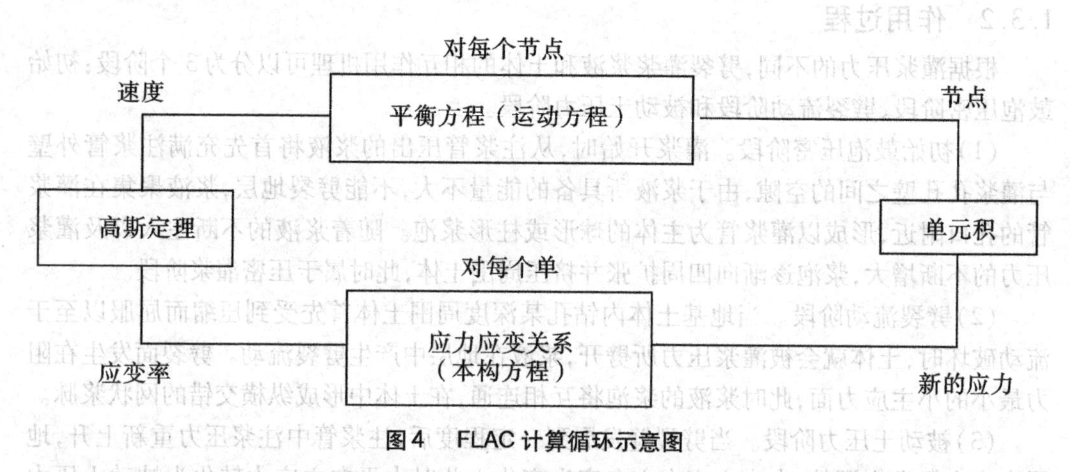

图 4 FLAC 计算循环示意图

FLAC3D 数值模拟软件内嵌了 12 个力学本构模型,包括 1 个开挖模型、3 个弹性模型和 8 个塑性模型,而且它的 V2.1 版本提供了良好的开发环境,用户还可以根据计算的需要在 VC++环境下实现本构模型的二次开发。

3 工程实例分析

河南南谷洞水库是一项以生态补水和春旱供水为主,并同时结合发电的综合性Ⅱ等大型工程,水库总库容 8.67 亿 m^3,电站总装机 150 MW。南谷洞水库坝基覆盖层主要由砂、卵石夹大块石组成,局部存在架空结构,透水性强。施工时未做防渗处理,开始蓄水就渗漏严重,坝顶沿轴线方向出现多处裂缝。为此决定采用灌浆技术进行防渗加固处理。灌浆轴线布置在改建后坝轴线位置处,采用梅花型布孔,孔距 4 m,孔深至设计深度。岸坡段采用双排交错布孔。

3.1 三维数值模型建立

为了建立该坝体的数值计算模型，选取右手坐标系建立三维坐标并划分有限差分网格单元。坐标原点定在坝顶轴线的中间。以坝体轴线为 X 轴，垂直于坝轴线水平方向为 Y 轴，垂直地表方向为 Z 轴。在边界条件设置中，将坝体底部 Z 方向位移、速度固定。三维模型共 2000 个单元，2373 个节点。其中沿坝体轴线中间黑色部分为灌浆帷幕带，其余部分为非灌浆帷幕带，如图 5（扫码进入）所示。

图 5

3.2 本构模型选取

在堤坝防渗灌浆加固作用的数值计算中，由于坝体内注入了一定量的泥浆，使其稳定性发生改变，其中最能反映坝体稳定状况的力学参数凝聚力 c 和内摩擦角 φ 都会有不同程度地提高。在本次数值模拟计算时，灌浆帷幕带采用弹性模型（elastic model），非灌浆帷幕带则采用摩尔-库伦模型（mohr-coulomb model）。

摩尔-库伦模型的屈服准则为 $f^s=\sigma_1-\sigma_3N_\phi+2c\sqrt{N_\phi}$，$f^t=\sigma_3-\sigma^t$。式中，$\sigma_1$、$\sigma_3$ 分别为最大最小主应力，c 和 ϕ 分别为黏聚力和内摩擦角，σ_1 为抗拉强度，且有 $N_\phi=\dfrac{1+\sin\phi}{1-\sin\phi}$。根据不同的计算模型采用不同的参数：在莫尔-库仑模型中要求输入材料的 BULK（体积模量 K）、SHEAR（剪切模量 G）、COHESION（黏滞力）、FRICTION（摩擦角）、TENSION（抗拉强度）；在完全弹性的模型中则要求输入材料的 BULK（体积模量 K）、SHEAR（剪切模量 G）参数等。

3.3 计算参数选取

填坝土料取自附近山坡残积风化土。坝面浅部含有砂卵石、碎石，局部夹杂少量风化碎块，坝料土质整体比较均匀。在数值计算中，根据该工程的工程地质勘察报告及相关水文资料，参考《中小型水利水电工程地质勘察经验汇编》和《岩石力学参数手册》，计算模型力学参数取值见表 1。

表 1 坝体物理力学参数

分区 计算参数	体积模量 /MPa	黏聚力 /kPa	内摩擦角 /(°)	重度 /(kN/m³)	剪切模量 /MPa	剪胀角 /(°)
灌浆帷幕带	40	45	40	25	12	10
非灌浆帷幕带	35	30	30	20	7	8

4 计算结果分析

选取土坝中间断面（0+120 m）为典型断面，利用 FLAC3D 有限差分软件进行了模拟计算，所得分析结果如下。

图6

4.1 塑性区分布

图6(扫码进入)为坝体中间断面(0+120 m断面)灌浆前后的塑性区分布图。从图中可以看出，由于坝体施工质量差，灌浆前坝体内部出现大片塑性区，有些部位出现拉应力。灌浆后，由于水泥浆液对坝体填土间的渗透、压密等加固作用，坝体内应力得到调整，坝体轴线附近形成完整防渗帷幕。灌浆后塑性区面积较灌浆前减小，防渗加固作用效果明显，坝体稳定性大大增强。

4.2 坝体应力分析

图7

图8

图7、图8(扫码进入)分别是坝体灌浆加固前后的最小主应力、最大主应力等值线图。从图中可以看出，经过灌浆防渗加固处理后，坝体内的大小主应力的分布情况均发生了改变。灌浆加固处理后坝体内部形成完整的灌浆帷幕带，坝体应力进行了二次调整。虽然坝体最大最小主应力仍然沿坝轴线对称分布，但是灌浆帷幕带内部的大小主应力的有效应力都有所减小。而远离灌浆帷幕带区域的大小主应力总应力基本不变。最大最小主应力产生变化的原因，主要是由于在灌浆作用过程中浆液析水使坝体产生湿陷固结，浆体与坝体相互挤压耦合作用的结果。

图9

4.3 坝体位移分析

图9(扫码进入)为0+120 m断面灌浆前后坝体垂直位移云图。从图中可以看出，灌浆前后坝体的垂直位移发生了变化。灌浆前最大垂直位移量为22.5 cm，而灌浆后最大垂直位移量为24.3 cm，比灌浆前有所增加。这是由于灌浆期间泥浆的析水使坝体湿陷固结，浆缝两侧土体含水率增加，土体相对密度增大。灌浆结束后变形稳定，坝体土质更加密实。

图10

图10(扫码进入)为0+120 m断面灌浆前后坝体的水平位移云图。比较灌浆前后水平位移，可以发现坝体在自身内部应力调整过程中，在坝体前后坡处发生了指向坝体内侧的水平位移。该水平位移的发生是由于灌浆后坝体湿陷固结作用引起的，这会造成该处产生剪切裂缝，需要进行特殊处理加固。

5 小结

本文对渗透灌浆、压密灌浆和劈裂灌浆的作用机理进行了阐述，并运用FLAC3D有限差分程序对河南某病险水库防渗加固稳定性进行了分析计算。

(1)浆液与土体之间的渗透、压密或劈裂等作用方式不是孤立存在的，它们可能同时掺杂在同一次灌浆过程中，随灌浆压力的改变而相互转化。

(2)灌浆防渗加固作用完成后，坝体内塑性区明显减小，坝体稳定性明显增强；坝体内部形成完整的灌浆帷幕带，坝体应力进行二次调整；坝体变形稳定，坝体土质更加密实，灌浆效果明显。

（3）由于灌浆过程的隐蔽性和灌浆机理的复杂性，浆液渗透、压密或劈裂等作用方式的界限及分布范围等机理问题尚需进一步深入研究；而灌浆帷幕带和非灌浆帷幕带的本构模型也不一定完全符合实际情况，更准确的数值计算需要对 FLAC3D 内嵌的本构模型进行二次开发。

砂砾石层灌浆浆液扩散半径试验研究

灌浆是指通过钻孔并置入灌浆管的方式，利用液压、气压或电化学等动力，将浆液均匀地注入地层中，浆液在地基岩土体内产生化学反应，与地基岩土体形成结构新、强度大、稳定性好的结石凝胶体，从而达到提高地基承载力或防渗漏的一种地基处理方法。1802年 Charles Berigny 把注浆法用于 Dieppe 冲刷闸的修理之后，越来越多的水利等工程采用了此项技术。

砂砾石层是第四纪沉积物中的一种具有鲜明特征的松散粗碎屑堆积层，在我国分布非常广泛。在砂砾石地层中灌浆，要求灌入的浆液能形成连续、稳定的胶结体，因此浆液的扩散距离（扩散半径）必须合理确定。浆液的扩散半径决定着灌浆孔的布置和浆液消耗量，是选择工艺参数、评价灌浆效果的重要依据。由于灌浆工程是隐蔽工程，浆液在砂土层中的扩散是隐藏的，无法进行直观观测。在目前的灌浆设计和施工中，灌浆孔距主要是根据经验、现场试验确定的，因此很可能会出现因孔距太大或太小而导致的工程质量问题或投资上的浪费。

针对灌浆参数、浆液性能、地层条件等因素对浆液扩散范围（扩散半径）的影响规律及它们之间的相互关系，一些学者在理论与试验方面开展了广泛的研究。理论研究方面，Maag（1938）假设浆液在均匀、各向同性介质中流动时按球形扩散，推导出牛顿型浆液在砂土中的渗透公式 $R=\sqrt[3]{\dfrac{3kh_0r_0t}{\beta n}}$；刘嘉材（1987）在室内用两块平行钢板模拟了裂隙中浆液的扩散过程，研究了二维光滑裂隙中牛顿流体的流动规律，推导出扩散半径与注浆时间的表达式 $R=\left[\dfrac{0.093(P-P_0)Tb^2r_0^{0.21}}{\eta}\right]\dfrac{1}{2.21}+r_0$。试验研究方面，葛家良（1997）等通过设计注浆模拟实验，发现影响扩散半径最显著的因素是注浆介质的吸水率，浆液性能次之，而注浆压力对浆液扩散半径影响相对较小；杨坪（2006）等通过砂卵（砾）石层的注浆试验，研究了注浆压力 p、注浆时间 t、浆液水灰比 m、地层渗透系数 k、孔隙度 n 等因素对浆液的扩散半径 R、结石体抗压强度 P 的影响关系，结果表明对浆液扩散半径影响最显著的因素是注浆压力 p；侯克鹏（2008）等通过对松散体的室内灌浆加固试验，发现影响灌浆量和浆液扩散半径的主次因素依次为浆液水灰比、灌浆压力和介质的析水率等。

前人的理论研究工作假定条件过于理想化，由于地层形态复杂多变，利用这些理论公式计算出的浆液扩散半径与实际情况相差很远，实用性较差。而试验研究工作又各执一词，百家争鸣，不同研究人员有时得出的是完全相反的结论。为进一步探讨灌浆压力、水灰比、孔隙比等因素对浆液扩散半径的影响，本文通过设计正交试验，进行均匀颗粒砂砾石层灌浆，分析各因素对扩散半径的影响关系，为砂砾石层灌浆提供有益探索。

1 试验材料、方法及设备

本次试验所选用的砂子为某砂料厂生产的石英砂，粒径分别为 2 ~ 4 mm 和 4 ~ 8 mm，以质量比 3 : 7 混合，如图 1 所示。砂料共采用三种不同的孔隙比，分别为 0.7、0.75 和 0.8。根据孔隙比的计算公式 $e=\frac{a_s(1+w)\rho_w}{\rho}-1$，分别计算出不同孔隙比所对应的砂料干密度及质量，试验前均匀装入灌浆模型中。灌浆模型为建筑用给排水管（PVC 管），直径为 50 mm，根据不同情况分别截成 50 ~ 100 cm 的长度。本次试验的灌浆压力共采用三个水平，分别为 20 kPa、30 kPa 和 40 kPa，灌浆压力由浆液的自重提供，即将灌浆塑料软管提升一定高度形成压力浆头以进行灌注。灌浆试验前对浆液的比重等性能参数进行测试，根据计算公式 $p=\gamma h$ 分别计算出不同灌浆压力对应的高度 h，将塑料软管提升至相应高度后固定，倒入水泥浆进行灌注，如图 2 所示。

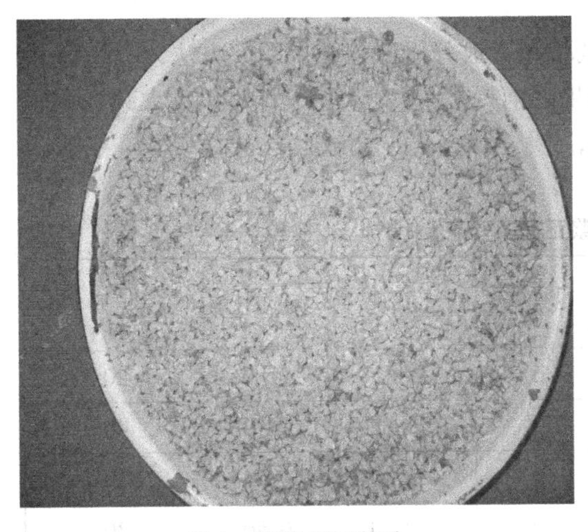

图 1 试验用石英砂

图 2 灌浆简易设备

2 浆液性能基本参数

本次试验所选用的水泥为早强型复合硅酸盐水泥，强度等级为 P. C32.5R。所配置的水泥浆液水灰比分别为 0.7 : 1、0.8 : 1 和 0.9 : 1，分别加入 3% 膨润土以形成稳定性浆液。对水泥浆的物理力学性能等参数进行了测试，主要包括浆液的密度、流变参数和凝结时间等。浆液的流变参数采用 NDJ-4 旋转黏度计进行测定计算，凝结时间则依照《水泥标准稠度用水量、凝结时间、安定性检验方法》（GB 1346—2011）采用 ISO 标准法维卡仪进行测定。水泥浆液的基本物理力学性能指标见表 1。

表 1　水泥浆液基本性能参数

水灰比	膨润土掺量/%	密度/(g/cm^3)	析水率	流变参数		初凝时间	终凝时间
				屈服强度/Pa	塑性黏度/(mPa·s)		
0.7∶1	3	1.70	—	6.08	27.83	4 h 50 min	10 h 20 min
0.8∶1	3	1.63	—	5.24	22.24	6 h 15 min	11 h 35 min
0.9∶1	3	1.58	0.01	1.73	15.33	7 h 25 min	14 h 45 min

3　灌浆正交试验

3.1　试验方案

正交设计是一种科学地安排多因素的试验和有效分析试验结果的好方法，它具有“均匀分散、整齐可比”的特点。在不影响试验效果的前提下，正交试验设计可以大大减少试验次数。本试验采用三因素三水平的试验方案，共 9 个试样。正交试验表如表 2 所示。

表 2　砂砾石层灌浆正交试验表 $L_9(3^3)$

试验号	水灰比	孔隙比	压力/kPa	试验号	水灰比	孔隙比	压力/kPa
1	0.7∶1	0.70	20	6	0.8∶1	0.80	20
2	0.7∶1	0.75	30	7	0.9∶1	0.70	40
3	0.7∶1	0.80	40	8	0.9∶1	0.75	20
4	0.8∶1	0.70	30	9	0.9∶1	0.80	30
5	0.8∶1	0.75	40				

3.2　试验结果

室内灌浆完成后，在一定湿度环境下养护 28 天。将 PVC 外壳拆除，测得各不同砂料灌浆模型的扩散半径，如表 3 所示。试样如图 3 所示。

表3 各不同灌浆模型的扩散半径

单位:cm

编号	1	2	3	4	5
扩散半径/cm	6	30.5	47	41	46
编号	6	7	8	9	
扩散半径/cm	46.5	49	47	90	

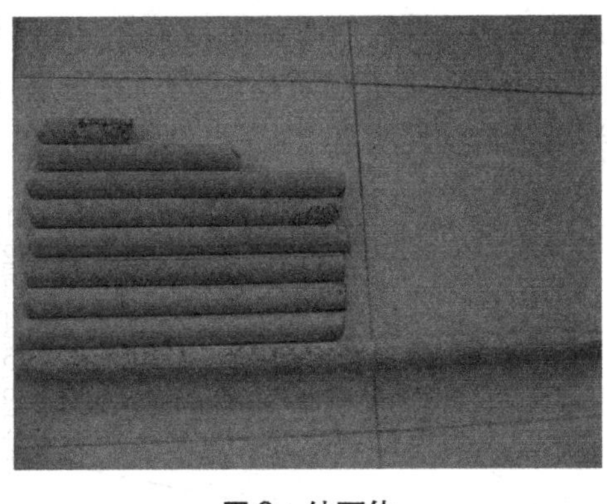

图3 结石体

3.3 试验结果分析

试验结果分析表如表4所示。其中,K1这一行的3个数分别是三个因素的第1水平所在的试验中对应的扩散半径之和;类似地,K2这一行的3个数分别是三个因素的第2水平所在的试验中对应的扩散半径之和;K3同理。而k1、k2、k3每一行的3个数,分别是K1、K2、K3中对应各数除以3所得的结果,即各水平对应的平均值。

同一列中,k1、k2、k3这3个数中的最大者减去最小者所得的差称为极差。极差越大,则这个因素的水平改变时对试验指标的影响越大。计算得出的3列极差分别为34.17、29.17、20.66。由此可知,第一列水灰比的极差最大,应是考虑的显著影响因素,接下来依次是孔隙比和灌浆压力。

表4 灌浆试验结果分析

数据分析		水灰比	孔隙比	压力/kPa
水平和	K1	83.5	96	99.5
	K2	133.5	123.5	161.5
	K3	186	183.5	142
水平均值	k1(=K1/3)	27.83	32	33.17
	k2(=K2/3)	44.5	41.17	53.83
	k3(=K3/3)	62	61.17	47.33
极差		34.17	29.17	20.66

3.4 试验结果进一步分析

正交试验的试验结果显示，水泥浆液的水灰比是影响水泥浆液扩散半径最显著的因素。这一现象的产生是与水泥浆液自身的物理力学性能密切相关的。水泥水化反应理论需水量约为水泥自身质量的20%，多余的水分将作为输送介质化作泥浆向前方流动。水泥浆液中多余水分的含量直接影响水泥浆液的流动性。水泥浆液的水灰比越大，浆液中的多余水分便越多，对水泥浆液流动性能的改善便越显著。图4给出了不同水灰比水泥浆液的流变曲线。从图中可以看出，随着水灰比（*W/C*）的增加，水泥浆液的屈服强度和塑性黏度急剧降低，水泥浆液的流动性明显增强。

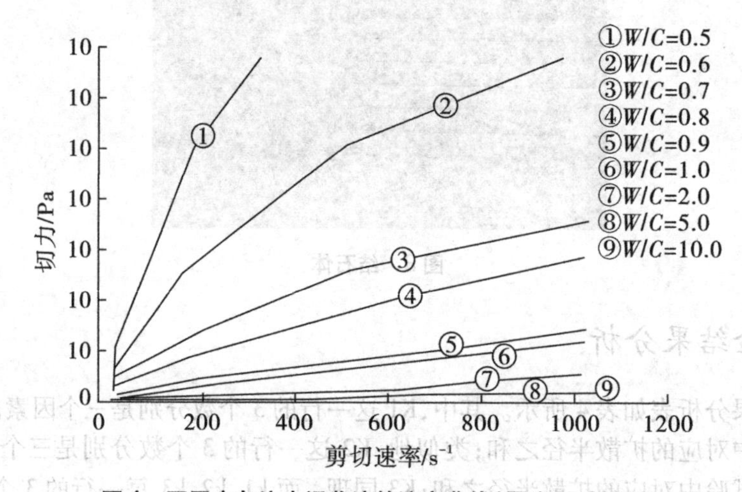

图4 不同水灰比水泥浆液的流变曲线（阮文军，2005）

因此，相对于被灌介质的地层状况（孔隙比）和灌浆的施工工艺（灌浆压力）而言，浆液自身的物理力学性质（水灰比）在浆液的扩散半径上起着更显著的影响。这一现象产生，在通过对不同水灰比浆液的流变性能的分析中得到了较好的解释。

4 小结

浆液的扩散半径决定着灌浆孔的布置和浆液消耗量，也是选择工艺参数、评价灌浆效果的重要依据，是灌浆施工中非常重要的参数。通过设计正交试验，对影响水泥浆液扩散半径的几个因素（水灰比、孔隙比、灌浆压力）进行了试验研究，试验结果表明水泥浆液的水灰比越大，浆液中的多余水分越多，对水泥浆液流动性能的改善便越显著。水灰比是影响水泥浆液扩散半径最显著的因素。

砂砾石土渗透注浆浆液扩散规律试验研究

近年来,在对我国各主要河流的水电开发过程中,大量的河床钻孔资料揭示,各主要河流的现代河床中普遍存在深厚覆盖层。深厚覆盖层是指堆积于河谷之中,厚度大于30 m的第四纪松散堆积物,包含透水性较强的碎石土层、砂土层和粉土层等。覆盖层承载能力较低,防渗性能极差,不能作为天然地基而进行水利工程的建设,必须进行加固处理。

通过注浆可以显著改变覆盖层的承载性能和防渗性能,较大程度的改善土质而充分发挥砂砾石层和粉土层的潜力。自十九世纪初出现以来,灌浆工法以其设备简单、施工灵活、适应地基变形能力好、造价低等特点,在覆盖层固结和帷幕灌浆中得到了广泛的应用。经过50多年的发展,灌浆技术已经取得了长足进步,并逐渐发展成为一种专业性较强的学科门类。但是由于灌浆工程是隐蔽工程,浆液在地层中的扩散过程是隐藏的,浆液的扩散形态极其复杂,无法进行直观观测。因此相对于其他学科而言,灌浆技术在理论研究方面仍不完善,存在一定程度的滞后。由于缺乏相对完善理论的指导,目前灌浆技术的设计和施工仍处于半理论、半经验状态,导致注浆施工存在较大的盲目性。

1 灌浆理论研究现状

针对灌浆参数、浆液性能、地层条件等因素对浆液扩散范围(扩散半径)的影响规律及它们之间的相互关系,一些学者在理论与试验方面开展了广泛的研究。理论研究方面,Maag(1938)假设浆液在均匀、各向同性介质中流动时按球形扩散,推导出牛顿型浆液在砂土中的渗透公式

$$R=\sqrt[3]{\frac{3kh_0r_0t}{\beta n}} \tag{1}$$

式中,R为浆液扩散半径;k为渗透系数;h_0为注浆压力水头;r_0为注浆管半径;t为注浆时间;β为浆液黏度与水黏度的比值;n为砂土的孔隙率;

刘嘉材(1987)在室内用两块平行钢板模拟了裂隙中浆液的扩散过程,研究了二维光滑裂隙中牛顿流体的流动规律,推导出扩散半径与注浆时间的表达式

$$R=\left[\frac{0.093(P-P_0)Tb^2r_0^{0.21}}{\eta}\right]\frac{1}{2.21}+r_0 \tag{2}$$

式中,R为浆液扩散半径;P为灌浆孔内压力;P_0为受灌裂缝内地下水压力;T为灌浆时间;b为裂缝宽度;r_0为灌浆孔半径;η为浆液黏度;

杨晓东(1987)根据宾汉流体在裂隙中作低雷诺数的平面径向层流运动规律,忽略浆体的流动惯性和重力作用,推导了浆液的流动特性方程

$$P=P_0-\frac{3\tau_B}{h}(r-r_0)-\frac{6\eta Q}{\pi h^3}\ln\frac{r}{r_0} \tag{3}$$

式中，P 为作用于浆液微单元体上的灌浆压力；P_0为裂隙入口处压力；τ_B 为裂隙中浆液流动时呈塞流运动中的切力；h 为裂隙开度；r 为浆液扩散半径；r_0为钻孔半径；η 为浆液塑性黏度；Q 为灌浆流量；

阮文军(2005)基于浆液的流变性、可灌性和可重复注浆性等基本性能研究，尤其是黏度时变性规律，建立了稳定性浆液注浆扩散模型

$$T=-\frac{1}{k}\ln\left\{1-\frac{\eta(0)k[\Phi(R)-\Phi(r_C)+\Psi(R)-\Psi(r_C)]}{\frac{\tau_0 bA}{2}(R-r_C)-\frac{b^2}{12}-\frac{8\tau_0^3 A}{3b}(R-r_C)}\right\} \tag{4}$$

式中，R 为浆液最大扩散半径；T 为注浆时间；b 为裂隙等效水力开度；r_C为钻孔半径；η 为浆液初始黏度，τ_0为浆液初始动切力；k 为黏度增长指数。

杨秀竹(2004)等推导出了宾汉体浆液在砂土中进行渗透注浆时有效扩散半径的计算公式，并提出了求解方法，与 Maag 公式相比，发现达到同样扩散半径所需的注浆压力，Maag 公式的计算结果明显偏小。

杨坪等通过砂卵(砾)石层的注浆试验，研究分析了注浆压力 p、注浆时间 t、浆液水灰比 m、地层渗透系数 k、孔隙率 n 等因素对浆液的扩散半径 R、结石体抗压强度 P 的影响，并利用计算机优化回归得到关系式

$$R=19.953m^{0.121}k^{0.429}p^{0.412}t^{0.437} \tag{5}$$

式中，R 为浆液扩散半径；m 为水灰比；k 为渗透系数；p 为注浆压力；t 为注浆时间。

前人的研究工作使得注浆技术取得一定程度的发展，但是这些工作仍然不够完善。人们仍然无法准确推测出浆液在砂砾石层中的扩散过程和形态，尤其是对于浆液扩散距离 R 随时间 t 的变化关系，仍不是很清楚。为此，本文通过试验，将拌和水泥的水加热并利用插入温度传感器的办法，来探究浆液在砂砾石层中的扩散距离随时间延长的变化规律，从而为研究砂砾石层注浆的机理做出新的尝试和突破。

2 试验材料、方法及设备

本次试验所选用的砂子为某砂料厂生产的石英砂，粒径为 2～4 mm，如图1 所示。砂料共采用三种不同的孔隙比，分别为 0.7、0.75 和 0.8。根据孔隙比的计算公式，分别计算出不同孔隙比所对应的砂料干密度及质量，试验前均匀装入灌浆模型中。灌浆模型为建筑用给排水管(PVC 管)，直径为 50 mm，长度为 50 cm。本次试验采用 100 kPa 的注浆压力，注浆压力由浆液的自重提供，即将灌浆塑料软管提升一定高度形成压力浆头以进行灌注。灌浆试验前对浆液的比重等性能参数进行测试，根据计算公式 $p=\gamma h$ 计算出灌浆压力对应的高度 h，将塑料软管提升至相应高度后固定，倒入水泥浆进行灌注，如图 2 所示。

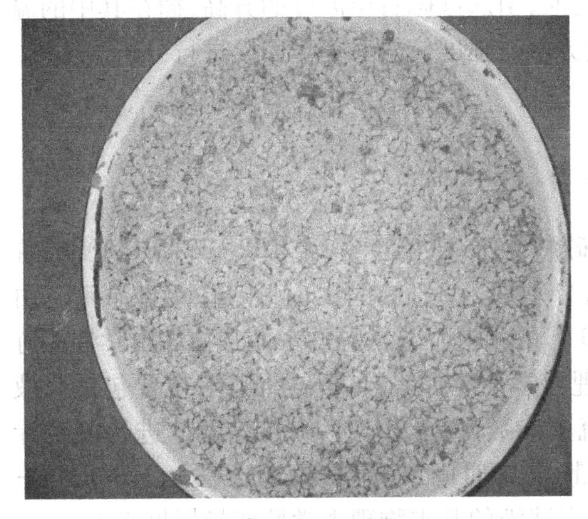

图1 试验用石英砂

图2 灌浆设备与数据采集系统

3 试验数据采集及实现方法

由于水泥浆液在砂层中的扩散过程是隐藏的,无法进行直接观测,浆液的扩散半径 R 随时间 t 的变化情况无从得知。为解决这一技术难题,课题组决定将拌和水泥的自来水加热,温度控制在60~70 ℃。用温开水拌和水泥浆,并在灌浆模型(PVC 管)上打孔,插入温度传感器,以温度传感器传回的读数来探测水泥浆液的流动扩散情况。PVC 管上探测孔的孔距为5 cm,如图3所示;温度传感器如图4所示。

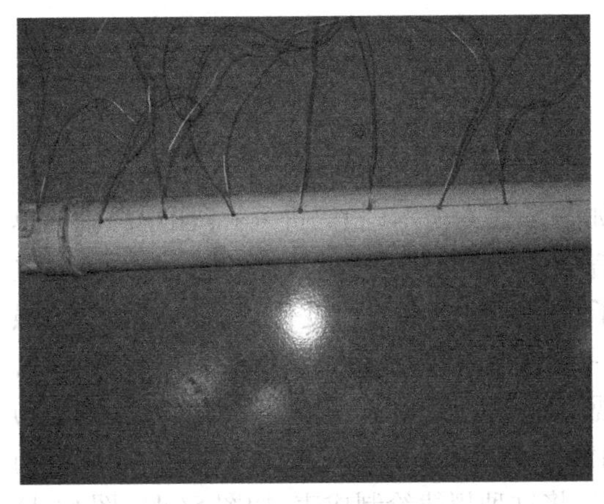

图3 探测孔图示

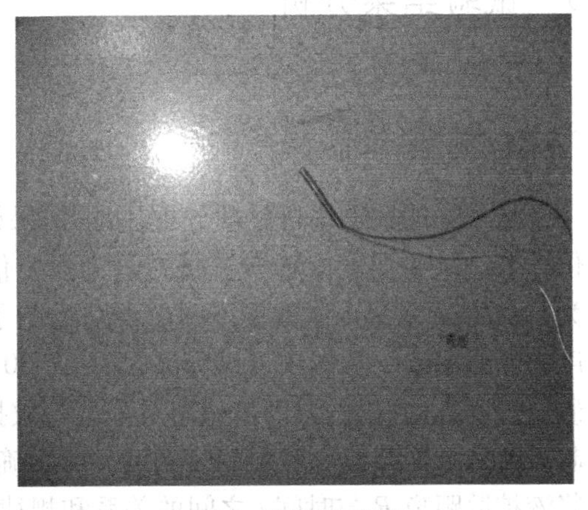

图4 温度传感器

温度传感器是一种能感受温度并能将温度变化转换成电流信号的传感器。当两种不同材质的热导体在某点结合,如果对这个连接点加热,就会在材质内部出现电位差,从而引起电流强度的变化,温度传感器能够准确地探测到这种变化并及时将数据传回。因为水泥浆液有60～70 ℃，当浆液流经砂砾石层时，引起砂砾石层温度的升高，插在其中的温度传感器可以探测出这种变化，并将其转化为电流强度信号采集传回以进行分析。

4 浆液性能基本参数

本次试验所选用的水泥为早强型复合硅酸盐水泥，强度等级为P. C32. 5R。所配置的水泥浆液水灰比为0.8：1和1：1两种，分别加入3%膨润土以形成稳定性浆液。由于拌和水泥的自来水经过加热，这种60～70 ℃的水泥浆与常温的水泥浆物理力学性能有较大不同。灌浆试验前对这种水泥浆的物理力学性能等参数进行了测试，主要包括浆液的比重、流变参数和凝结时间等。浆液的流变参数采用NDJ-4旋转黏度计进行测定计算，凝结时间则依照《水泥标准稠度用水量、凝结时间、安定性检验方法》（GB 1346—2011）采用ISO标准法维卡仪进行测定。水泥浆液的基本物理力学性能指标见表1。

表1 水泥浆液基本性能参数

水灰比	膨润土掺量/%	密度/(g/cm³)	析水率	流变参数		初凝时间	终凝时间
				屈服强度/Pa	塑性黏度/mPa·s		
0.8：1	3	1.63	—	8.12	31.24	3 h 45 min	6 h 15 min
1：1	3	1.58	0.01	4.73	16.43	4 h 5 min	7 h 20 min

5 试验结果分析

5.1 试验结果整理

图5

图6

将采集的数据进行整理分析，所得结果如图5、图6所示（扫码进入）。图中纵轴的单位为“mA”，是温度传感器采回的电流强度信号；横轴则是所采集数据的个数，系统设置为每0. 25 s采集1次数据。图中分别绘制了不同扩散距离处温度传感器所采集电流强度的变化曲线。从图中可以看出，当具有60～70 ℃温度的水泥浆从注浆口进入砂层时，砂层温度开始升高，温度传感器所采集的数据急剧变化，曲线向上翘起，曲线开始翘起的起点便是水泥浆流经砂层的时刻点。分别确定出不同曲线开始翘起的时刻点，便能得到浆液扩散距离R与时间t之间的关系和规律。将这种规律绘制成表，如图5(d)、图6(d)所示。

5.2 试验结果分析

（1）在图5(d)、图6(d)中，对浆液的扩散距离及其对应的时间进行了多项式拟合，结果发现浆液在扩散过程中其时间 t 与扩散半径 R 呈较好的三次函数关系，具体三次拟合公式请见表2。由于每次试验砂砾石料的孔隙比和浆液的水灰比都不尽相同，使得三次函数关系式中三次项、二次项和一次项等项次的系数各不相同，但总体上还是呈现着良好的三次函数的关系和规律。

表2　试验结果拟合方程

试验编号	水灰比(m)	孔隙比(e)	拟合方程
1	0.8∶1	0.7	$t=0.0361r^3-0.7635r^2+6.9288r-2.256$
2	0.8∶1	0.75	$t=0.0082r^3-0.2107r^2+1.6173r-0.625$
3	0.8∶1	0.8	$t=0.0031r^3-0.0817r^2+0.8163r-0.23$
4	1∶1	0.7	$t=0.0013r^3-0.0265r^2+0.3156r+0.38$
5	1∶1	0.75	$t=0.0004r^3-0.0057r^2+0.3955r+0.03$
6	1∶1	0.8	$t=-9.7\times10^{-5}r^3+0.0085r^2+0.1057r-0.03$

(2)在同一次渗透注浆试验中，砂石料的孔隙比是相同的，注浆压力和浆液的水灰比也没有发生变化，因此Magg公式 $R=\sqrt[3]{\dfrac{3kh_0r_0t}{\beta n}}$ 中的渗透系数 k 、压力水头 h_0、注浆管半径 r_0 以及浆水黏度比 β 和土体的孔隙率 n 等参数都是恒定的，浆液的扩散半径 R 只取决于时间 t，且满足 $t \propto R^3$ 的关系。本文所得的试验结果显示，浆液在流动扩散过程中其时间 t 与扩散距离 R 也呈现较好的三次函数关系，这与Magg公式基本一致。

(3)Magg公式假定浆液是牛顿流体，地层是各向同性和均质的，浆液呈球状向外扩散，由于这些假定条件过于理想化，使得浆液的扩散时间 t 与扩散半径 R^3 之间的正比例关系过于纯粹。本文所做试验没有任何假定，因此所得结果比Magg公式更进一步准确地反映了浆液的扩散形态。

6　小结

注浆作为一种专业性较强的技术，在水利等工程的建设中发挥着越来越重要的作用。但是灌浆技术目前还普遍存在着理论研究滞后于工程需要的现象，亟须对灌浆理论和浆液扩散规律进一步深入研究。通过设计试验，将拌和水泥浆用的自来水加热并插入温度传感器的方法，来探究水泥浆液在砂砾石层中的扩散过程和形态。试验结果表明，浆液扩散过程中其时间 t 与扩散半径 R 呈较好的三次函数关系，这与Magg公式基本一致。本文所做试验没有任何假定，因此所得结果比Magg公式更进一步准确地反映了浆液的扩散形态。

滩涂淤泥化学加固处理的试验研究

土体固化剂是指凡是在常温下能够直接胶结土体中的颗粒或能够与黏土矿物反应生成胶凝物质,从而改善和提高土体力学性能的材料。国外在20世纪40年代就开始了对土体固化技术的研究,并形成了一门综合性的交叉学科;国内20世纪90年代才开始引进土壤固化技术。近些年来,土体固化剂和土壤固结技术都得到了较好的推广和应用。本文针对北部湾的具体工程地质情况,通过室内试验尝试配制了一种淤泥固化剂,试验结果表明此固化剂配方固化效果极好。

1 北部湾工程概况及地基处理方案

广西北部湾工业区位于广西南端,距市中心约八十公里,是南海的浅海滩地。初期规划开发约300平方公里,以北部湾工业区为中心,沿海岸向两侧填海延伸,形成人造陆地。北部湾"面向大海有深槽,背靠陆地有浅滩",是唯一不需开挖人工航道即可建设大型深水港的港址,而且其腹地是钢铁公司、石油加工基地等大型产业的聚居区。对北部湾的开发建设作用重大,意义深远。

该区域表层分布有0.7~2.8 m厚度不等的淤泥层,其下依次分布粉土层、粉砂层等。表层淤泥沉积浅,分布广阔,而且含水率高、孔隙比大,加荷后变形剧烈,为建筑地基的不良土层,必须采取方法进行加固处理才能满足开发建设的要求。

1.1 传统处理方法的缺陷

目前北部湾工业区正在建设中的北环路,是用抛石挤淤的方法对淤泥进行加固处理的。抛石料从近200 km之外的山区运来,成本造价很高,而且供运输的道路也已不堪重负,多处运输路段出现塌陷。同时,这种抛石挤淤的方法只能逐渐推进施工,越往里挤越困难,并已发现,经过挤淤扰动的水域周围出现了水质污染现象。挤淤不是环境友好的施工工法,也不是处理北部湾淤泥的理想方法。

北部湾工业区新建的钢铁公司所占据的12平方公里的人造陆地,是采用吹填粉细砂技术完成的。工程人员后来发现吹填达到标高的粉细砂层下面含有1~3 m厚度不等的淤泥夹层。在这种不稳固的地基上建造厂房等建筑物,不得不采用打桩措施进行补救,以防止地基发生滑移。吹填技术明显存在缺陷,也不是处理北部湾滩涂淤泥的理想方法。

1.2 化学加固处理的思路和优势

北部湾工业区附近,将会产生大量的矿渣废弃物。目前钢铁公司已开始小量生产,有废弃工业矿渣产生。针对北部湾的具体地质情况,我们选择了化学加固处理措施。即利用工业生产过程中产生的废弃矿渣为原料,辅以其他配方调制固化剂,将淤泥就地固结。这样固结材料来源方便,无远距离运输之忧,又不破坏环境,还充分利用了工业废弃物,变废为宝,实现了资源节约与环境友好的统一。化学加固处理适宜于北部湾的工程实际情况,具有很大的优势。

1.3 固化剂配方的选取

工业废弃矿渣是一种具有潜在水硬活性的材料,其化学成分主要为 CaO、SiO_2、Al_2O_3 和 MgO 等。研究表明,在碱性环境条件下矿渣的活性将被有效的激发出来。其原理是,在碱性环境下这些活性氧化硅和活性氧化铝与碱盐发生硬凝反应,生成的胶凝物质在固化剂和土壤颗粒之间形成有效的作用力,在较长的时间内能稳定地增加强度,将土壤颗粒牢牢固结。经过对有关文献的查阅,本试验选取了 Na_2SiF_6 和 Na_2SO_4 作为碱激发剂,并辅以水泥熟料将工业废渣调制成淤泥固化剂。

2 试验材料

2.1 土样

本试验的原状土取自北部湾施工现场。试验前将取来的土放入烘箱,温度控制在 110 ℃左右烘干,时间为 16 h。将烘干后的土样过 2 mm 筛除去杂质,将筛余的干土置于干燥地方密封以备用。试验时,将烘干土样调制成含水率为 25% 的淤泥。经筛分试验得到土样中各孔径范围的土粒的分布情况如表 1 所示。

表 1 颗筛分试验

孔径/mm	孔径>2	2>孔径>0.5	0.5>孔径>0.25	0.25>孔径>0.074	孔径<0.074
土质量/g	13.2	9.2	6.7	138.2	9.3
所占百分比	167.3/177=94.5%				9.3/177=5.3%

2.2 固化剂主配方

本试验所用固化剂主配方为北部湾附近钢厂生产的水淬钢渣,比表面积约为 450 kg/m^2。水淬钢渣的化学成分及重量百分比如表 2 所示。

表2 水淬钢渣的化学成分

化学成分	SiO_2	Al_2O_3	CaO	MgO	其他
重量百分比	30% ~50%	2% ~10%	30% ~40%	3% ~15%	少量

2.3 固化剂辅配方

(1)熟料:取自北部湾附近的水泥厂,比表面积约为450 kg/m^2;

(2)Na_2SO_4(硫酸钠):北京化工厂生产;

(3)Na_2SiF_6(氟硅酸钠):北京化工厂生产;

(4)CaO(氧化钙):北京化工厂生产。

3 试验指标

本试验选取的试验指标是压缩系数和无侧限抗压强度。

3.1 压缩系数

北部湾滩涂淤泥沉积层浅,分布广阔,初期开发处理应建设通向海湾的道路,现场指挥办公室等临时设施,因此要求化学加固处理后的淤泥土块能承受一定荷载,且压缩变形不能太大。压缩系数是衡量地基土压缩变形的重要指标,也是本试验所选取的试验指标。

3.2 无侧限抗压强度

无侧限抗压强度指标用来衡量淤泥试样承受荷载能力的大小。化学加固处理后淤泥土块的抗压强度的高低,反映了固化剂配方的适用性和科学性,因此也是本试验的重要指标。

4 固结压缩正交试验

4.1 试验方案

正交设计是一种科学地安排多因素的试验和有效分析试验结果的好方法,在不影响试验效果的前提下,正交试验设计可以大大减少试验次数。本试验采用三因素四水平的试验方案,共16个试样。正交试验表如表3所示。

表 3　固结压缩正交试验表 $L_{16}(4^3)$

试验号	熟料	Na_2SO_4	Na_2SiF_6	试验号	熟料	Na_2SO_4	Na_2SiF_6
1	0%	1%	0%	9	0%	3%	1.50%
2	10%	2%	0.50%	10	10%	4%	1%
3	20%	3%	1%	11	20%	1%	0.50%
4	30%	4%	1.50%	12	30%	2%	0%
5	0%	2%	1%	13	0%	4%	0.50%
6	10%	1%	1.50%	14	10%	3%	0%
7	20%	4%	0%	15	20%	2%	1.50%
8	30%	3%	0.50%	16	30%	1%	1%

4.2　试验结果

试样制备完成后，在一定湿度环境下养护 14 天。取出做固结压缩试验，测算出各试样的压缩系数如表 4 所示。

表 4　各试样的压缩系数

编号	1	2	3	4	5	6	7	8
压缩系数	0.1	0.12	0.06	0.06	0.14	0.1	0.08	0.11
编号	9	10	11	12	13	14	15	16
压缩系数	0.09	0.05	0.07	0.17	0.09	0.09	0.11	0.07

4.3　试验结果分析

试验结果分析表如表 5 所示。其中，K1 这一行的 3 个数分别是三个因素的第 1 水平所在的试验中对应的压缩系数之和。类似地，K2 这一行的 3 个数分别是三个因素的第 2 水平所在的试验中对应的压缩系数之和；K3、K4 同理。而 k1、k2、k3、k4 每一行的 3 个数，分别是 K1，K2，K3，K4 中对应各数除以 4 所得的结果，即各水平对应的平均值。

同一列中，k1、k2、k3 这 3 个数中的最大者减去最小者所得的差称为极差。极差越大，则这个因素的水平改变时对试验指标的影响越大。计算得出的 3 列极差分别为 0.03、0.07、0.03。由此可知，第二列 Na_2SO_4的极差最大，应是考虑的主要因素。它的第 4 水平所对应的压缩系数最小，所以取它的第 4 水平最好。同样方法，Na_2SiF_6和熟料取第 3 水平。

表 5 固结压缩试验结果分析

数据分析		熟料	Na_2SO_4	Na_2SiF_6
水平和	K1	0.42	0.34	0.44
	K2	0.36	0.54	0.39
	K3	0.32	0.35	0.32
	K4	0.41	0.28	0.36
水平均值	k1(=K1/4)	0.11	0.09	0.11
	k2(=K2/4)	0.09	0.14	0.10
	k3(=K3/4)	0.08	0.09	0.08
	k4(=K4/4)	0.10	0.07	0.09
极差		0.03	0.07	0.03
最优方案		20%	4%	1%

5 无侧限抗压强度试验

5.1 试验方案

为了对比,取三类试样进行无侧限抗压强度试验。分别为最优配比试样、最大配比试样和熟料对比试样。试样中各组分的质量百分比如表 6 所示。

表 6 各配比试样的材料组成

试样类别	方案中各组分占淤泥的质量百分比
最佳配比试样	1.4% 熟料+0.21% Na_2SO_4+0.07% Na_2SiF_6+5.6% 矿渣
最大配比试样	2.1% 熟料+0.28% Na_2SO_4+0.105% Na_2SiF_6+4.9% 矿渣
熟料对比试样	7% 全为熟料

5.2 试验结果

每类试样均做两组试验,选用的仪器为三轴压缩仪(不加围压)。试验结果如表 7 所示。

表7 无侧限抗压强度试验结果

无侧限抗压强度	最佳配比试样	最大配比试样	熟料对比试样
第一组试样的无侧限抗压强度/kPa	>950	>810	>102
第二组试样的无侧限抗压强度/kPa	>650	>567	>232
平均值/kPa	>800	>689	>167

5.3 试验结果分析

通过对上表中实验结果的分析,可以得出:

(1)最佳配比试样和最大配比试样的无侧限抗压强度明显高于纯熟料试样,说明矿渣的活性被充分激发,对淤泥质砂土的固化效果明显;

(2)最佳配比试样的无侧限抗压强度高于最大配比试样,证明利用固结压缩的正交试验所得到的最优配比是正确的。

6 小结

抛石挤淤和吹填粉细砂技术分别存在缺陷,通过现场研究决定采取化学加固的地基处理方案。通过室内固结压缩正交试验,指出了熟料、Na_2SO_4、Na_2SiF_6等固化剂配方的最佳配比,并通过无侧限抗压强度试验检验其强度。试验结果表明,此固化剂配方具有极大的优越性,适合于北部湾的具体工程地质情况,可为现场施工提供科学指导。

稳定性浆液在砂砾石土中灌浆的对比试验研究

砂砾石层(图1)是第四纪沉积物中的一种具有鲜明特征的松散粗碎屑堆积层,广泛分布在山间谷地、冲积平原、湖泊沼泽及滨海码头等地带。随着水利工程的兴起和地下建筑工程规模的不断扩大,大坝、港口、地铁、隧道等建(构)筑物地基对砂砾石地层的利用要求越来越多,可以说砂砾石地层与工农业生产和国计民生的关系越来越密切。通过灌浆(图2)可以显著改变砂砾石地层的承载性能、变形性能和渗透性能,充分发挥和利用砂砾层的潜力,能够使砂砾石土层软弱土地基满足工程建设的要求。自19世纪初出现以来,灌浆工法以其设备简单、施工灵活、适应地基变形能力好、造价低等特点,在大坝等水利工程的固结和帷幕灌浆中得到了广泛的应用。

图1　砂砾石层河床图示

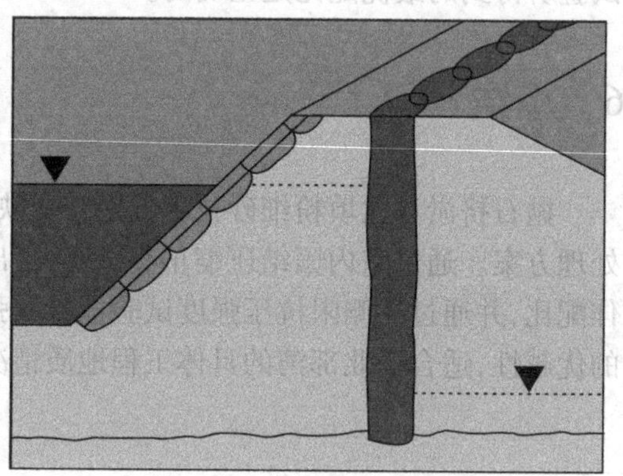

图2　灌浆形成防渗帷幕图示

1　稳定性浆液

工程技术人员在长期的灌浆工程实践中发现,普通水泥浆液在灌入地层以后析水较大,水分排出后在凝固后的结石体中留下较多的孔隙和空洞,严重影响结石强度,使得灌浆效果大大降低。为解决这一难题,经过长期试验,研究人员研制出了一种析水率较小的稳定性浆液。

稳定性浆液是指由水泥和水加少量的膨润土或减水剂经高速搅拌制备而成的水泥浆液,稳定性浆液静置2 h后析水率不超过5%。与普通水泥浆液相比,稳定性浆液的优势主要表现为:①稳定性浆液水灰比较小,水泥含量多,结石的结构密实,力学强度高,抵抗物理侵蚀和化学溶蚀的能力强;②稳定性浆液没有多余的水分存在,所以完全充满空隙的可能性大,使用稳定浆液能大大减少灌浆工作量;③稳定性浆液在流动速度低的情况下水泥颗粒沉淀较少,在狭窄渗流通道内被推挤渗透流动过程中析水较少,不会将灌浆通道阻塞;④浆液不离析不沉淀,有较好的可控性;⑤稳定性浆液在灌注时发生地层抬动危险的可能性小;等。稳定性浆液在20世纪90年代以后得到了一定的推广和应用。

相关研究人员对稳定性浆液的性能特征及灌浆应用开展过一定研究。张金接(1993)对浆体在裂隙中的运动规律进行理论分析,并结合室内试验成果对稳定性水泥浆体的流动能力(流动性及流动性维持能力)进行了研讨;刘孔凡(1998)以水灰比0.65∶1~0.75∶1中等稠度的水泥浆液为对象,着重研究了搅拌速度、增粘剂、高效减水剂对水泥浆液性能的影响,并制得了流动性和稳定性均满足设计要求的普通水泥稳定浆液;夏春(2005)研究开发出一种ACS新型的高分子聚合物稳定剂,发现该稳定剂配制的水泥浆具有体积稳定性好、不泌水、结石强度高和耐久性好等优点;齐伟军(2005)对聚合物稳定剂水泥浆和膨润土稳定剂水泥浆进行了流变性试验研究,研究结果表明,聚合物稳定剂水泥浆动切应力较膨润土稳定剂水泥浆低,其可灌性和扩展半径优于膨润土稳定剂水泥浆;饶香兰(2009)认为影响水泥浆稳定性主要因素有水灰比、稳定剂、减水剂、搅拌速度和搅拌时间等,并通过正交试验提出既具有良好流动性,又能满足稳定性能要求的最佳的水泥浆液配比为水灰比0.6∶1,减水剂掺量0.5%,膨润土掺量1.5%;韩羽(2011)通过云南某水电站现场传统固结灌浆与GIN灌浆法的研究性试验,并对灌浆效果进行检测分析对比,为大坝固结灌浆设计提供了重要依据;曹琳(2013)以国内和国外两个防渗灌浆的工程实例,从灌浆方式、浆液的选用与配比、GIN强度值的选择、灌浆结束标准、质量检查等几个方面比较分析了国内外GIN灌浆法的相似、相异性;等。

2 对稳定性浆液的质疑

针对稳定性浆液在灌浆施工中的应用,有人也提出过不同的意见,对稳定性浆液的适用性提出质疑。李立刚(2000)认为基础灌浆选择何种浆液,一定要结合本工程的地质特性,并结合室内和现场灌浆试验才能确定;张海军(2002)指出稳定浆液只适用于中、大裂隙发育的地区,推广、应用稳定浆液应该结合具体工程地质条件具体分析,既不能一概认可,也不能一概否定;中国水利水电基础局夏可风教授级高工指出,稳定性浆液是成套技术,稳定性浆液在当前灌浆施工中存在一些误区。如:稳定性浆液的结石强度甚至没有普通水泥浆液的结石强度高,他通过实验室试验发现水灰比0.7∶1的稳定浆液结石体的强度为28.80 MPa,而同水灰比普通水泥浆液的强度却达46.47 MPa,并且还指出稳定性浆液以其稳定性牺牲了可灌性是致命弱点;张贵金认为深厚复杂岩土层同一钻孔的可灌性差异显著,灌浆材料要随机应变,灌浆工艺方法要适应性强;等。这些不同意见或质疑使得稳定性浆液在灌浆施工的推广应用受到影响。

为检验稳定性浆液的性能及其在砂砾石土层中灌浆的适用性,本文通过设计试验,对比分析了未掺加膨润土的普通水泥浆液和掺加膨润土的稳定性浆液在砂砾石层中的灌浆效果,对于稳定性浆液在砂砾石土层灌浆中的应用给出客观和公正评价,期望着能对砂砾石土灌浆施工有所指导和帮助。

3 试验材料、方法及设备

本次试验所选用的砂子为某砂料厂生产的石英砂,粒径为2～4 mm,如图3所示。为了获得强度较高的结石体,本次试验采用较为密实的砂料,砂料孔隙比为0.70。根据孔隙比的计算公式 $e=\frac{d_s(1+w)\rho_w}{\rho}-1$,计算出该孔隙比所对应的砂料干密度和质量,试验前均匀装入灌浆模型中。灌浆模型为建筑用给排水管(PVC管),直径为50 mm,长度分别为60～100 cm不等。本次试验采用30 kPa的注浆压力,注浆压力由浆液的自重提供,即将灌浆塑料软管提升一定高度形成压力浆头以进行灌注。灌浆试验前对浆液的比重等性能参数进行测试,根据计算公式 $p=\gamma h$ 分别计算出该灌浆压力对应的高度 h,将塑料软管提升至相应高度后固定,倒入水泥浆进行灌注,如图4所示。

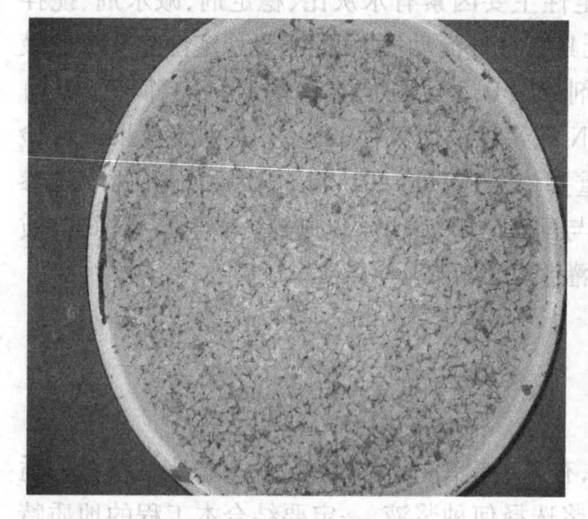

图3 试验用石英砂

图4 灌浆简易设备

4 浆液制备及性能参数

本次试验所选用的水泥为早强型复合硅酸盐水泥,强度等级为P. C32. 5R。所配置的水泥浆液水灰比分别为0.7∶1、0.8∶1和0.9∶1三种,分为两组:第一组为不掺加膨润土的普通水泥浆液;第二组为掺加3%膨润土的稳定性浆液。

4.1 稳定性浆液制备

稳定性浆液的制备操作步骤如下:根据配比计算出所需加水和水泥的质量→向搅拌机加入所需要的水量→加入成品膨润土膏→加入水泥并高速搅拌5～10 min→制得稳定性浆液。

其中在第二步中，掺入的成品膨润土膏，是指掺入粉状膨润土经充分水化后所得的液状膨润土浆。为保证膨润土的充分水化和润胀，一般需以 5 : 1（水的质量与膨润土质量的比）的比例将水加入膨润土中，并使膨润土至少润胀 24 h 以上。如果将未经水化和润胀的粉状膨润土直接掺加到水泥中，膨润土良好的吸附特性和分散性则不能充分发挥，浆液的稳定性效果会大大降低。

4.2 浆液性能参数

浆液制备完成后对其物理力学性能等参数进行了测试，主要包括浆液的比重、析水率、流变参数和凝结时间等。浆液的比重采用比重秤进行测量；析水率采用1000 mL 量筒静置 2 h 后测得；流变参数采用 ZDN-6 旋转黏度计进行测定计算；凝结时间则依照《水泥标准稠度用水量、凝结时间、安定性检验方法》（GB 1346—2011）采用 ISO 标准法维卡仪进行测定。水泥浆液的基本物理力学性能指标请见表 1。

表 1 水泥浆液基本性能参数

水灰比	膨润土掺量/%	密度/(g/cm^3)	析水率	流变参数		初凝时间	终凝时间
				屈服强度/Pa	塑性黏度/mPa·s		
0.7 : 1	0	1.71	0.22	2.23	11.24	4 h 45 min	7 h 25 min
0.8 : 1	0	1.60	0.31	1.29	8.70	5 h 35 min	8 h 20 min
0.9 : 1	0	1.55	0.40	0.89	6.54	6 h 15 min	10 h 5 min
0.7 : 1	3	1.70	—	5.92	25.21	4 h 55 min	8 h 15 min
0.8 : 1	3	1.60	—	4.54	19.87	6 h 15 min	8 h 50 min
0.9 : 1	3	1.58	0.01	3.31	11.33	7 h 45 min	11 h 15 min

5 试验结果及分析

5.1 试验结果

灌浆试验结束后将砂石料试样在一定湿度环境下养护 28 天，将 PVC 塑料外壳拆除得到结石体如图 5(a)所示。经仔细观察后发现，结石体的某些表面非常粗糙，存在较多孔隙或孔洞，而某些表面则相对平整和光滑，孔隙和空洞较少。经调查发现这一现象是砂料模型的放置方式造成的。灌浆试验结束后，将砂料模型平躺养护过程中，水泥浆液在自身重力作用下逐渐沉淀，试样下半面充填水泥浆液较多，所以表面平整光滑，而上半面水泥浆液流失较多，则留下了较多的孔隙和空洞，这一现象在析水率大的普通水泥浆液所形成的结石体中表现更为明显。结石体外观形态如图 5(b)所示，结石体表面平整不一的现象对其强度的均匀性有一定影响。

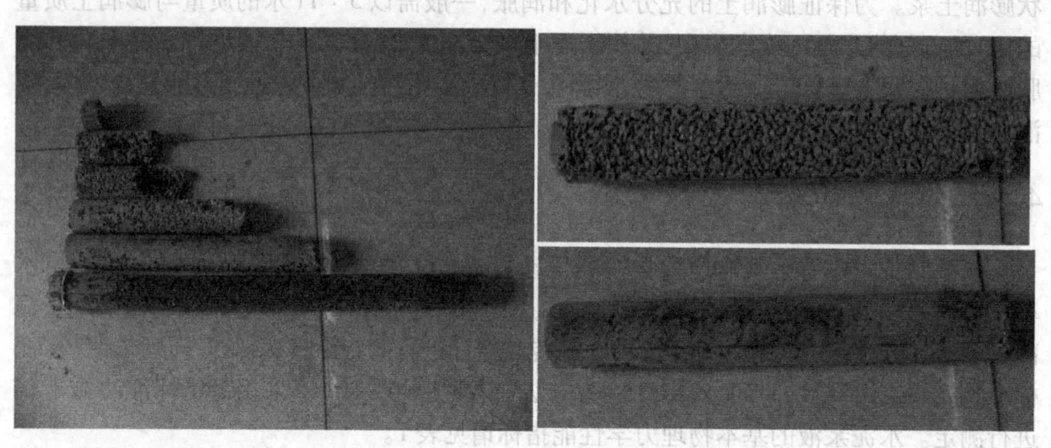

（a）扩散距离（扩散半径）对比图示　　（b）结石体上、下表面外观形态

图5　砂石料结石体

5.2　试验结果分析

不同水灰比不同类型的水泥浆液在砂石料中的扩散距离及结石体的强度请见表2。从表中可以看出，普通水泥浆液的扩散半径远远大于稳定浆液的扩散半径。经计算，0.7∶1未掺加膨润土的普通水泥浆液扩散半径是同水灰比稳定浆液扩散半径的约7倍，而0.8∶1和0.9∶1的普通水泥浆液分别是同水灰比稳定浆液扩散半径的约7.56倍和6.11倍。由此可见，掺加膨润土后水泥浆液的流动性明显变差，扩散距离大大减小。而若要使稳定性浆液达到与普通水泥浆液相同的扩散半径，经计算，则必须将灌浆压力提高6～7倍，这必将带来施工工艺的麻烦和灌浆施工成本代价的提高。为了形成水泥浆液的稳定性而牺牲了水泥浆液巨大的可灌性，这是稳定性浆液的致命弱点。

由于稳定浆液的扩散距离太小，使得抗压强度测试工作无法进行。课题组后来又补做了一组试验，按照原试验方法将灌浆压力提高3倍，即用90 kPa的灌浆压力制备另外一组稳定性浆液形成的砂石料结石体试样，进行了抗压强度的测试，见图6。

（a）加载起始阶段试样形态

（b）压碎阶段试样形态

图6 抗压强度测试

表2 试验结果

水灰比	膨润土掺量/%	灌浆压力/kPa	扩散半径/cm	平均抗压强度(28 d)/MPa	
				对比试验	补充试验
0.7∶1	0	30	21	3.25	—
0.8∶1	0	30	34	2.90	—
0.9∶1	0	30	55	2.85	—
0.7∶1	3	30	3	—	3.31
0.8∶1	3	30	4.5	—	2.92
0.9∶1	3	30	9	—	2.79

试验结果表明，与普通水泥浆液相比，稳定性浆液所形成的结石体强度只是略有提高或与普通水泥浆液基本相当，如表2最后一列所示。分析原因，是由于砂砾石土体结构松散，孔隙率大孔隙通道多，砂砾石土体具有良好的排水条件，在水泥浆液的凝结过程中自身多余的水分随孔隙通道排走，达到了与稳定性浆液同样的效果。稳定性浆液在砂砾石土体灌浆中根本没有表现出什么优势。

6 小结

20世纪90年代以来，稳定性浆液在岩体灌浆施工中得到了推广和应用。工程技术人员认可并充分利用了稳定性浆液的巨大优势，但是却忽略了稳定性浆液同样存在的缺陷和劣势。本文通过设计试验，对比分析了未掺加膨润土的普通水泥浆液和掺加膨润土的稳定性浆液在砂砾石土中的灌浆效果。试验结果表明，稳定性浆液的流动性差，为了形成水泥浆液的稳定性而失去了水泥浆液巨大的可灌性，是稳定性浆液的显著缺点；而稳定性浆液所形成的结石体强度只是略有提高或与普通水泥浆液基本相当，稳定性浆液在砂砾石土体灌浆中并没有表现出优势。工程技术人员对稳定性浆液的理解和认识可能存在误区，在地层加固范围内若砂砾石土沉积密实，不存在架空现象，则灌浆中不主张采用稳定性浆液。

新疆某水利工程垂直防渗方案比选

新疆有大小河流570余条,97%的河川径流形成于山区。因此,山区水库大坝建设是开发水能资源、实现水资源合理配置与有效调控的重要措施。自20世纪90年代以来,新疆的水库建设已从平原水库转入山区水库建设,筑坝材料也在当地材料坝的基础上不断改进,碾压混凝土坝、混凝土面板砂砾石堆石坝、沥青混凝土心墙堆石坝、土工膜防渗堆石坝等坝型不断涌现。结合新疆坝工建设,系统地总结了坝工技术特点和取得的主要技术创新成果,研究认为:以黏土心墙堆石坝为基础坝型,以混凝土面板砂砾石堆石坝和沥青混凝土心墙堆石坝为主要发展方向,在高寒地区、高地震区、深厚覆盖层等特殊环境和各种不良地质条件下的筑坝技术,是新疆坝工建设的显著特点。努力在坝工设计、坝基处理、施工工艺和建筑材料等关键技术取得不断进步和创新,对于提高大坝建设和运行管理的技术经济水平、安全可靠性能具有非常重要的促进作用。

新疆下坂地水利枢纽工程是国务院批准的《塔里木河流域近期综合治理规划》中唯一的山区水利枢纽工程,是国家和新疆维吾尔自治区重点建设项目。工程位于帕米尔高原塔里木河水系叶尔羌河支流塔什库尔干河的中下游,是一项以生态补水和春旱供水为主,并同时结合发电的综合性Ⅱ等大型工程。水库正常挡水位2960 m,总库容8.67亿m^3,电站总装机150 MW。下坂地水利枢纽工程的兴建,可以替代塔河下游16座平原水库的蓄水能力,同时能满足叶尔羌河向塔里木河多年的输水量,使被灌农区扩大十几倍,而且还能缓解喀什和克州等地的严重缺电问题,对促进地区经济发展、边疆政治安定和社会稳固都具有十分重要的意义。

1 工程地质条件

下坂地水利枢纽工程建设区域具有地理海拔高、地震烈度大、覆盖层深厚等国内外罕见的地质难题。下坂地坝址河床覆盖层厚达150 m,其岩性成因复杂多样,工程地质条件复杂。地质勘探表明,下坂地坝址区深厚覆盖层由上至下可划分为五层,其分别为:

①冲洪积砂砾石层(Q_4^{al+pl}):经洪水淹没冲积形成的沉积层,在河床和漫滩等广阔区域都有分布,主要物质成分是颗粒较大的由砂和粗砾,局部含有块石和壤土。该层层厚垂直变化大,从1 m到30 m不等。

②湖积淤泥质土及软黏土(Q_4^{l}):该层是由地质历史作用时期的“堰塞湖”形成的,主要堆积和分布在库区偏上游的位置。颗粒成分杂乱,含粉土、砂土、砾石等物质成分。

③冰水积砂层(Q_3^{fgl}):该层在坝址地层结构中分布奇特,基本呈“杏仁状”展布,埋深约为18~35 m,最大厚度达43.7 m。

④冰碛含漂石、块石碎石层(Q_3^{gl}):该层埋藏较深,厚度变化在80~140 m。主要由粒径较大的漂石、大块石、粗砾石等巨粒构成,颗粒棱角明显,无分选和分层,压缩模量高,透

水性强。

⑤冰水含块石、卵砾石层(Q_3^{fgl}):该层是河床基底的组成部分,埋深在100 m以上。颗粒经过长期的磨圆无棱角,沉积密实,主要分布于坝址区。工程地质剖面图如图1所示。

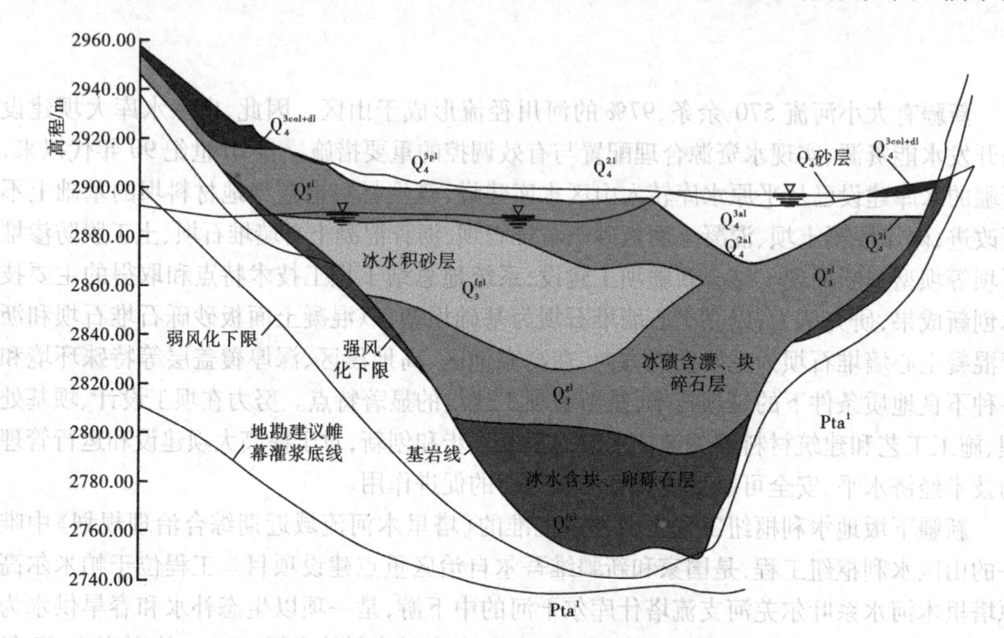

图1 新疆下坂地水利枢纽工程坝基地质剖面图

2 垂直防渗方案比选

下坂地水利枢纽工程垂直防渗共提出3种设计方案,分别为全墙垂直防渗方案、"上墙下幕"垂直防渗方案和全幕垂直防渗方案。全墙方案如图2(a)所示,墙厚1.2 m,深150 m,截水面积约28955 m^2。

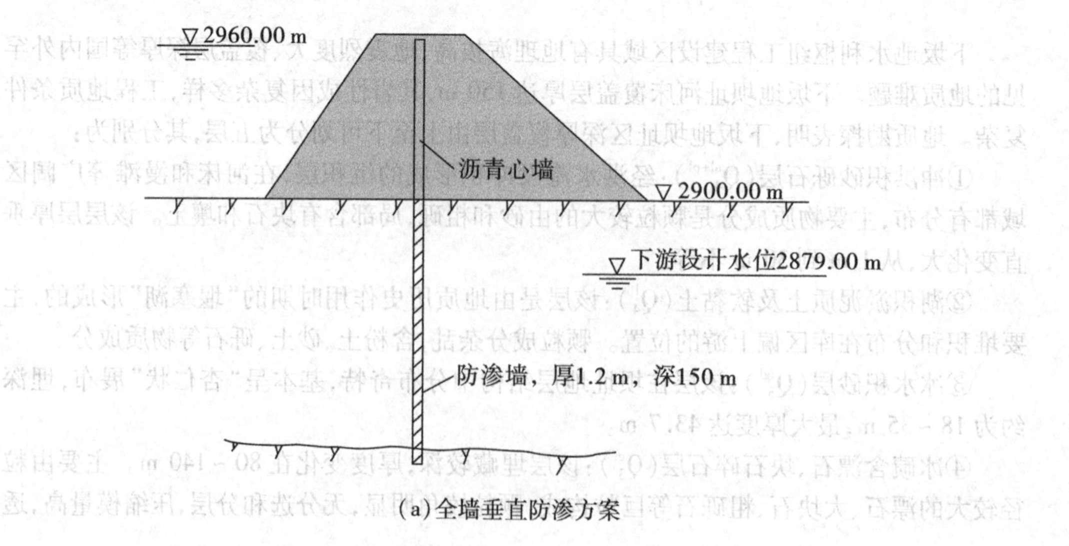

(a)全墙垂直防渗方案

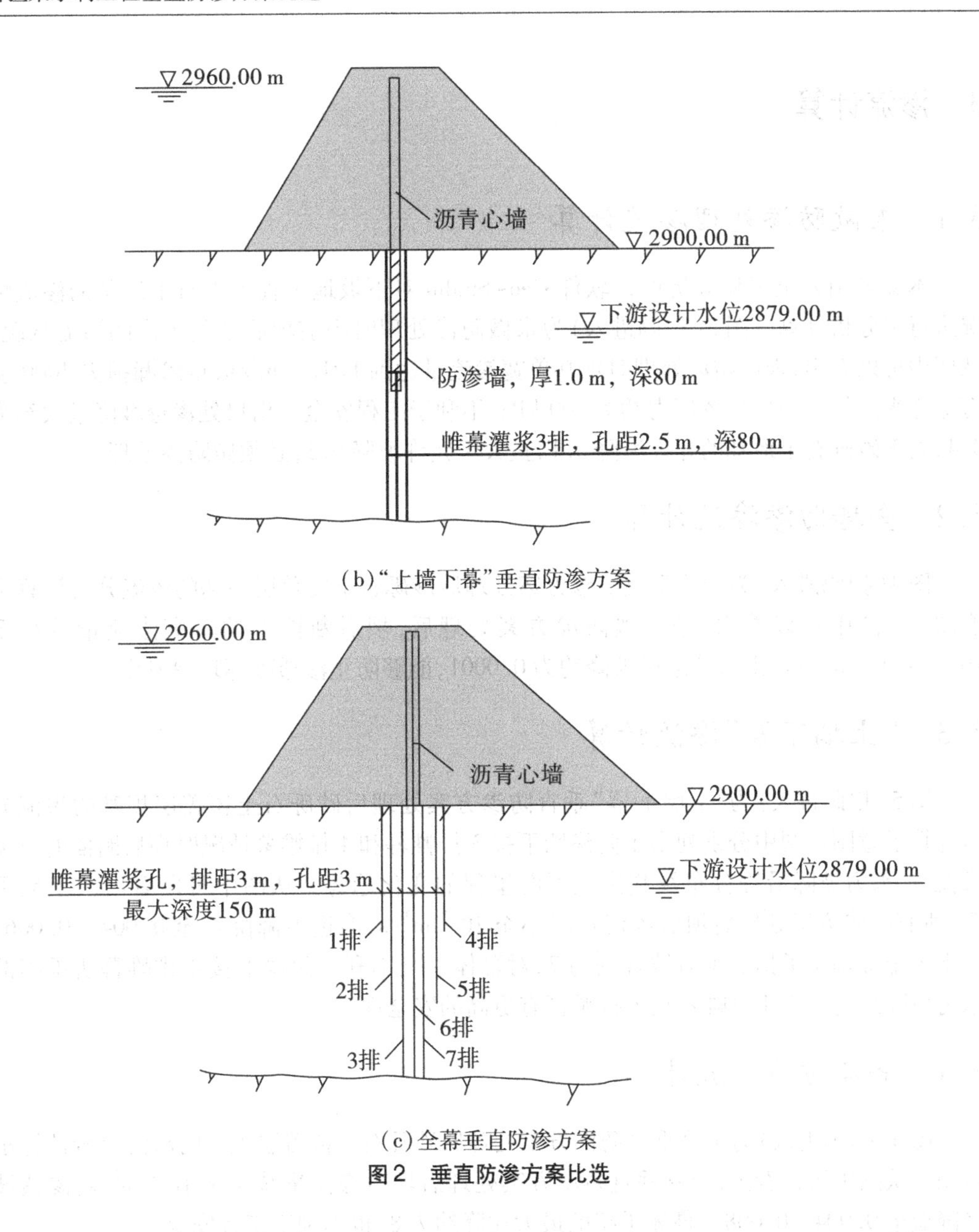

(b)“上墙下幕”垂直防渗方案

(c)全幕垂直防渗方案

图2 垂直防渗方案比选

“上墙下幕”垂直防渗设计方案请见图2(b)所示。上部为80 m深、1 m厚的塑性混凝土防渗墙,防渗墙下接70 m深的灌浆帷幕。通过在防渗墙内预埋灌浆管,向下钻孔灌浆,形成封闭帷幕。

全幕方案请见图2(c)所示,即自大坝心墙以下,全部采用灌浆帷幕形式。幕顶高程拟定为2900 m,轴线长312 m,共布置7排帷幕孔。其中第1排、第7排孔深为70 m,第2排、第6排孔深为100 m,第3排、第4排、第5排孔深均为150 m。孔排距均为3 m。

3 渗流计算

3.1 未做防渗处理渗流计算

图 3

本文采用岩土工程分析设计软件 Geo-Studio 对下坂地工程砂砾石土地基的渗流情况进行了分析计算。图 3(扫码进入)为未做防渗处理时坝前坝后地基土内的渗流状况。从图中可以看出,未做防渗处理时坝基单宽渗流量达到 1×10^{-2} m^3/s,年渗漏损失 4000 多万立方米。坝后出口处扬压力约为 100 kPa,不利于工程安全。出口处渗透坡降最大约为 0.4,大于砂砾石土地基的允许坡降 0.1,且大于允许坡降 0.3,必须做防渗处理。

3.2 全墙防渗渗流计算

图 4

图 4(扫码进入)为全墙垂直防渗方案处理后砂砾石土覆盖层坝基的渗流分析计算示意图。从图中可以看出,经全墙防渗方案处理后,坝后断面上的单宽渗流量减小至 10^{-5} ~ -10^{-6} m^3/s。出口处渗透坡降约为 0.0001,能够防止渗透破坏现象发生。

3.3 “上墙下幕”渗流计算

图 5

图 5(扫码进入)为“上墙下幕”垂直防渗方案处理后砂砾石土覆盖层坝基的渗流分析计算示意图。图中分别列出了防渗墙下接 3 排帷幕和 4 排帷幕情况时坝后断面的单宽渗流量、水力坡降沿程分布及其沿坝下游里程的变化趋势。从图中可以看出,“上墙下幕”垂直防渗方案处理后坝后渗流量减小至 10^{-5} m^3/s,渗透坡降降低至 0.004 ~ 0.006。墙下 3 排帷幕所承担的水力坡降约为 7,对幕体安全不利。而墙下接 4 排帷幕所承担的水力坡降约为 4.5,4 排帷幕较 3 排帷幕有更高的安全性。

3.4 全幕防渗渗流计算

图 6

图 6(扫码进入)为全幕垂直防渗方案处理后砂砾石土覆盖层坝基的渗流分析计算示意图。从图中可以看出,全幕垂直防渗方案处理后坝后渗流量减小至 10^{-4} m^3/s,渗透坡降降低至 0.004 ~ 0.008。幕体承担的最大比降约为 8,也不利于工程安全。

4 方案比选

各垂直防渗方案的经济性能比较如表 1 所示。

表 1 垂直防渗方案经济性能分析

项目	单位	全墙方案		全幕方案	
		工程量	合价/万元	工程量	合价/万元
混凝土防渗墙	m^2	28955	13512	—	—
砂砾石预埋灌浆管	m	—	—	—	—
覆盖层钻孔灌浆	m	—	—	58767	10660
预埋花管(ϕ66 mm)	m	—	—	58767	1176
墙内灌浆管(ϕ150 mm 焊接管)	m	—	—	—	—
灌浆廊道(估列)	项	—	—	1	1000
观测仪器(估列)	项	1	50	1	50
合计	万元	—	13562	—	12886
项目	单位	上墙下幕方案(3 排)		上墙下幕方案(4 排)	
		工程量	合价/万元	工程量	合价/万元
混凝土防渗墙	m^2	23683	7084	23683	7084
砂砾石预埋灌浆管	m	18605	1302	24807	1736
覆盖层钻孔灌浆	m	6969	1511	9292	2014
预埋花管(ϕ66 mm)	m	—	—	—	—
墙内灌浆管(ϕ150 mm 焊接管)	m	9586	165	12781	220
灌浆廊道(估列)	项	1	1000	1	1000
观测仪器(估列)	项	1	50	1	50
合计	万元	—	11112	—	12104

混凝土防渗墙施工技术在 100 m 以内有较成熟的施工经验,工程造价与灌浆帷幕相比具有竞争优势。但 100 m 以上的超深防渗墙施工技术目前存在一定困难,宜采取灌浆帷幕防渗形式。

综合考虑坝基地质条件、施工技术水平及经济性等因素的影响,针对 150 多米的深厚砂砾石覆盖层,现场采取了"上墙下幕"的垂直防渗方案。上部为 80 m 深、1.0 m 厚的塑性混凝土防渗墙,防渗墙的下部接 3 排 70 m 深的灌浆帷幕。防渗墙施工前,沿墙轴线方向,在距墙轴线 2.5 m 的上、下游各布置一排钻孔,孔距 2.5 m,埋设 70 m 灌浆管;防渗墙施工时,在墙内预埋 1 排灌浆管(ϕ150 mm 焊接钢管,每隔 10 m 设一定位架)。防渗墙施工完毕后,通过预埋管向墙下钻孔灌浆,形成封闭帷幕。

5 防渗墙施工

防渗强施工主要包括导向槽槽孔开挖、防渗墙槽孔开挖、泥浆护壁、清孔换浆、混凝土浇筑、接头管下设和浇筑导管及拔管等工序。下坂地防渗墙施工时采用了 Ⅰ 期槽孔

6.4 m、Ⅱ期槽孔 6.6 m 两种形式划分槽段，可同时满足 3 台冲击钻施工操作。

5.1 钻劈成槽

由于深厚覆盖层地基中存在大块漂石及局部地段架空等不利因素的干扰，采用钻抓成槽施工容易造成塌孔、漏浆甚至卡斗等事故，因此下坂地防渗墙采取了“钻劈成槽”法施工。施工时使用高性能冲击钻设备进行主孔钻进，然后劈打副孔。劈打副孔时在相邻的两个主孔中放置接渣斗接住大部分劈落的钻渣，并直接提出槽孔，大大提高了施工工效。“钻劈成槽法”施工如图 7 所示。

（a）钻劈成槽法　　（b）冲击反循环钻机

图 7　下坂地防渗墙现场施工图示

在槽孔钻进过程中常遇到大块石、漂石等呈“探头”状态的孤石，致使钻进速度显著降低并使钻孔出现偏斜。为便于顺利施工，采取了定位爆破、岩芯钻机钻孔爆破等方法将这些“探头石”炸掉。

5.2 接头、拔管

防渗墙槽段的连接部位是防渗墙止水防渗成功的关键所在，必须采取可靠连接措施使防渗墙完整封闭。下坂地防渗墙槽段连接的接头工艺采用的是接头管法和钻凿法。深部槽段接头采用接头管法，而部分深度小于 50 m 的槽段采用钻凿法。接头管如图 8(a) 所示。

槽孔内混凝土浇筑完成后需及时将接头管拔出。为了准确掌握接头管起拔时间，按现场浇筑的混凝土配合比配制 0.1 m^3 混凝土观测其初凝时间。经观测发现该配比混凝土的初凝时间为 7 ~ 14 h，确定接头管起拔时间为 7 ~ 14 h。拔管机采用中国水电基础局的专利产品 BG1000 型拔管机，如图 8(b) 所示。

（a）防渗墙接头管

（b）BG1000型拔管机

图8　接头管及拔管设备

6　小结

新疆下坂地水利枢纽工程坝址覆盖层深达150余米，自然条件恶劣，工程地质条件复杂，坝基防渗难度国内外罕见，设计及施工国内没有先例。通过对深厚覆盖层地质资料的研究分析，提出了符合下坂地工程实际的设计方案和施工技术措施。即采取上部80 m深、1.0 m厚的塑性混凝土防渗墙，下接70 m深的灌浆帷幕垂直防渗方案。防渗墙采取“钻劈成槽法”施工，帷幕灌浆则采取“孔口封闭法”。

下坂地水利枢纽已经下闸蓄水，三台机组已全部发电，水库蓄水后对防渗墙的挠度、应力应变及坝基渗流情况进行了监测分析，发现大坝防渗系统在初蓄期间工作性态良好，“上墙下幕”垂直防渗结构在深厚砂砾石覆盖层中发挥着良好的防渗效果。新疆下坂地工程的成功兴建为我国西南、西北山区同类大坝的建设积累了宝贵的经验，为推动砂砾石土地基筑坝技术的发展提供了重要的参考和借鉴。

新疆下坂地水利枢纽工程深厚覆盖层防渗技术

新疆下坂地水利枢纽工程是2001年国务院批准的《塔里木河流域近期综合治理规划》中唯一的山区水利枢纽工程，是国家和新疆维吾尔自治区重点建设项目。工程位于帕米尔高原塔里木河水系叶尔羌河支流塔什库尔干河的中下游，是一项以生态补水和春旱供水为主，并同时结合发电的综合性Ⅱ等大型工程。水库正常挡水位2960 m，总库容8.67亿m^3，电站总装机150 MW。

下坂地水利枢纽工程的兴建，可以替代塔河下游16座平原水库的蓄水能力，同时能满足叶尔羌河向塔里木河多年的输水量，使被灌农区扩大十几倍，而且还能缓解喀什和克州等地的严重缺电问题，对促进地区经济发展、边疆政治安定和社会稳固都具有十分重要的意义。

1 工程地质条件

下坂地水利枢纽工程建设区域具有地理海拔高、地震烈度大、覆盖层深厚等国内外罕见的地质难题。下坂地坝址河床覆盖层厚达150 m，其岩性成因复杂多样，工程地质条件复杂。地质勘探表明，下坂地坝址区深厚覆盖层由上至下可划分为五层，其分别为：

①冲洪积砂砾石层(Q_4^{al+pl})：分布于现代河床、漫滩及两层软黏土之间，主要由砂、粗砾组成，局部夹粉砂质壤土薄层，含零星块石，松散—中密状，具中等透水性，层厚1.0～30.0 m。

②湖积淤泥质土及软黏土(Q_4^{l})：为全新世早期与中期“堰塞湖”的产物，按空间结构分上下两层，中间夹一层砂砾石组成。分布于坝轴线上游120 m处至库区。

③冰水积砂层(Q_3^{fgl})：晚更新世冰水积砂层，空间展布呈“杏仁状”，最大厚度43.7 m，埋深18～35 m。垂直方向上按岩性、颗粒组成及结构，可将其分为上、中、下三个亚层。上层以中细砂为主，纯净，松散；中层以细砂含砾夹薄层砂质壤土为主，具水平层理，中密状；下层以细砂夹粉砂薄层为主，具水平层理，中密状。主要分布于坝址区。

④冰碛含漂石、块石碎石层(Q_3^{gl})：为河床谷底的主要堆积物，层厚80～140 m，主要以漂石、块石、砾石等粗颗粒组成，亚圆或次棱角状，岩性混杂，无分选，均一性差，中密—密实状，局部有架空现象，该层具有抗剪强度高，压缩性低，透水性极强等特性。

⑤冰水含块石、卵砾石层(Q_3^{fgl})：分布于河床基底部分，粒径一般2～8 cm，浑圆状，含碎石，局部夹块石，砂土充填，较密实，埋深60～148 m，单层厚20～58 m，主要分布于坝址区。工程地质剖面图如图1所示。

河床深厚覆盖层坝址区的工程地质问题是：①在工程荷载作用下河床深厚覆盖层差异沉降；②河床深厚覆盖层坝基渗漏、渗透变形；③河床深厚覆盖层地震液化；④软土强度及稳定问题等。

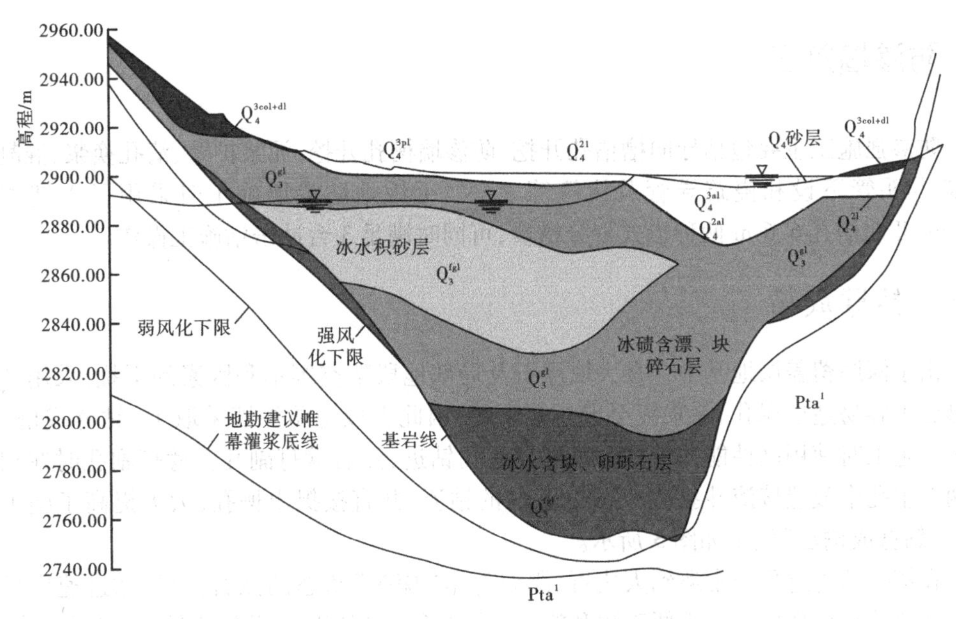

图1 新疆下坂地水利枢纽工程坝基地质剖面图

2 垂直防渗方案

综合考虑坝基地质条件、施工技术水平及经济性等因素的影响,针对150多米的深厚砂砾石覆盖层,现场采取了“上墙下幕”的垂直防渗方案。上部为80 m深、1.0 m厚的塑性混凝土防渗墙,防渗墙的下部接3排70 m深的灌浆帷幕。防渗墙施工时,在墙内预埋1排灌浆管(ϕ150 mm焊接钢管,每隔10 m设一定位架),孔距2.5 m。防渗墙施工完毕后,通过预埋管向墙下钻孔灌浆,形成封闭帷幕。墙幕结合防渗方案示意图见图2。

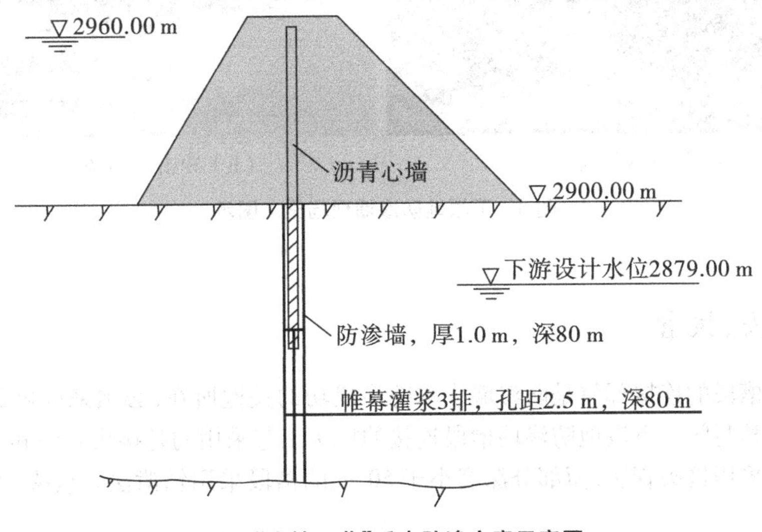

图2 “上墙下幕”垂直防渗方案示意图

3 防渗墙施工

防渗强施工主要包括导向槽槽孔开挖、防渗墙槽孔开挖、泥浆护壁、清孔换浆、混凝土浇筑、接头管下设和浇筑导管及拔管等工序。下坂地防渗墙施工时采用了Ⅰ期槽孔6.4 m、Ⅱ期槽孔6.6 m两种形式划分槽段,可同时满足3台冲击钻施工操作。

3.1 钻劈成槽

由于深厚覆盖层地基中存在大块漂石及局部地段架空等不利因素的干扰,采用钻抓成槽施工容易造成塌孔、漏浆甚至卡斗等事故,因此下坂地防渗墙采取了"钻劈成槽"法施工。施工时使用高性能冲击钻设备进行主孔钻进,然后劈打副孔。劈打副孔时在相邻的两个主孔中放置接渣斗接住大部分劈落的钻渣,并直接提出槽孔,大大提高了施工工效。"钻劈成槽法"施工如图3所示。

在槽孔钻进过程中常遇到大块石、漂石等呈"探头"状态的孤石,致使钻进速度显著降低并使钻孔出现偏斜。为便于顺利施工,采取了定位爆破、岩芯钻机钻孔爆破等方法将这些"探头石"炸掉。

(a) 钻劈成槽法

(b) 冲击反循环钻机

图3 下坂地防渗墙现场施工图示

3.2 接头、拔管

防渗墙槽段的连接部位是防渗墙止水防渗成功的关键所在,必须采取可靠连接措施使防渗墙完整封闭。下坂地防渗墙槽段连接的接头工艺采用的是接头管法和钻凿法。深部槽段接头采用接头管法,而部分深度小于50 m的槽段采用钻凿法。接头管如图4(a)所示。

槽孔内混凝土浇筑完成后需及时将接头管拔出。为了准确掌握接头管起拔时间,按现场浇筑的混凝土配合比配制0.1 m^3 混凝土观测其初凝时间。经观测发现该配比混凝土的初凝时间为7~14 h,确定接头管起拔时间为7~14 h。拔管机采用中国水电基础局的专利产品BG1000型拔管机,如图4(b)所示。

(a)防渗墙接头管

(b)BG1000型拔管机

图4　接头管及拔管设备

4　帷幕灌浆

4.1　灌浆材料

下坂地坝基覆盖层帷幕灌浆采用水泥黏土浆浆液灌注。黏土取自新疆乌恰县生产的红黏土,水泥则选用喀什飞龙水泥有限责任公司生产的P.O 32.5早强硅酸盐水泥。乌恰红黏土物理性能参数见表1所示。

表1　乌恰红黏土物理性能参数

黏土名称	颗粒组成/mm					液限	塑限	塑性指数
	>0.1	0.1~0.05	0.05~0.01	0.01~0.005	<0.005			
乌恰红黏土	0	8%	9%	16%	67%	39.58	20.22	19.36

根据设计要求,实际施工中采用的固料配比为:水泥与黏土质量比为1∶1~1∶0.6,水泥细度为通过80 μm方孔筛的筛余量不大于5%。实际灌浆施工中采用水固比4∶1开灌,水固比4∶1、3∶1、2∶1和1∶1四级浆液变换。对部分黏度较大的浆液适当添加

了高效减水剂,以增强浆液的流动性。

4.2 孔口封闭灌浆法

新疆下坂地深厚覆盖层帷幕灌浆施工是在 80 m 以下的砂砾石土层中进行的,采用了孔口封闭灌浆施工工艺。孔口封闭灌浆法单孔施工程序为:孔口管段钻进→孔口管段灌浆→镶铸孔口管→待凝 72 h 以上→第一灌浆段钻进→灌浆→下一灌浆段钻孔、灌浆→……→终孔→封孔。孔口封闭法施工工艺如图 5 所示。

孔口封闭灌浆法的使用,使灌浆技术由低压灌浆发展到高压灌浆,是灌浆技术的一次飞跃。低压灌浆大多是充填和渗透灌浆,而高压灌浆则基本上是劈裂和挤密灌浆。理论分析表明,灌浆时灌浆孔孔壁处土体承受的拉应力等于灌浆压力,因此在高压灌浆时灌浆孔周围的土体被灌浆压力劈裂,原有的孔隙通道被扩宽和延伸,大大地提高了砂砾石土的可灌性,并增加了吸浆量。浆液在高压状况下发生泌水固结,固结体强度大大提高,从而增强了灌浆效果。

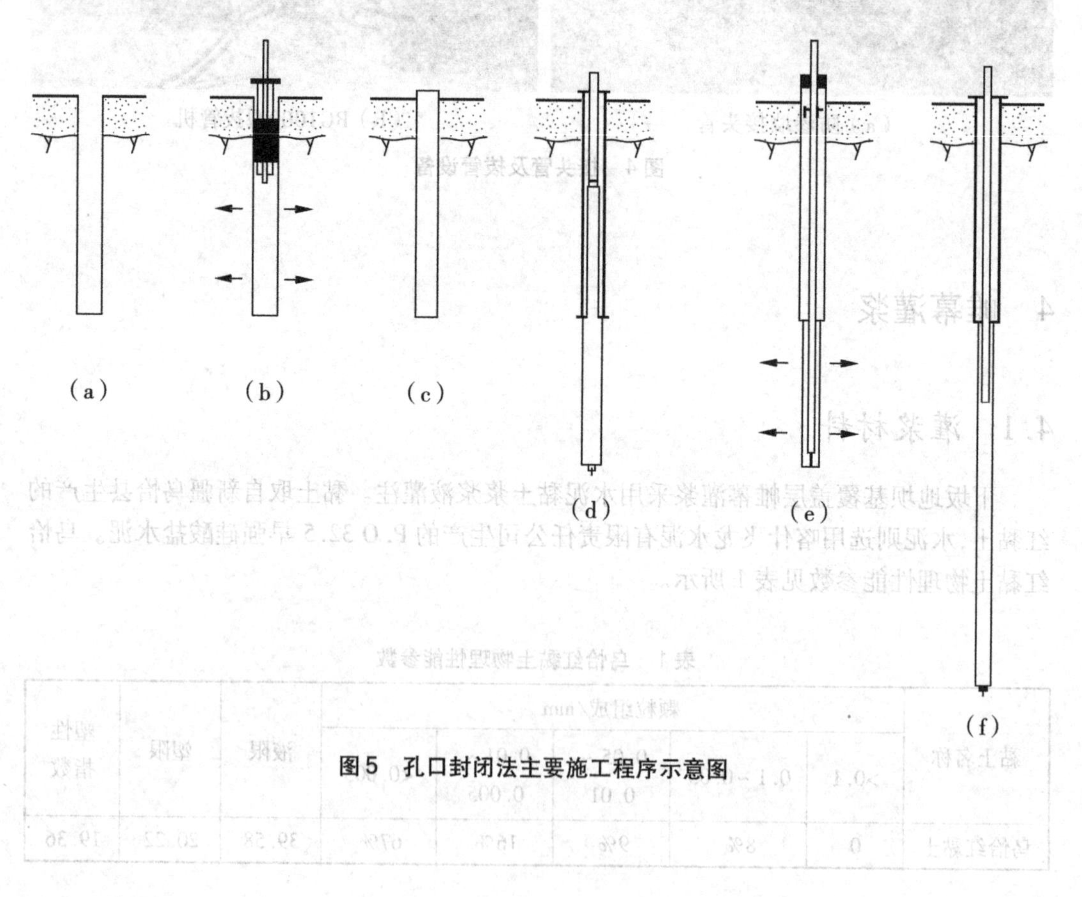

图5 孔口封闭法主要施工程序示意图

5 防渗监测分析

为了对下坂地水利枢纽工程“上墙下幕”垂直防渗性能进行检测，客观评价大坝安全状况并准确掌握大坝运行态势，及时发现问题进而确保大坝安全和工程效益的发挥，现场技术人员对砂砾石土覆盖层混凝土防渗墙挠度、应力应变及坝基渗流情况进行了跟踪监测。

对混凝土防渗墙选取坝0+160 m、坝0+221 m、坝0+294 m三个监测断面，安装40支应变计、3支无应力计进行了安全监测。同时在3个监测断面上埋设了固定式测斜仪。混凝土防渗墙监测仪器布置如图6所示（扫码进入）。限于篇幅只分析坝0+160 m断面的监测结果。

5.1 防渗墙挠度监测

图6

2010年1月开始蓄水以后，混凝土防渗墙在库水压力作用下整体呈现向下游位移的态势，并具有上部位移大、下部位移小的特点。其中最大相对位移发生在防渗墙顶部，差值为1.869 mm，在初次蓄水期间变化量不大。0+160 m断面防渗墙固定测斜仪绝对位移过程曲线如图7所示（扫码进入）。

图7

5.2 防渗墙应力应变监测

混凝土防渗墙0+160 m断面的应变计监测数据表明，防渗墙在水库蓄水后呈压应变状态，单向应变计的测值范围变化在-49～-315，表明库水对防渗墙体的应力应变值有一定影响。防渗墙0+160 m断面应变计温度及单轴应变过程线如图8～图10所示（扫码进入）。

图8

图9

5.3 坝基渗流监测

图10

根据坝基地质情况，坝基渗流监测选取的三个监测横断面为：坝0+160 m、坝0+221 m、坝0+294 m，与混凝土防渗墙监测断面相对应。同时，在各断面不同位置选取了不同的观测垂线，位置为坝轴线的坝上6 m、坝下10 m、坝下70 m、坝下140 m，每一垂线上沿高程设置了不同的观测点。坝基渗流监测仪器布置如图11所示。

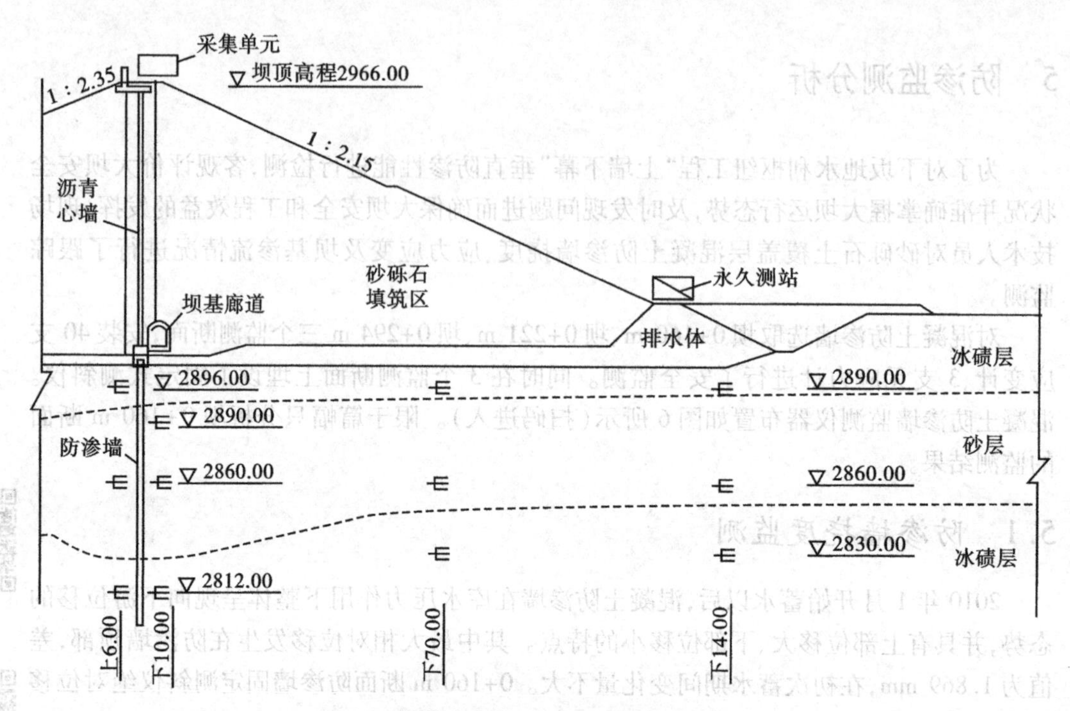

图 11 坝基渗流监测仪器布置图(单位:m)

图 12

图 13

图 14

图 15

2010 年 1 月 25 日至 2010 年 11 月 24 日蓄水期间,大坝上游 6 m 处 9 支渗压计均随上游水位上升而上升,上游渗压计的上升速率在 0.082 ~ 0.104 m/d,上游水位上升速率为 0.082 m/d。上游水位过程线如图 11 所示。大坝基础下游的渗压计在蓄水期间随上游水位的上升有小幅上升,速率范围在 0.003 ~ 0.047 m/d,下游水位过程线如图 12 ~ 图 15 所示(扫码进入)。

监测数据表明,大坝防渗系统在初蓄期间工作性态良好,“上墙下幕”垂直防渗结构在深厚砂砾石覆盖层中发挥着良好的防渗效果。

6 小结

新疆下坂地水利枢纽工程坝址覆盖层深达 150 余米,自然条件恶劣,工程地质条件复杂,坝基防渗难度国内外罕见,设计及施工国内没有先例。通过对深厚覆盖层地质资料的研究分析,提出了符合下坂地工程实际的设计方案和施工技术措施。即采取上部 80 m 深、1.0 m 厚的塑性混凝土防渗墙,下接 70 m 深的灌浆帷幕垂直防渗方案。防渗墙采取“钻劈成槽法”施工,帷幕灌浆则采取“孔口封闭法”。下坂地水利枢纽已于 2010 年 1 月下闸蓄水,三台机组已全部发电,水库蓄水后对防渗墙的挠度、应力应变及坝基渗流情况进行了监测分析,发现大坝防渗系统在初蓄期间工作性态良好,“上墙下幕”垂直防渗结构在深厚砂砾石覆盖层中发挥着良好的防渗效果。

两年多的运行情况表明,新疆下坂地水利枢纽工程深厚覆盖层“上墙下幕”垂直防渗方案设计合理,施工质量优良。新疆下坂地工程的成功为我国西南、西北山区同类大坝的兴建积累了宝贵的经验,为推动砂砾石土地基筑坝技术的发展提供了重要的参考和借鉴。

参考文献

[1]YANG Z Q,HOU K P,GUO T T. Research on time-varying behavior of cement grouts of different water-cement ratios[J]. Applied Mechanics and Materials,2011,75:4398-4401.

[2]蔡德国,叶飞,曹凯. 砂性地层盾构隧道壁后注浆浆液扩散室内试验[J]. 中国公路学报,2018,31(10):274-283.

[3]曹琳,文丽萍. 国内外 GIN 灌浆法的应用与比较分析[J]. 电网与清洁能源,2013,29(9):97-100.

[4]陈魁. 试验设计与分析[M]. 2 版. 北京:清华大学出版社,2005.

[5]陈婷婷,程晓辉,郭红仙. 基于数值模拟的砂柱微生物注浆影响因素分析[J]. 土木工程学报,2018,51(6):111-119.

[6]陈育民,徐鼎平. FLAC/FLAC3D 基础与工程实例[M]. 北京:中国水利水电出版社,2009.

[7]程建华,王辉,刘云龙,等. 深基坑主被动组合支护结构的协同作用及位移分析[J]. 广西大学学报(自然科学版),2014,39(1):191-123.

[8]程盼,邹金锋,李亮. 冲积层中劈裂注浆现场模型试验[J]. 地球科学-中国地质大学学报,2013,38(3):649-655.

[9]戴国亮,万志辉,龚维明. 基于沉降控制的组合后压浆灌注桩承载力计算研究[J]. 岩土工程学报,2018,40(12):2172-2181.

[10]党林才,方光达. 深厚覆盖层上建坝的主要技术问题[J]. 北京:水力发电,2011,37(2):24-28.

[11]樊曙光,郑旭荣. 下坂地水利枢纽工程坝基防渗工程设计与施工[J]. 水利水电技术,2012,43(10):8-11.

[12]冯啸,刘人太,李术才. 考虑深层渗滤效应的水泥浆动界面特征研究[J]. 岩石力学与工程学报,2016,35(5):1000-1008.

[13]符平,杨晓东. 时变性水泥浆液在粗糙随机裂隙中的扩散规律研究[J]. 铁道建筑技术,2011(9):38-42.

[14]葛家良. 化学灌浆技术的发展与展望[J]. 岩石力学与工程学报,2006,25(增 2):3384-3391.

[15]耿萍,卢志楷,丁梯,等. 基于颗粒流的围岩注浆动态过程模拟研究[J]. 铁道工程学报,2017(3):34-40.

[16]龚晓南. 地基处理手册[M]. 北京:中国建筑工业出版社,2008.

[17]苟长飞. 盾构隧道壁后注浆浆液扩散机理研究[D]. 西安:长安大学,2013.

[18]郭印. 淤泥质土的固化及力学特性的研究[D]. 杭州:浙江大学,2007.

[19]郭院成,靳军伟,周同和. 桩侧桩端注浆超长桩侧摩阻力增长规律试验[J]. 沈阳建筑

大学学报(自然科学版),2013,29(2):277-281.
[20]韩伟伟. 2015. 基于渗滤效应的水泥浆液多孔介质注浆机理及其工程应用[D]. 济南:山东大学.
[21]韩羽,李光勤,李伟. GIN 法灌浆技术与常规灌浆在云南某水电站研究性试验对比分析[J]. 人民珠江,2011(增):23-27.
[22]韩智光,程晓辉. 可液化砂土微生物处置试验[J]. 哈尔滨工业大学学报,2016,48(12):103-107.
[23]何世秀,吴刚刚,朱志政. 深基坑支护设计影响因素的有限元分析[J]. 岩石力学与工程学报,2005,24(S):5478-5484.
[24]侯克鹏,李克钢. 松散体灌浆加固试验研究[J]. 矿业研究与开发,2008,28(1):25-31.
[25]黄红元,荣耀. 饱和砂层驱水渗透注浆分析[J]. 岩土力学,2009,30(7):2016-2020.
[26]黄立维,符平,张金接. 基于 BP 神经网络的差压式浆液密度监测技术[J]. 水利与建筑工程学报,2016,14(2):6.
[27]黄明利,管晓明,吕奇峰. 基于弹性力学的诱导劈裂注浆机制分析[J]. 岩土力学,2013,34 (7):2059-2065.
[28]黄生根,龚维明. 超长大直径桩压浆后的承载性能研究[J]. 岩土工程学报,2006,28(1):113-117.
[29]黄小宁,覃新闻,彭立新. 深厚覆盖层坝基防渗设计与施工[M]. 北京:中国水利水电出版社,2011.
[30]黄小宁. 下坂地水利枢纽工程主要工程地质问题及对策[J]. 水利水电技术,2006,37(9):12-16.
[31]季节,刘禄厚,索智. 水性环氧树脂改性乳化沥青混合料性能[J]. 北京工业大学学报,2018,44 (4):568.
[32]蒋硕忠,李长生,谭日升,等. 化学灌浆与环境保护[J]. 长江科学院院报,2000,17(6):45-46.
[33]金雪莲,樊有维,李春忠,等. 带撑式基坑支护结构变形影响因素分析[J]. 岩石力学与工程学报,2007,26(S):3242-3249.
[34]乐俊义,李维树,夏晔. 某水电站厂房下卧软弱夹层基础岩体质量及灌浆效果评价[J]. 长江科学院院报,2008,25(5):32-36.
[35]李广信,周晓杰. 土的渗透破坏及其工程问题[J]. 工程勘察,2004(5):10-14.
[36]李俊,李粮纲,丁耀胜. 中粗砂层桩端注浆工程实例及数值模拟研究[J]. 安全与环境工程,2019,26(5):175-180.
[37]李立刚. 灌浆技术在小浪底主坝工程中的应用[J]. 水利水电科技进展,2000,20(5):50-52.
[38]李鹏,张庆松,王倩,等. 隧道泥质断层多序注浆动态劈裂扩散规律[J]. 中国公路学报,2018,31(10): 328-338.
[39]李鹏,张庆松,张霄. 基于模型试验的劈裂注浆机制分析[J]. 岩土力学,2014,35

(11): 3221-3230.
[40]李鹏,张庆松,张霄. 基于模型试验的劈裂注浆机制分析[J]. 岩土力学,2014,35(3):744.
[41]李慎举,王连国,陆银龙,等. 破碎围岩锚注加固浆液扩散规律研究[J]. 中国矿业大学学报,2011(6):121.
[42]李术才,张伟杰,张庆松,等. 富水断裂带优势劈裂注浆机制及注浆控制方法研究[J]. 岩土力学,2014,35(3):744-752.
[43]李术才,张霄,张庆松,等. 地下工程涌突水注浆止水浆液扩散机制和封堵方法研究[J]. 岩石力学与工程学报,2011,30(12): 2377.
[44]李晓超,钟登华,任炳昱. 基于模糊 RES-云模型的坝基岩体可灌性评价研究[J]. 水利学报,2017,48(11):1311-1323.
[45]李振钢. 砂砾层渗透注浆机理研究与工程应用[D]. 长沙:中南大学,2008.
[46]李志明,廖少明,戴志仁. 盾构同步注浆填充机理及压力分布研究[J]. 岩土工程学报,2010,32(11):1752-1757.
[47]梁禹,阳军生,王树英. 考虑时变性影响的盾构壁后注浆浆液固结及消散机制研究[J]. 岩土力学,2015,36(12):3373-3380.
[48]廖雄华,周健,徐建平,等. 粘性土室内平面应变试验的颗粒流模拟[J]. 水利学报,2002(12):11-16.
[49]林加兴. 山美水库大坝两岸防渗帷幕灌浆效果检测与评价[J]. 水利与建筑工程学报,2010,8(3):79-81.
[50]刘汉龙,肖鹏,肖杨,等. MICP 胶结钙质砂动力特性试验研究[J]. 岩土工程学报,2018,40(1):38-45.
[51]刘井学,陈有亮,陈剑亮. 某深基坑开挖的三维有限元模拟与分析[J]. 建筑结构,2007,37(6):66-68.
[52]刘人太,张连震,张庆松. 速凝浆液裂隙动水注浆扩散数值模拟与试验验证[J]. 岩石力学与工程学报,2017,36(S1):3297-3306.
[53]刘润,闫玥,闫澍旺. 支撑位置对基坑整体稳定性的影响[J]. 岩石力学与工程学报,2006,25(1):174-178.
[54]罗熠. 灌浆记录仪发展状况和趋势[J]. 中国水利,2016,17(21): 60.
[55]缪林昌,孙潇昊,吴林玉. 低温条件微生物 MICP 沉淀产率试验研究[J]. 岩土工程学报,2018,40(10):1486-1496.
[56]彭环云. 灌浆自动检测与记录关键技术的研究[D]. 长沙:中南大学,2004.
[57]彭劼,温智力,刘志明. 微生物诱导碳酸钙沉积加固有机质黏土的试验研究[J]. 岩土工程学报,2019,41(4):733-780.
[58]秦鹏飞. 砂土注浆的颗粒流细观力学数值模拟[J]. 土木工程与管理学报,2017,34(4): 30-38.
[59]饶香兰. 稳定水泥浆的研究与应用[D]. 长沙:中南大学,2009.
[60]阮文军. 注浆扩散与浆液若干基本性能研究[J]. 岩土工程学报,2005,27(1):69-73.

[61]石明生. 高聚物注浆材料特性与堤坝定向劈裂注浆机理研究[D]. 大连:大连理工大学,2011.
[62]宿辉,王丽影,牛贝贝. 均匀粗砂层中灌浆机理细观数值模拟研究[J]. 水利水电技术,2013,44(10): 73-76.
[63]孙锋,张顶立,陈铁林,等. 土体劈裂注浆过程的细观模拟研究[J]. 岩土工程学报,2010,32(3):474-480.
[64]孙树林,吴绍明,裴洪军. 多层支撑深基坑变形数值模拟正交试验设计研究[J]. 岩土力学,2005,26 (11):1771-1774.
[65]汪在芹,魏涛,李珍. CW 系环氧树脂化学注浆材料的研究及应用[J]. 长江科学院院报,2011,28(10):167.
[66]王超,徐力生,徐蒙. 关键参数自适应灌浆测控系统的研制与应用[J]. 中南大学学报(自然科学版),2013,44(11):4474.
[67]王复明,范永丰,郭成超. 非水反应类高聚物注浆渗漏水处治工程实践[J]. 水力发电学报,2018,37(10):1-11.
[68]王复明,李嘉,石明生. 堤坝防渗加固新技术研究与应用[J]. 水力发电学报,2016,35(12):1.
[69]王乐凡,翁兴中,张仁义. 硫酸盐渍土的吸渗化学灌浆处理方法[J]. 交通运输工程学报,2015,15(6):10.
[70]王立彬,燕乔,毕明亮. 黏度渐变型浆液在砂砾石层中渗透扩散半径研究[J]. 中国农村水利水电,2010(9): 68-74.
[71]王立彬,燕乔,毕明亮. 砂砾石层可灌性分析与探讨[J]. 水利规划与设计,2010(5): 37-40.
[72]王乾伟,钟登华,佟大威. 基于数值模拟的注浆过程三维动态可视化[J]. 岩土工程学报,2017,50(8):788-795.
[73]王晓玲,李瑞金,敖雪菲. 水电工程大坝基岩三维随机裂隙岩体灌浆数值模拟[J]. 工程力学,2018,35(1):148-159.
[74]王晓玲,刘长欣,李瑞金,等. 大坝基岩单裂隙灌浆流固耦合模拟研究[J]. 天津大学学报(自然科学版),2017,50(10): 1037-1046.
[75]王振锋,周英,孙玉宁,等. 新型瓦斯抽采钻孔注浆封孔方法及封堵机理[J]. 煤炭学报,2015(3):101.
[76]武科,马秀媛,赵青. FLAC3D 在土坝劈裂灌浆防渗稳定性分析中的应用[J]. 岩土力学,2005,26(3):484-487.
[77]夏可风. 关于稳定性浆液的若干误区[J]. 水利水电施工,2010(6):4-8.
[78]徐力生,陈伟,彭环云,徐蒙. 高精度动态监测水灰比的核密度计的研制及其应用[J]. 中南大学学报(自然科学版),2004,35 (4):647-650.
[79]徐芝纶. 弹性力学简明教程[M]. 北京:高等教育出版社,2005.
[80]许强,陈伟,张倬元. 对我国西南地区河谷深厚覆盖层成因机理的新认识[J]. 地球科学进展,2008,23(5):448-456.

[81]闫福根,缪正建,李明超.基于三维地质模型的坝基灌浆工程可视化分析[J].岩土工程学报,2012,34(3):567-572.

[82]岩土注浆理论与工程实例协作组.岩土注浆理论与工程实例[M].北京:科学出版社,2001.

[83]燕乔,王立彬,毕明亮,等.深厚覆盖层墙幕结合技术关键问题研究[J].人民长江,2009,40(16):34-36.

[84]杨坪,唐益群,彭振斌,等.砂卵(砾)石层中注浆模拟试验研究[J].岩土工程学报,2006,28(12):2134-2138.

[85]杨启贵,谭界雄,周和清.我国病险水库特点及加固设计中的主要问题[J].中国水利,2008(20):34-36.

[86]杨晓东,覃新闻,郑亚平.深厚覆盖层防渗技术[M].北京:中国水利水电出版社,2011.

[87]杨晓东,张金接.灌浆技术及其发展[C].第七届全国锚固与注浆技术研讨会会议论文集,2007:69-79.

[88]杨秀竹,王星华,雷金山.宾汉体浆液扩散半径的研究及应用[J].水利学报,2004(6):75-79.

[89]杨志全,侯克鹏,郭婷婷,等.黏度时变性宾汉体浆液的柱-半球形渗透注浆机制研究[J].岩土力学,2011,32(9):2697-2703.

[90]姚志华,陈正汉,黄雪峰,等.非饱和原状和重塑Q3黄土渗水特性研究[J].岩土工程学报,2012,34(6):1020.

[91]叶飞,苟长飞,刘燕鹏.盾构隧道壁后注浆浆液时变半球面扩散模型[J].同济大学学报:自然科学版,2012,40(12):1789-1794.

[92]尹振宇.土体微观力学解析模型:进展及发展[J].岩土工程学报,2013,35(6):993-1009.

[93]曾纪全,来结合,全海.溪洛渡水电站软弱岩带固结灌浆试验效果检测[J].岩石力学与工程学报,2001,20(增):1851-1857.

[94]张爱华.高压喷射灌浆在新疆某水库除险加固中的应用[J].水利与建筑工程学报,2010,8(5):57-59.

[95]张顶立,孙锋,李鹏飞.海底隧道复合注浆机制研究及工程应用[J].岩石力学与工程学报,2012,31(3):445-452.

[96]张家奇,李术才,张霄,等.土石分层介质注浆扩散的试验研究[J].浙江大学学报,2018,52(5):914-924.

[97]张金接.稳定性水泥浆体在岩体裂隙中的流动性能及其灌浆技术[J].水利学报,1993(7):69-73.

[98]张景秀.坝基防渗与灌浆技术[M].北京:中国水利水电出版社,2002.

[99]张连震,张庆松,张霄.动水条件下渗透注浆扩散机理研究[J].现代隧道技术,2017,54(1):74.

[100]张连震.地铁穿越砂层注浆扩散与加固机制及工程应用[D].济南:山东大学,2017.

[101]张淼,邹金锋,陈嘉祺,等. 非对称荷载作用下土体劈裂注浆压力分析[J]. 岩土力学,2013 (8):2255-2263.

[102]张庆松,张连震,张霄. 基于浆液黏度时空变化的水平裂隙岩体注浆扩散机制[J]. 岩石力学与工程学报,2015,34(6):1198.

[103]张顺金. 砂砾地层渗透注浆的可注性及应用研究[D]. 长沙:中南大学,2007.

[104]张文捷,魏迎奇,蔡红. 深厚覆盖层垂直防渗措施效果分析[J]. 水利水电技术,2009,40(7):90-93.

[105]张文倬. 坝基灌浆若干问题刍议[J]. 四川水利,2001(5):20-23.

[106]张忠苗,邹健. 桩底劈裂注浆扩散半径和注浆压力研究[J]. 岩土工程学报,2008,30(2):181-184.

[107]张作瑂. 论砂砾石土的可灌性[J]. 水利学报,1983(10):13-20.

[108]赵卫全. 大孔(裂)隙地层动水堵漏灌浆技术研究与应用[D]. 北京:中国水利水电科学研究院,2012.

[109]郑刚,张晓双. 劈裂注浆过程的二维颗粒流的模拟研究[J]. 厦门大学学报(自然科学版),2015,54(6): 905-912.

[110]中国建筑材料科学研究院. 水泥标准稠度用水量、凝结时间、安定性检验方法:GB 1346—2011[S]. 北京:中国标准出版社,1-6.

[111]周春选,杨智睿,王健. 新疆下坂地水库坝基防渗处理设计[J]. 水利学报,2005(S):612-616.

[112]周健,张刚,孔戈. 渗流的颗粒流细观模拟[J]. 岩土力学,2006,37(1):28-32.

[113]周茗如,张建斌,卢国文,等. 扩孔理论在非饱和黄土劈裂注浆中的应用[J]. 建筑结构学报,2018,39(A1): 368-378.

[114]朱光轩,张庆松,刘人太,等. 基于渗滤效应的沙层劈裂注浆扩散规律分析及其 ALE 算法[J]. 岩石力学与工程学报,2017,36(S2): 4167-4176.

[115]朱明听,张庆松,李术才,等. 土体劈裂注浆加固主控因素模拟试验[J]. 浙江大学学报(工学版),2018,52(11): 2058-2067.

[116]朱明听,张庆松,李术才. 劈裂注浆加固土体的数值模拟和试验研究[J]. 中南大学学报(自然科学版),2018,49(5): 1213-1220.

[117]朱盛胜,陈海燕,杨利香. 新型沥青注浆材料开发与应用[J]. 新型建筑材料,2015(5):51.

[118]邹金锋,李亮,杨小礼,等. 土体劈裂灌浆力学机理分析[J]. 岩土力学,2006,27(4):625-629.

[119]邹金锋,童无欺,罗恒,等. 基于 Hoek-Brown 强度准则的裂隙岩体劈裂注浆力学机理[J]. 中南大学学报(自然科学版),2013,44 (7):2889-2896.

中篇　复合地基技术研究

地基处理新技术及应用研究

地基处理方案的合理选择直接决定了工程的总造价、工程的安全和顺利进展，因此地基处理在工程建设中发挥着举足轻重的作用。工程建设中涌现出的一系列不良土质及其伴随的诸多岩土工程问题，使得地基处理工作目前成为极艰难极复杂的岩土工程技术课题。地基处理技术一直是科研人员努力攻关的研究课题，目前在工程技术人员和科研人员的潜心研究下取得了较多成果，已成为岩土工程界最为活跃的领域之一。

近些年来多种地基处理方式并存，同一场地上各种地基处理方法联合使用正在兴起，形成了极富特色的复合加固技术。这些复合技术的主要特点有：①两种或两种以上地基处理方式联合使用，取代了传统单一加固方式；②新材料不断涌现，两种或多种加固材料混合使用逐渐取代单一加固材料；③静动力加固方式交替联合使用逐渐取代传统单一静载加固方式；④局部软弱场地复合地基与非复合地基加固技术的结合；⑤重型加固与轻型加固的结合。目前工程建设中的某些地基处理技术已经发展成熟，相关专家已提出了可靠的设计、施工、监测与检测方法，如真空-堆载联合预压技术已被认定为成熟的技术，在2011年修订通过的《建筑地基处理技术规范》中推广应用。本文分析了井点降水联合强夯、桩网复合地基、真空联合堆载预压及灌浆和微生物灌浆地基处理技术的基本原理、施工工艺及工程应用条件，期望着能推动地基处理技术的创新发展。

1 井点降水联合强夯法

强夯法在碎石土、砂土、含水量较低的粉土或黏土以及素填土、杂填土地基中有明显的处理效果。夯击作用能显著减小土体的孔隙率，增加土体的密实度，从而提高地基的承载能力。但是强夯法在地下水位较高的土中，尤其是淤泥和淤泥质土中却不能发挥明显作用，因为这类软土地基一般含水量较高、渗透性差、强度低，夯击作用产生的超静孔隙水压力无法及时消散，从而引起土体液化，导致土体原结构破坏，并易造成夯坑积水等工程问题。

滨海等软土地基上的大规模工程建设迫切需要解决这一工程技术难题，科研人员和工程技术人员经过长期的工程实践研制出了软黏土地基加固的新技术，即井点降水联合强夯法（well-point dewatering combined with dynamic compaction method，WDDC）加固技术。井点降水联合强夯法的施工工序如下：先在黏土层表面铺设水平砂垫层并插设塑料排水板，然后在预加固区内设置降水井点以抽取地下水，降低黏土层的地下水位。当地下水位降低约5 m后，再采用强夯法处理浅层软土。井点降水系统能够主动排水，实现地下水位的下降，促使土体有效应力增加，从而实现对一定深度土层的预压固结作用。而强夯产生的冲击荷载对浅部软土则形成压密固结，大大改善土体的物理力学性能。强夯法与井点降水法联合运用对软弱黏土加固作用明显，井点降水联合强夯法较之传统强夯法有更广阔的土质适用范围,加固深度也有所提高。井点降水联合强夯法的施工工序如图1所示。

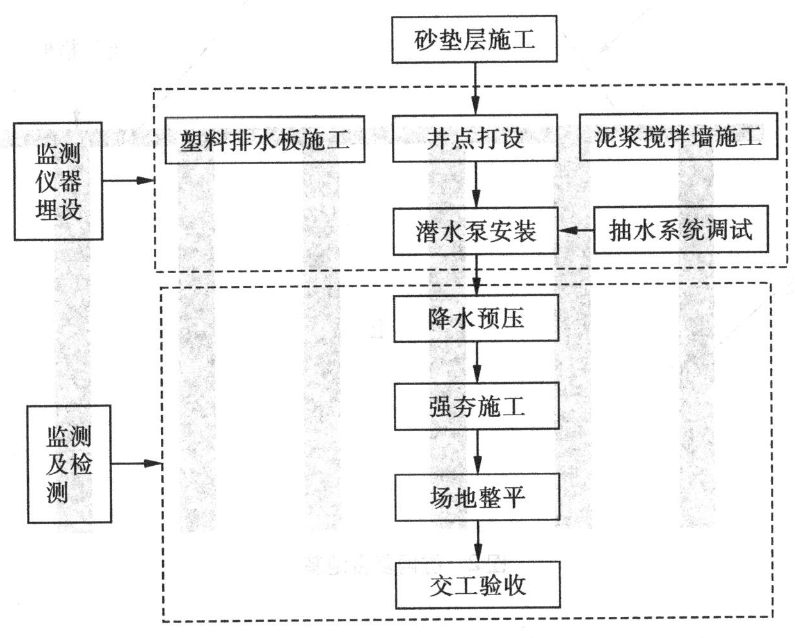

图1 井点降水联合强夯法施工工序

刘嘉采用井点降水联合强夯法对广州某软基工程进行加固处理,完工后通过静力触探试验检测发现原场地的比贯入阻力由195.8 kPa提高至400 kPa以上,通过十字板剪切试验发现原场地土层的抗剪强度c_u由10 kPa提高到27 kPa,检测还发现该场地的标准贯入击数平均增加2~4击,而静载荷试验显示地基承载力特征值达到130 kPa以上,降水联合强夯法的加固效果非常明显;周健采用真空强排水联合低能量强夯动力固结法对上海市某粉细砂和下卧扰动软黏土路基工程进行了现场处理,共分3次降水和3次强夯进行。降水时间间隔3~7 d,夯击能量700~800 kJ,处理后发现公路路基比贯入阻力增加50%左右,标贯击数增加80%左右,土的各项物理力学指标均达到设计要求,为类似软土地基处理工程提供了参考;周顺万采用3遍降水、2遍点夯、1遍满夯的轻型井点降水联合强夯法对威海港新港区2号围堰吹填砂场地进行加固处理,发现处理后场地的地基承载力达到150 kPa,土的回弹模量达60 MPa,残余沉降小于40 cm,加固效果明显;等。

2 桩网复合地基

桩-网复合地基是由筋材、桩和桩间土三部分组成,“桩-网-土”协同工作、共同承担荷载并产生协调变形的复合地基,桩网复合地基构造如图2所示。在桩网复合地基中,筋材充当水平向增强体,起到均匀应力、稳固边坡、排水反滤等功能,而桩和桩间土为竖向增强体,桩土协同作用发挥复合地基的功能。由于竖向增强体和水平向增强体同时存在,因而桩网复合地基同时具备竖向增强体复合地基与水平向增强体复合地基的加固优势。

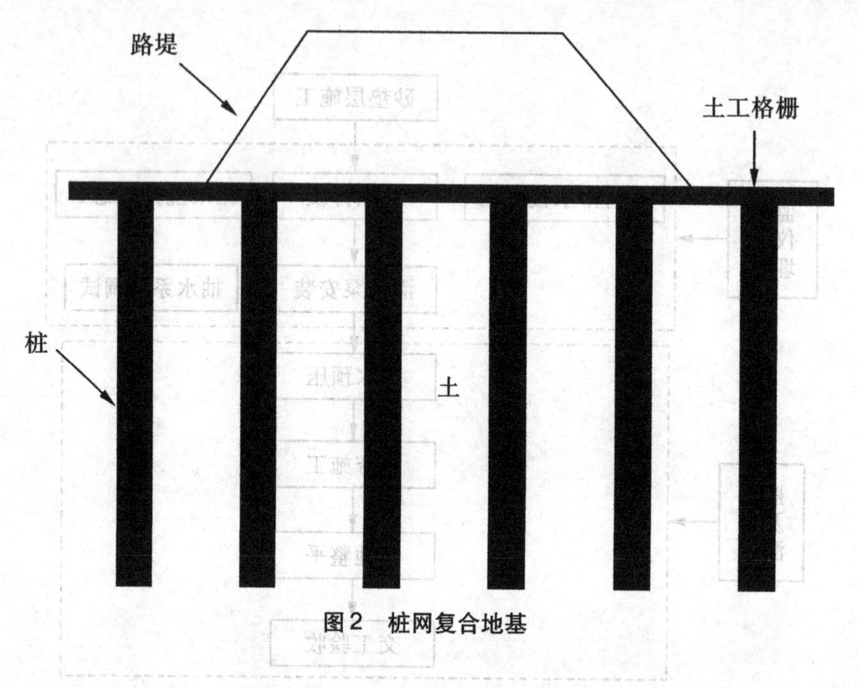

图2 桩网复合地基

饶为国认为桩网复合地基与传统水平向增强体复合地基和竖向增强体复合地基均不同,应单独划分为一类新的地基形式。他同时对复合地基的受力性状进行了分析,发现当桩网复合地基上部荷载增大、桩间距增大、网垫刚度增大、桩间天然地基土承载力减小、工后沉降量减小时,桩土应力比增大。桩土应力比越大,桩网复合地基的承载性状越好;杨明辉指出桩间距增大时,单根桩体所承担荷载增加,桩体承载能力得到有效发挥,导致桩土应力比增大。而填土压缩模量增加时,路堤填土的整体刚度增加,桩体很难向路堤填土顶入,单根桩体承担的荷载随之增加,桩土应力比也随之增加;李运成对比研究了有、无土工格栅条件下夯实水泥土桩网复合地基的工作性状,发现有土工格栅时复合地基承载力提高约27.9%,桩土平均沉降差减小56.5%~62.7%,桩-土应力比提高60.9%~70.8%,充分表明水平向增强体能调动竖向增强体的承载性能,并能及时调整桩顶的应力集中现象,分散应力,完善承载体系的功能;叶阳升(2009)采用有限元计算程序分析了柔性基础下复合地基桩土应力比的大小规律,结果发现基础刚度对桩土应力比的影响非常显著,柔性基础下的桩土应力比明显小于刚性基础。研究还发现桩长对桩土应力比的影响在局部区域比较显著,主要集中在被加固的软土范围内;于进江对广东沿海某深厚软土桩网复合地基进行现场试验研究,发现在路堤填土施工初期桩间土和桩顶土的应力迅速增大,而桩顶土应力增加的趋势显著高于桩间土应力的增加趋势,填土高度达到某一定值时桩间土应力达到极值,产生土拱效应。而竖向增强体管桩的轴力、摩阻力的大小取决于土质的性状,随时间延长和荷载增加而逐渐增大;等。

3 真空-堆载联合预压法

真空预压法是通过抽气在黏土层内外形成压力差而促使孔隙水排出并使土体产生固结的地基处理方法。真空预压前在软土表面铺设一层透水砂垫层,并在砂垫层表面设置竖向塑料排水带或砂井,然后覆盖薄膜封闭,抽气使膜内排水带、砂层等处于部分真空状态。气压所产生的强大压力将土体中孔隙水和空气逐渐吸出,从而达到土体固结的目的。真空-堆载联合预压法是在真空预压施工的基础上,采用沙袋、碎石等重物对软土进行加压,起到加速软土地基固结的目的。

刘汉龙指出真空预压的过程本质是土体的固结过程,可以采用固结理论进行描述和计算。真空压力作用在水气流体上将水气排出,土颗粒发生错位重新排列,土体内部结构主动自发调整,密实度增加。堆载预压则使土颗粒发生被动重组,其间伴随着土体结构的局部破坏。真空-堆载联合预压法兼具真空预压法和堆载预压法的优点,加固效果更好,土体的密实度和承载力进一步得到提高;周森采用真空堆载联合预压法对珠海横琴口岸某深厚软基工程进行处理,发现膜下真空度 5 d 可达 80 kPa,孔隙水压力消散50 kPa 以上,地下水位下降约 2.5 m,而地表累计沉降最大达 1387.4 mm,土的各项物理力学指标如含水率、孔隙比、液性指数、压缩模量改善 25% 左右,黏聚力增幅高达 77.8%,内摩擦角约为加固前的 2.5 倍;朱建才采用真空-堆载联合预压法对浙江某软土路基进行加固处理,发现预压过程中由负超静孔隙水压力与正超静孔隙水压力叠加后的联合超静孔隙水压力小于 0,不会引起路基失稳。沉降监测结果显示 2 ~ 14 m 深度范围内淤泥土的压缩量约占总沉降量的 70%,真空预压的有效影响深度大于 10 m;刘志中指出真空度衰减对真空堆载预压沉降量的计算结果影响很大,不考虑真空度衰减时沉降量误差可达 48.4% ~93.3%,基于此,他考虑真空度沿竖向排水体方向上的衰减性状,提出了一种新的真空预压沉降计算方法,并将真空度衰减速率定为 3.5 ~4.5 kPa/m;等。

4 灌浆加固

灌浆技术是改良土质的优选办法,常见灌浆方式有渗透灌浆、压密灌浆和劈裂灌浆等,如图 3 所示。灌浆技术在水利工程止水防渗和加固、隧道工程和矿山工程防渗漏、工民建地基基础托换加固等方面都有广泛的应用。

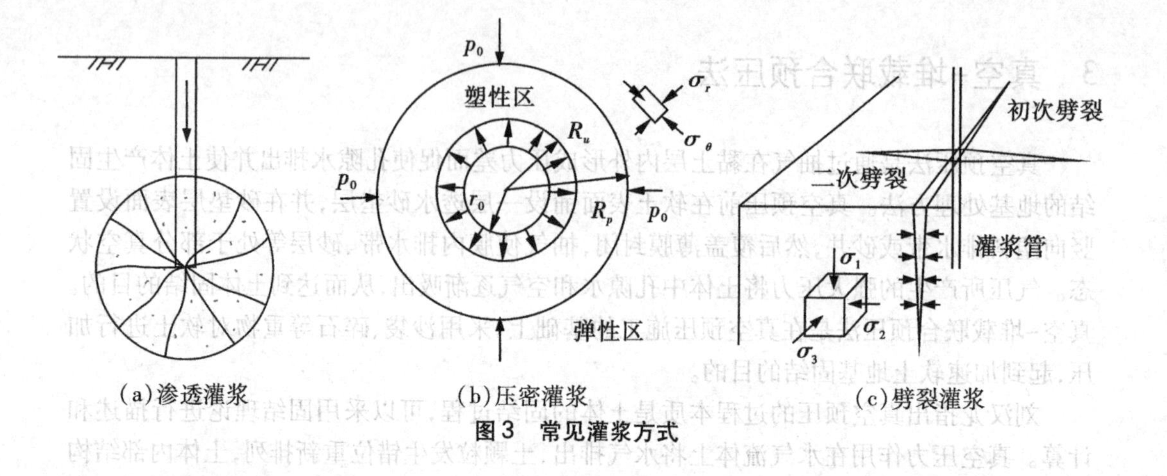

(a)渗透灌浆　(b)压密灌浆　(c)劈裂灌浆

图3　常见灌浆方式

4.1　灌浆理论

4.1.1　非牛顿流体

杨秀竹基于球形扩散理论模型，参考广义达西定律的推导思路求得了宾汉流体浆液在均质砂土中渗透注浆扩散半径的计算公式 $\Delta p=\frac{\phi\beta}{3tKl_0}l_1^3-\frac{\phi\beta}{3tK}l_1^2+\frac{4}{3}\lambda l_1-\frac{4}{3}\lambda l_0$，并在某防洪堤注浆防渗帷幕工程中进行检测验证，发现与实际情况基本相符；杨秀竹基于同样的分析思路和计算方法推导出幂律型浆液在砂土中渗透注浆的扩散半径计算公式 $\Delta p=\left(\frac{\varphi}{3t}\right)^n\left(\frac{\mu_e}{K_e}\right)\left(\frac{1}{1-2n}\right)(l_1^{1-2n}-l_0^{1-2n})l_1^{3n}$，发现注浆压力差随流变参数 c 呈现出线性变化，而与流变参数 n 呈现非线性变化。

4.1.2　黏度时变性

阮文军指出水泥浆等多种浆材的塑性黏度存在时变性，时变性规律符合指数函数 $\eta(t)=\eta_{p0}e^{kt}$。其中 k 为黏性时变系数，普通水泥浆液 $k=0.009\sim0.033$，$\eta_{p0}=10\sim70$。王立彬利用数学理论中积分的方法求出浆液黏度的平均值，推导了黏度渐变型浆液在砂砾石土中的球形渗透扩散理论公式 $r_1=\sqrt[3]{\frac{3kh_1r_0\rho_w v_w t^2}{n\int_0^t\mu(t)dt}}$ 和柱形渗透扩散理论公式 $r_1=\sqrt[n]{\frac{2kh_1t^2\rho_w v_w}{\ln\frac{r_1}{r_0}\int_0^t\mu(t)dt}}$，结果发现用 Maag 公式计算出的结果明显偏大，容易造成工程隐患；杨志全基于宾汉体浆液的流变方程与流体黏度时变性方程，推导了时变性宾汉体浆液柱-

半球形渗透注浆扩散公式 $\Delta p=p_1-p_0=\dfrac{\phi l_1^2\left(m+\dfrac{2}{3}l_1\right)\beta e^{kt}}{2tmK}\ln\dfrac{l_1(l_0+m)}{l_0(l_1+m)}+\dfrac{4}{3}\lambda(l_1-l_0)$,并给出了半球体部分扩散半径 l 与柱体部分扩散长度 m 的关系 $m=(2l_1/3)(2n+1)$。

4.1.3 劈裂灌浆

工程实践表明,某些孔隙通道极其细密的地层采用水泥浆液灌浆后加固效果极好,是由于地层内出现了水力劈裂现象。劈裂缝在注浆压力的持续作用下张开,形成了纵横交错的网状浆脉,浆脉起到骨架作用达到了土体加固的效果。邹金锋(2006)基于达西定律和均匀劈裂缝的假定基础,推导出劈裂注浆注浆压力 p_r 沿裂缝发展方向上的衰减规律 $p_c-p_r=\dfrac{6\mu_0 Q}{\pi\delta_0^3}\ln\dfrac{r}{r_c}$,研究还得到了在注浆压力 p_c 作用下浆液所能扩散到的最大半径为 $R_{\max}=r_c e^{\frac{(p_C-p_0)\pi\delta_0^3}{6\mu_0 Q}}$;张忠苗(2008)在幂律型浆液平板窄缝流动模型的基础上,推导出了劈裂注浆时浆液最大扩散半径的计算公式 $L_{\max}=(p_c-p_0)\left(\dfrac{b}{q}\right)^n\left(\dfrac{n}{2n+1}\right)^n\dfrac{\delta^{2n+1}}{2k}$,并计算分析了注浆压力差随稠度系数、流变参数、裂隙高度的变化情况以及裂隙高度对最大扩散半径的影响;孙锋(2009)等基于宾汉流体流变方程和平板裂缝理想平面流模型,推导了考虑流体时变性的致密土体劈裂注浆扩散半径计算公式 $R=\dfrac{(\delta^3-8y_p^3)(p_u-c)}{12\eta(t)\delta u-3\tau_3(\bar{\delta}^2-4y_p^2)}$;等。

4.1.4 灌浆模拟试验

室内物理模拟试验可直接观察浆液在砂砾石土体中的扩散分布情况,并可以模拟复杂条件下灌浆参数和地质、水流等因素的影响。杨坪(2006)等通过在模拟的砂卵石层中进行注浆试验,得出浆液扩散半径与渗透系数、注浆压力、注浆时间、水灰比等影响因素之间的关系 $\begin{cases}R=19.953m^{0.121}k^{0.429}p^{0.412}t^{0.437},\\ b_m=0.258,b_k=0.666,b_p=1.338,\\ b_t=0.309,r=0.971\end{cases}$,注浆后的抗压强度 P 与地层孔隙率 n、水灰比 m、注浆压力 p、注浆时间 t 之间的关系为 $\begin{cases}P=0.984n^{0.517}m^{-1.488}p^{0.118}t^{0.031},\\ b_m=0.905,b_k=0.086,b_p=0.109,\\ b_t=0.006,r=0.934\end{cases}$;侯克鹏采用自制的试验装置对松散体试件进行了室内灌浆试验研究,通过正交试验极差分析方法,计算得到了影响灌浆量和浆液扩散半径的主次因素依次为浆液水灰比、灌浆压力和介质析水率,并给出了灌浆量和扩散半径与各影响因素之间的数学回归模型 $R=218.6329V_{析}^{0.3479}H^{0.9473}P^{0.3137}$,$Q=198.3827V_{析}^{0.4398}H^{0.7829}P^{0.3087}$;等。

4.2 灌浆材料

灌浆技术核心和关键的环节是灌浆材料,新的灌浆材料的发明往往会推动灌浆技术的蓬勃发展。经过科研工作者的努力,我国现在已发明了许多种灌浆材料,从而为水泥灌浆和化学灌浆技术的发展做出了重大贡献。截至目前,水泥灌浆材料主要有水泥浆、水泥黏土浆和黏土浆等浆材,化学浆则主要有水玻璃、丙烯酸盐、环氧树脂、聚氨醋等化学材料。化学浆材的改性、低毒、绿色无公害是近年来的发展方向。

5 微生物加固

微生物矿物学最新研究表明,在适宜的人为环境和营养条件下,某些天然微生物如产脲酶的微生物 Sporosarcina pasteurii 在自身新陈代谢过程中能显著析出多种矿物结晶,从而能将松散的砂土或粉土颗粒牢牢固化。这一微生物成矿技术被称为 Microbial Induced Carbonate Precipitation (MICP)技术,是目前地基处理领域一个崭新的研究课题。相对于水泥灌浆或化学灌浆技术而言,微生物灌浆地基处理是真正的绿色技术,对生态环境和可持续发展将产生深远影响。

经微生物灌浆加固处理后,土体的无侧限抗压强度、抗剪强度、抗液化强度甚至抗侵蚀及抗冻性能都得以大大改善。Dejong 等将一定浓度菌液灌入 14 cm 高松散砂柱中进行微生物加固,发现约两周后砂样的物理力学性能大有改善,并通过测试发现固化砂柱的剪切波速可达 540 m/s,约为饱和松砂的 2.8 倍,且其不排水抗剪强度也得以有效提高;Al Qabany 等基于 MICP 灌浆加固试验,研究了固化砂柱的剪切波速与其中方解石含量间的相互关系。研究表明在相同的菌液浓度和灌注方式条件下,凝胶体的剪切波速随方解石沉积量的增加而呈线性增加,而在不同的菌液浓度和灌注方式条件下,凝胶体的剪切波速与方解石含量呈现出非线性增长关系;程晓辉通过中型振动三轴试验发现,经 MICP 加固后砂样中的碳酸钙结晶量越多,砂样轴向变形越小,其抗液化的能力提高越明显。随后通过小型振动台试验发现经 MICP 加固的模型地基,其场地加速度幅值放大系数达到 2.13,能够有效提高地基的抗液化性能;钱春香发现影响 MICP 加固土试验结果的因素不仅包括菌液浓度及其酶活性、营养液浓度、pH 值和温度变化等,而且还包括灌浆工艺和土粒粒径等,并同时指明了微生物灌浆技术的发展方向,即微生物灌浆技术应致力于微生物加固土的均匀性和耐久性、土壤中原有微生物的有效激发、微生物有害代谢产物的最低化以及微生物灌浆数值模拟研究等方向;等。

6 小结

地基处理是工程建设中一项普遍的技术,工程建设规模的扩大和建设速度的加快推动着地基处理技术的蓬勃发展。近些年来涌现出一系列新型地基加固技术,如真空堆载预压、井点降水、桩网复合地基、微生物加固及灌浆技术等新技术。分析了这几种地基处理新技术的基本原理、工程适用条件及施工工艺等,概括总结了地基处理技术的发展趋势,期望对工程技术人员参加工程建设有所裨益,对地基处理技术的创新发展有所帮助。

复合地基新技术及应用研究

复合地基是指天然地基在处理过程中,将部分土体挖除置换或设置加筋材料增强,形成由增强体和基体两部分组成的人工地基。复合地基体系中,桩体承担一部分上部结构传下来的荷载,桩间土也承担一部分荷载,桩土协同工作共同发挥着作用。研究表明复合地基具有承载力高、沉降变形小、施工周期短等显著优点,目前已被广泛应用于软土、湿陷性黄土等项目建设中。近些年来现浇大直径混凝土管桩(PCC 桩)、X 形桩、挤扩支盘桩(DX 桩)相继涌现,有力推动了复合地基技术的发展和进步。本文对相关最新成果进行阐释述评,希望能为复合地基技术的高质量发展做出贡献。

1 PCC 桩复合地基

现浇混凝土大直径管桩(large diameter pipe using cast-in-place concrete,PCC 桩)融合了柔性桩造价低和刚性桩强度高的优点,是一种极具发展潜力的新型桩。与同体积混凝土用量的实心圆桩等传统桩相比,现浇混凝土大直径管桩(PCC 桩)具有更大的侧表面积,因而具有更高的摩阻性能,可以提供更强的侧阻力[图 1(a)]。PCC 桩在淤泥、淤泥质土等软土地基中加固效果尤为明显,在沿海高速公路、高铁及高层建筑等工程建设中具有很高的推广应用价值。

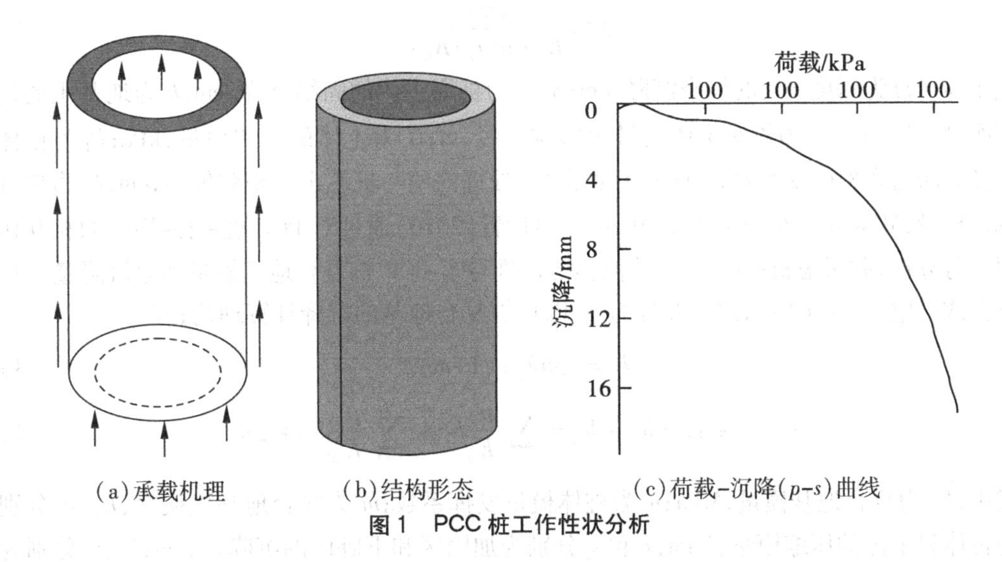

(a)承载机理　(b)结构形态　(c)荷载-沉降(p-s)曲线

图 1　PCC 桩工作性状分析

1.1 承载性状

刘汉龙(2012)将 PCC 桩应用到高铁路基工程中,通过现场试验发现 PCC 桩复合地基承载力可达 1440 kN,最大沉降和最大水平位移仅为 4.1 cm 和 1.3 cm,均满足设计要求,显示出 PCC 桩复合地基良好的承载性能[图 1(b)、(c)];谭慧明(2014)指出褥垫层是 PCC 桩复合地基的关键技术,通过设置加筋褥垫层可有效阻止桩体的刺入作用,并优化复合地基的荷载传递方式,试验表明随加筋层数增加桩土应力比、桩身轴力、桩芯土压力及桩内摩阻力均有所增加;Cao Z H(2015)研究显示 PCC 桩的桩土应力比随基础刚度、桩体模量、桩长及垫层模量增加而增大,符合典型刚性桩的受力特征,褥垫层厚度取 200~400 cm 时 PCC 桩复合地基的承载潜能可以发挥到最佳;陈亚东(2020)发现 PCC 桩端土体受载时主要产生竖向变形,塑性区在平面上呈扇形,而常规单桩桩端土体竖向与水平变形均较为明显,塑性区表现为半圆形。这种差别表明 PCC 桩端土体受到的侧向约束作用更强,因而更有利于 PCC 桩承载力的发挥;等。

1.2 沉降计算方法

刘汉龙(2011)指出 PCC 桩沉降是外部负摩阻力和内部正摩阻力不断协调 的过程,他基于 PCC 桩负摩阻力传递的弹性微分方程建立了桩身位移计算的迭代公式[式(1)、式(2)],并采用有限差分法进行求解。结果表明 PCC 桩的桩身沉降量较同截面的实心桩小,有利于实现变形控制;

$$\frac{d^2 w_p^{(2)}(z)}{dz^2} - \lambda^2 w_p^{(2)}(z) \tag{1}$$

$$\lambda^2 = \frac{2\pi G_s}{E_p A \ln(r_n / R_0)} \tag{2}$$

式中,$w_p(z)$ 为深度 z 处的桩身沉降,cm;$S_{(z,t)}$ 为桩周土体的固结沉降,cm;k 为地基土的抗剪刚度,kN · m^2;r_m 为桩对土体的最大影响半径,m;G_s 为土体的剪切模量,kPa;R_0 为桩体外径,cm;r_0 为桩内壁半径,cm;$r(z)$ 为深度 z 处桩内壁与桩芯土的相对位移,cm;E_p 为桩身弹性模量,MPa;A 为桩身截面面积,m^2。温世青(2016)通过对 PCC 桩-土-垫层的相互作用进行分析,并考虑桩-土-垫层的位移协调推导了 PCC 桩复合地基模量和总沉降量的计算公式[式(3)、式(4)],进一步完善了 PCC 桩复合地基的沉降计算理论;等。

$$\overline{E}_c = u_p m E_p + (1-m) E_s \tag{3}$$

$$s = s_1 + s_2 = h_c - h'_c = \sum_{i=1}^{n} \frac{p_{si}}{E_{si}} h_i + \sum_{i=1}^{n} \frac{p'_{si}}{E'_{si}} h'_i + \Delta h_c \tag{4}$$

式中,$\overline{E}_c$ 为复合地基模量,MPa;u_p 为桩体模量发挥系数;m 为复合地基置换率;E_p、E_s 分别为桩体和土体的压缩模量,MPa;s_1 和 s_2 分别为加固区和下卧区的沉降量,cm;h_c、h'_c 分别为褥垫层压缩前后的厚度,cm;p_{si} 和 p'_{si}、E_{si} 和 E'_{si}、h_i 和 h'_i 分别为加固区和下卧区第 i 层土的附加应力(kPa)、压缩模量(MPa)和厚度(m);Δh_c 为褥垫层的压缩量,cm。

1.3 动力特性

公路、铁路路基中的PCC桩承受频繁的交通荷载作用,PCC桩-土动力响应性能直接关系着动荷载下复合地基的服役寿命,因而需开展PCC桩动力特性的相关研究。丁选明(2011)采用Laplace变换的方法求得了PCC桩、等面积实心桩和等外径实心桩纵向振动的解析解,结果发现PCC桩的位移幅值、动刚度和速度导纳等动力响应参数均较等面积实心桩小,而与等外直径实心桩相比,PCC桩的动力响应要略大一些,但不是数量级上的差别,因而具有更高的优越性;郑长杰(2013)指出桩周土的性状对PCC桩的动力响应影响较为明显,随桩周土黏性阻尼系数增加桩顶复动刚度大幅提高,桩顶速度导纳则明显下降,桩芯土对PCC桩动力响应的影响相对不明显,而桩长只在一定深度范围内有影响;付强(2017)研究发现列车激振产生的动荷载主要由PCC桩承担,桩间土和桩芯土只承担小部分荷载。研究还发现桩体分担的动荷载随垫层刚度的增加而增大,而动应力波的传播速度则随PCC桩模量的增加而增大;等。

1.4 PCC能量桩

随着能源危机和环境污染问题日益凸显,节能减排的设计理念逐渐深入人心。PCC能量桩将地源热泵的传热管埋设在桩体内,有效节约了地下空间并减小了开挖作业工作量,符合“绿色技术”的发展趋势。刘汉龙(2015)研究表明温度场引起的桩身应力较大,PCC桩基设计应保证混凝土材料足够的拉压强度。研究还发现能量的冷热循环会使桩体产生较大的塑性变形,变形逐渐累积可危及上部结构的安全,因而需采取应对措施;孔纲强(2017)指出PCC能量桩受热膨胀导致桩土产生挤压变形,这增强了桩周土对桩体的侧阻效应,PCC桩承载力会略有提高。他通过试验还指出桩顶的膨胀可能引起负摩阻力,设计时应予以关注;黄旭(2018)对不封底PCC能量桩的热传导性能进行了测试,研究发现PCC桩的换热效率比同等条件下传统能量桩高约24%;等。

2 X形桩复合地基

与圆桩、方桩等传统桩型相比,X形混凝土桩由于“异形效应”而具有更大的侧表面积,因而具有更高的侧阻力,承载性状优异[图2(a)]。X形桩的技术研发经历了桩形设计、施工工艺探索、现场应用测试及综合效益评价等多个环节,目前X形桩已得到业界的普遍认可,正在逐步推广应用。

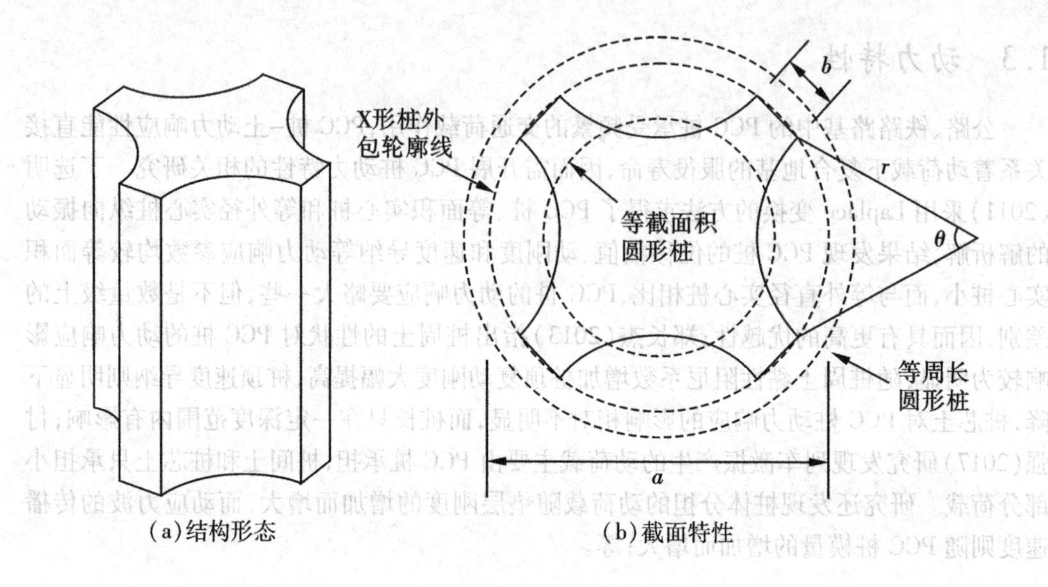

图2 X形混凝土桩

2.1 截面特性

X 形桩的承载机理比较复杂,决定其性能稳定发挥的主要特征参数为:外包方形截面边长 a、开弧间距 b 和开弧弧度 θ[图2(b)]。《现浇 X 形桩复合地基技术规程》建议外包截面边长 a 取 1.0~1.2 m,开弧间距 b 取 0.1~0.2 m,弧度角 θ 取 60°~90°。X 形桩的开弧圆半径、桩截面周长及截面面积与各特征参数间的关系为式(5)~式(7):

$$r=\frac{\sqrt{2}(a-b)}{4\sin\frac{\theta}{2}} \tag{5}$$

$$l=\frac{\sqrt{2}(a-b)}{\sin\frac{\theta}{2}+4b} \tag{6}$$

$$S=a^2-\frac{\theta(a-b)^2}{4\left(\sin\frac{\theta}{2}\right)}+\frac{\sqrt{2}(a-b)^2\sin\left(\frac{\pi}{4}-\frac{\theta}{2}\right)}{2\sin\frac{\theta}{2}} \tag{7}$$

分析发现在混凝土用量相同的情况下,X 形桩的周长是同截面实心圆桩的 2 倍,而与相同外包轮廓线的实心圆桩相比,X 形桩的混凝土用量则可节约 50% 以上。由此可见,X 形桩独特的截面性状对其承载能力的发挥极为有利。

2.2 承载机理

王智强(2010)研究表明 X 形桩的侧摩阻力占总阻力的 70% 以上,比圆形桩侧摩阻力的占比高10%左右,属于典型的摩擦桩。荷载接近极限状态时桩端阻力才开始发挥,桩端阻力只占总阻力的30%;刘汉龙(2012)指出X形桩的桩身轴力与圆形桩的轴力分布基本一致,自上而下逐级减小,但X形桩的各级桩身轴力均大于圆形桩。拉拔试验则表明X形桩的极限抗拔力较同截面积圆形桩高16.7%,可适用于有严格抗浮要求的工程中;丁选明(2014)发现X形桩单桩极限承载力可达860 kN,较同体积用量的混凝土圆形桩高19.4%。研究还发现深厚软黏土中X形桩侧存在负摩阻力,负摩阻力最大值约为正摩阻力最大值的2/3,中性点则存在于距离桩顶1/5桩长处;杨挺(2016)指出桩间距、布桩方式和桩长等因素会影响X形桩复合地基的沉降,通过适当减小桩间距或增加桩长可实现桩基沉降的有效控制,将X形桩体布置成梅花形也能在一定程度上减小桩基的沉降量;等。

2.3 动力性能

卢一为(2016)试验发现循环荷载比(动荷载与桩体承载力的比值)对X形桩的沉降影响较为显著,循环荷载比越大则桩体沉降发展越快,当循环荷载比超过0.21时桩体很快达到破坏标准。试验还发现动荷载循环次数增加桩侧摩阻力有所减小,桩身轴力则相应增加;孙广超(2016)对X形桩-筏复合地基的动力响应特性进行了试验研究,发现复合地基的沉降量随荷载循环次数的增加而增大,其沉降基本符合对数函数关系:

$$s=a+b\ln(N+c) \tag{8}$$

式中,s为X形桩-筏板复合地基总沉降量,mm;a、b、c为与复合地基置换率、土的性状及荷载形式有关的参数;N为动荷载循环次数。研究还发现桩筏底板的振动速度响应主要是由循环荷载引起,而地基土中的速度响应则明显受到反射波等其他因素的干扰;丁选明(2017)通过低应变动力检测发现,X形桩桩顶的入射波呈现明显的三维效应,而沿凹弧和尖角方向的速度响应规律基本相同。检测还表明不同测点的速度响应波形受到高频干扰的影响,边界处测点表现尤其显著,由于异形效应X形桩的高频干扰波存在两个频率成分;等。

3 DX桩复合地基

挤扩支盘桩(DX桩)是由竖向桩体和挤扩支盘两部分组成的一种异型桩,其承载机理的特殊之处在于支盘对荷载的分担[图3(a)]。DX桩的支盘能有效扩大桩与土的接触面积,充分发挥桩土间的协同作用,从而显著提高桩的承载和抗拔性能。

陈飞(2013)发现DX桩承载性状发挥经历了桩侧阻力→支盘阻力→桩端阻力的过程,具有明显的时序效应,属于多支点摩擦端承桩。测试表明挤扩支盘桩的单桩极限承载力可达8500 kN,比其他普通类型的灌注桩高1倍;巨玉文(2013)指出DX桩的承载力主要取决于桩身混凝土强度、支盘高宽比(h/b)及盘径比(D/d)等因素,模型试验表明受支盘的承载力与混凝土强度等级、支盘高宽比和盘径比等参数基本呈正比关系(式9),极限状态时表现为斜压破坏[图3(b)];

$$p_c = \eta_c \beta f_c A \sin\alpha = \eta_c \beta f_c \pi (b^2 \sin^2\alpha + db) \sin^2\alpha \quad (9)$$

式中，p_c为支盘桩的承载力设计值，kN；η_c为考虑施工因素的折减系数；β为修正系数，可取0.6；d为主桩直径，m；b为支盘宽度，m；α为支盘表面倾角，(°)。王伊丽(2015)通过数值试验发现DX桩复合地基中，桩侧土、承力盘及桩端分别承担荷载的39.69%、52.77%和7.54%，由于支盘分担了一半以上的荷载，桩身轴力在支盘上下界面处明显降低。优化计算则表明，支盘最佳间距宜为2.5～3倍支盘直径；张敏霞(2017)指出DX桩的荷载-沉降(p-s)曲线为典型的缓变形，其承载特性非常稳定，5400 kN荷载条件下沉降量仅为15 mm，远小于其他类型的灌注桩等。

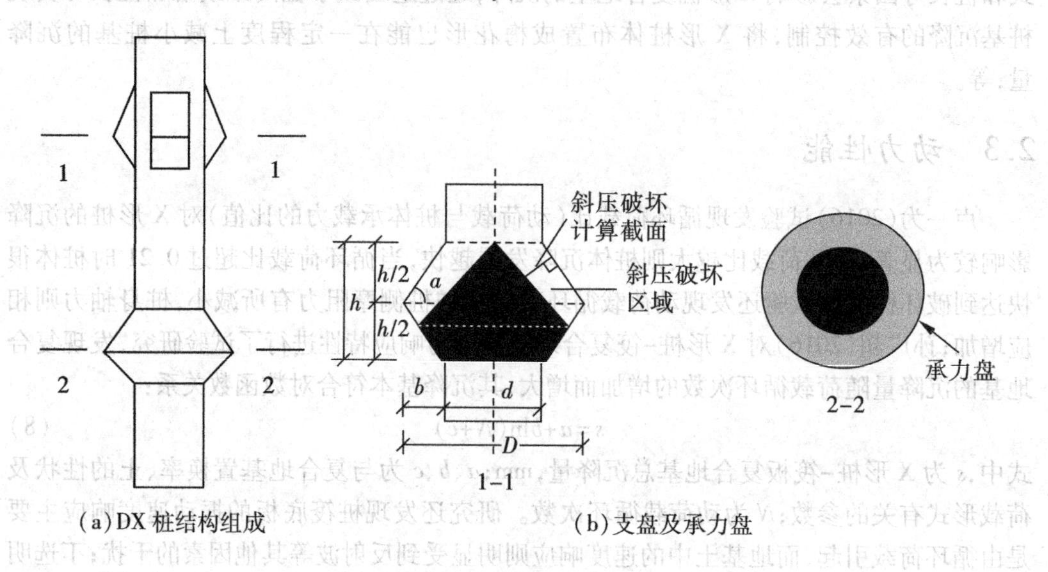

图3 DX桩承载机理分析

4 绿色地基

党的十八大明确提出要大力推进生态文明建设，目前低碳环保、节约能源的"绿色"设计理念已被提升至战略高度，对复合地基技术也相应提出了新的要求。"绿色地基"正是在这种时代背景下应运而生，它倡导在产品研发、材料或设备选用、施工管理及质量检测等各个环节始终贯彻绿色理念，尽可能地降低能耗、减少污染，从而达到人们对美好居住和生活环境的要求。与传统地基处理技术只注重承载力和沉降控制相比，"绿色地基"还注重低碳节能与环境友好。现浇混凝土大直径管桩(PCC桩)、X形桩和挤扩支盘桩(DX)复合地基承载力提高幅度大，且可以有效节约成本、降低能耗，代表着"绿色地基"技术的发展趋势和方向，一定会得到广阔的应用。

5 小结

复合地基技术已取得了巨大的发展和进步，在土木工程各项建设中发挥了越来越重要的作用，也产生了明显的经济和社会效益，逐渐成为地基加固不可替代的重要手段。现浇混凝土大直径管桩（PCC 桩）、X 形桩、挤扩支盘桩（DX 桩）复合地基承载力提高幅度大，沉降变形小且可以有效降低能耗，代表着“绿色技术”的发展趋势，必将为新时代背景下工程建设的高质量发展做出更大贡献。

CFG 桩复合地基技术及工程应用研究

CFG(cement fly-ash gravel pile)桩即水泥粉煤灰碎石桩,是中国建筑科学研究院地基所20世纪80年代末开发的一项新的地基加固技术。CFG桩复合地基工作系统由单桩、桩间土和褥垫层等构成,具有较高的地基承载力。CFG桩复合地基既可充分发挥刚性桩桩体材料的承载潜力,又可充分利用天然地基的承载力,同时设计时不需配筋,桩体利用工业废料粉煤灰作为掺和料,大大降低了工程造价,因此具有较高的经济和社会效益。CFG桩工作系统在黏性土、粉土、砂土等地基中具有显著优势,目前该技术已被列入国家行业标准《建筑地基处理技术规范》(JGJ 79—2012),在工程中广泛推广使用。

1 CFG 桩复合地基工作性状

CFG桩灌注成桩后水泥会与桩体中的其他成分发生化学反应,生成铝酸钙水化物、硅酸钙水化物等不溶于水的稳定结晶化合物,这样就保证形成了具有较高强度的CFG刚性桩体。同时桩体顶部铺设褥垫层,垫层材料受静荷载作用发生压密,桩间土受荷载作用产生变形,CFG桩垫层的作用是协调桩、桩间土变形,调整桩土应力比,发挥桩间土承载力,防止桩顶应力过大集中。

1.1 CFG 桩荷载传递机制

在上部荷载作用下,桩土复合地基产生相应变形。由于桩体压缩变形模量远大于桩间土体的压缩变形模量,桩顶平面处桩间土体位移大于桩体位移,桩体顶部产生应力集中效应。随着荷载的增加,桩开始向上部垫层刺入,以协调桩、土间因差异沉降而引起的应力不协调,在桩顶以下一定深度处出现等沉面。等沉面以上桩间土相对桩向下移动,对桩产生负摩阻力,方向向下;而等沉面以下桩受正摩阻力,方向向上。随着荷载的进一步增加,桩侧摩阻力达到极限状态,桩端开始产生位移,桩端阻力得以发挥。此后,桩体中的应力增量全部由桩端土承担,桩底产生向下刺入。桩顶与桩端附近土体进入塑性状态。CFG桩荷载传递机制及受力性状如图1所示。

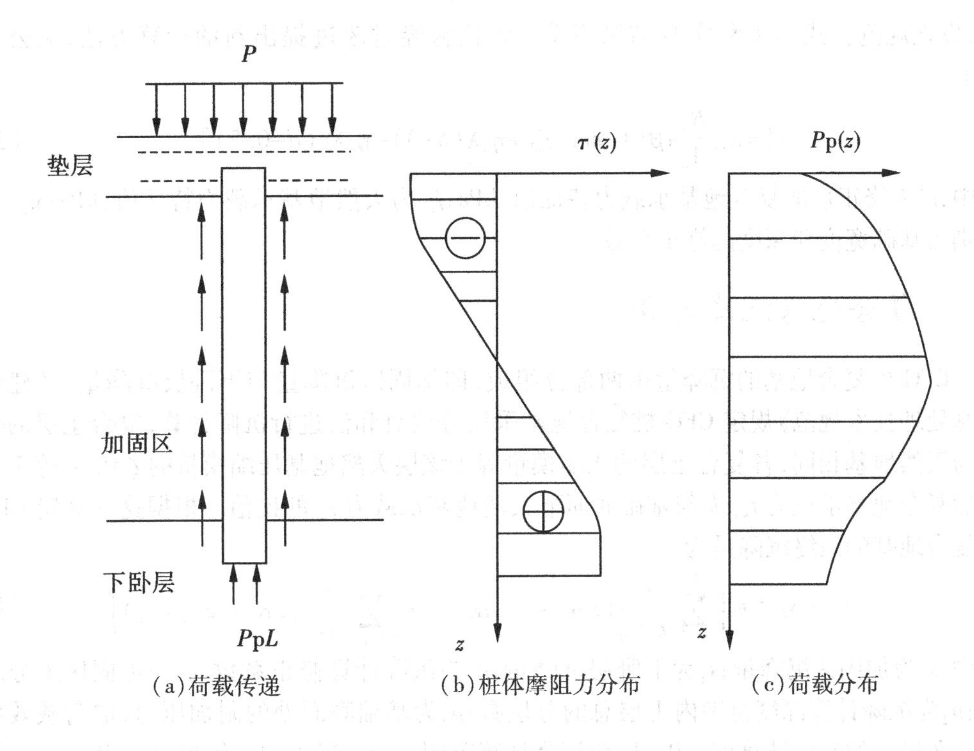

(a)荷载传递　(b)桩体摩阻力分布　(c)荷载分布

图 1　CFG 桩复合地基工作性能分析

1.2　承载力分析计算

CFG 桩复合地基中单桩竖向承载力直接影响和决定着复合地基的承载力。单桩竖向承载力特征值的取值可通过现场载荷试验确定，初步设计时按式(1)

进行估算

$$R_a = \mu_p \sum_{i=1}^{n} q_{si} l_{pi} + \alpha_p q_p A_p \tag{1}$$

式中，μ_p 为桩的周长，m；n 为桩长范围内所划分的土层数；q_{si} 为第 i 层土的侧阻力特征值，kPa；l_{pi} 为第 i 层土的厚度，m；q_p 为端阻力特征值，kPa。

《建筑地基处理技术规范》(JGJ 79-2012)对 CFG 桩复合地基承载力的计算做出明确规定，复合地基承载力按式(2)进行计算

$$f_{spk} = \lambda_m \frac{R_a}{A_p} + \beta(1-m) f_{sk} \tag{2}$$

式中，f_{spk} 为桩土复合地基的承载力特征值，kPa；λ_m 为单桩承载力发挥系数，可取 0.8～0.9；m 为复合地基的面积置换率；R_a 为刚性桩单桩承载力特征值，kN；A_p 为桩的截面面积，m^2；β 为桩间土承载力折减系数，可取 $\beta = 0.75 \sim 0.95$；f_{sk} 为处理后桩间土承载力特征值，kPa。

随着 CFG 桩复合地基技术的推广应用，有学者指出现行规范承载力计算方法的不

足,发现规范公式与工程实测结果不符。张钦喜经过改进提出新的计算方法,见公式(3)。

$$f'_a=\lambda_m\frac{R_a}{A_p}+\beta(1-m)[f_{ak}+\eta_b\lambda(b-3)+\eta_d\lambda_m(d-0.5)] \tag{3}$$

式中,f'_a为修正后的复合地基承载力特征值,kPa;f_{ak}为天然地基承载力特征值,kPa;η_b、η_d分别为基础宽度和深度的修正系数。

1.3 复合地基沉降计算

CFG 桩复合地基的沉降量由两部分组成,即加固区沉降量与下卧层沉降量。《建筑地基处理技术规范》规定 CFG 桩复合地基采用分层总和法进行沉降计算,复合土层的分层与天然地基相同,各复合土层的压缩模量等于该层天然地基压缩模量的ζ倍,ζ等于加固后复合地基承载力f_{sp},k与基础底面下天然地基承载力f_{ak}的比值。根据这一规定 CFG 桩复合地基的最终沉降量为

$$s=s_1+s_2=\psi\left[\sum_{i=1}^{n_1}\frac{p_0}{\zeta_i E_{si}}(z_i\overline{\alpha}_i-z_{i-1}\overline{\alpha}_{i-1})+\sum_{i=n_1+1}^{n_2}\frac{p_0}{E_{si}}(z_i\overline{\alpha}_i-z_{i-1}\overline{\alpha}_{i-1})\right] \tag{4}$$

式中,s_1为加固区沉降量;s_2为下卧层沉降量;ψ为沉降计算修正系数;n_1为加固区土分层数;n_2为沉降计算深度范围内土层总的分层数;p_0为基础底面处的附加压力,取荷载效应准永久组合的对应计算值,kPa;E_{si}为沉降计算范围内第 i 层土的压缩模量,MPa;z_i、z_{i-1}分别为第i层、第i-1 层土对应的距离,m;α_i、α_{i-1}分别为第i层、第i-1 层土对应的平均附加应力系数。

赵明华针对 CFG 桩复合地基中桩、土、垫层相互作用特点,对规范沉降计算方法进行了改进。其沉降计算思路是基于荷载传递法,通过简化桩土单元体竖向相对位移分布模式,引入弹塑性荷载传递模型,建立起沉降计算的基本微分方程,进而提出一种新的能考虑桩-土-垫层体系共同作用的复合地基沉降计算方法,见式(5)。

$$s=s_1+s_2=\frac{2\tau_m L}{k(z_1-z_1)}+\sum_i^n\frac{p'_{sL}}{E_{si}} \tag{5}$$

式中,s_1为加固区沉降量,mm;s_2为下卧层沉降量,mm;τ_m为桩侧摩阻力的极限值,kPa;L为桩长,m;k为摩阻力的侧阻传递系数;z_1为负摩阻力塑性区极限深度,m;z_2为正摩阻力弹性区极限深度,m;p'_{sL}为桩底端阻力及桩底端平面处土体应力之和,$p'_{sL}=mp_{pL}+(1-m)p_{sL}$,$m$为面积置换率,$p_{pL}$和$p_{sL}$分别为桩底端应力和桩底平面处桩间土体应力。

张钦喜考虑桩侧摩阻力及桩端土的性质,对规范方法适当改进,提出了一种新的实用简化计算方法,请见公式(6)。

$$s=\psi_1\sum_{i=1}^{n_2}\frac{\sigma_s}{E_{si}}(Z_i\overline{\alpha}_i-z_{i-1}\overline{\alpha}_{i-1})+\psi_2\sum_{j=1}^{n_3}\frac{\sigma_d}{E_{si}}(z_j\overline{\alpha}_j-z_{j-1}\overline{\alpha}_{j-1}) \tag{6}$$

式中,ψ_1、ψ_2分别为加固区和下卧层的沉降计算修正系数;σ_s、σ_d分别为桩间土表面土压力(kPa)和桩端处的附加应力(kPa)。

2 工程应用及相关研究

CFG 桩复合地基技术在建筑地基基础工程、高速公路和高速铁路等诸多工程领域均有广泛应用，在不同的工程中其设计计算思路、方法及工程性状有较大区别。针对不同工程的工程特点，以下对最新研究成果进行分类述评。

2.1 建筑地基基础工程

丁小军针对兰州某饱和黄土场地开展复合地基承载力与变形特性试验研究，该场地所建工程为大型油罐群。试验结果表明经处理后的 CFG 桩复合地基具有较高的承载力，承载力特征值可达 275 kPa，是原天然地基承载力的 4.6 倍；油罐环墙基础最大沉降量仅为 30 mm，基本符合设计要求；任意直径方向的沉降差最大值为 16.0 mm，而沿弧长方向最大非平面倾斜值为 0.00246，均控制在合理范围；充水测试试验表明，桩土应力比随荷载的增加而逐渐增大，在最大试验荷载下达到 12.6，油罐底部反力沿半径方向呈“V”形分布。研究成果为我国西北地区推广应用 CFG 桩复合地基技术提供了科学指导。

刘熙媛对某部分开挖基坑内 CFG 桩的施工过程进行跟踪观测，发现 CFG 桩施工对基坑稳定性存在较大影响。长螺旋钻孔取土作用会扰动基坑及其周边应力场的分布，并严重削弱基坑侧壁原有的被动土压力，导致基坑周围土体变形。受扰动变形影响区域较大，影响半径约为基坑开挖深度的 2 倍以上；其后通过调整打桩施工顺序，改由基坑内部向外部隔桩跳打，并采取措施加强支护结构的刚度和加深止水帷幕的设置等，取得了满意的工程效果；他同时建议指出应扩大沉降观测和倾斜位移观测的范围，以保证工程安全。

陈东佐通过现场试验研究发现，CFG 桩土复合地基的承载力显著提高，约为天然地基的 2 ~ 3 倍；其中面积置换率 m 是桩土复合地基的重要设置参数，复合地基与天然地基的变形比与面积置换率 m 紧密相关，m 增大则变形比减小；试验还得到了桩体的应力分布规律，发现桩体应力沿桩长向下先增加而后减小。

2.2 路基工程

与建筑地基基础工程工作性状相似，路基工程中采用 CFG 桩复合地基技术也能显著改善地基性能，提高地基承载力。徐毅通过埋设 TYJ-25 型振弦式土压力盒，对佛山某高等级公路 CFG 桩复合地基进行桩土应力和沉降观测。研究发现桩土沉降差随荷载的增加而快速增加，其变化趋势是先由小变大而后再变小，最后沉降差稳定在特定值。试验结果表明桩体和桩间土具有较好的变形协调性，桩土承载作用能够得到同步发挥；应力测试结果显示桩土差异沉降使得桩体顶部出现土拱效应，产生较明显的应力集中，而土工格栅则能较好地调整桩土应力的分布，改善桩土应力比和应力差；研究还发现疏桩形式有利于发掘桩间土的承载潜力。

薛新华通过室内模型试验研究发现，CFG 桩成桩过程中由于振捣挤压作用桩体普遍存在扩径现象，外形如不规则“葫芦串”，浅部尤其显著；桩土复合地基中设置的褥垫层能有效地控制桩土应力比,并缓解桩顶的应力集中现象,因此适当增加褥垫层的厚度,可以改善并优化复合地基的工作性能;但研究表明褥垫层不宜设置过厚,褥垫层厚度超过 30 cm 后桩体承载作用得不到充分发挥,合理褥垫层厚度应设置为 20 ~ 30 cm;桩土应力比与桩长、桩间距等因素密切相关,桩长增加则桩分担的荷载增加,桩土应力比增加;桩间距增加,桩土应力比也显著增加。研究还发现桩间距对复合地基的工后沉降量有较大影响,复合地基设计时应充分考虑桩长、桩间距等因素所起的作用,以保证承载力和沉降等均满足规范要求。

马明正以京沪高速铁路京徐试验段试验工点的 CFG 桩网和桩筏复合地基为例,通过比较和分析铁路地规法、铁路桥规法和 M-B 联合 e-lg$p$ 法 3 种解析方法以及数值模拟法的计算结果,研究发现:铁路地规法和 M-B 联合 e-lg$p$ 法对加固区的沉降计算结果均比工程实测结果偏大,而下卧层的沉降计算结果与工程实测结果较为吻合;他建议指出采用 M-B 联合 e-lg$p$ 法计算时,对于浅部土层的附加应力,应按照桩间土顶面的应力线性减至零进行计算,之下土层的附加应力应按照 Mindlin 方法进行计算;铁路桥规法由于忽略了加固区的变形,导致计算的下卧层应力偏大,因此沉降的计算结果偏差最大,该方法不适合较低刚度 CFG 桩复合地基的沉降计算;而用数值模拟方法计算的加固区和下卧层沉降结果均较接近实际。

2.3 数值模拟

计算机数值模拟技术具有可信度高、计算耗时少、成本低及可重复性等优势,在复合地基工程设计中也有广泛应用。程宏生采用数值模拟软件 ANSYS 对 CFG 桩复合地基的工作性状进行了分析,结果发现 CFG 桩的应力及位移分布整体呈现摩擦桩的特征,承载力和沉降计算可参考类似摩擦桩的工程经验;桩侧摩阻力全部向桩间土扩散传递,与附加应力叠加并导致桩间土体显著下沉;而桩土应力比则随着路堤荷载的增加先增加而后减小,并最终趋于稳定值。数值试验研究所揭示的桩、土应力转移和变化规律对工程设计施工具有较高参考价值。

蔡冬军运用 PLAXIS 软件对某公路 CFG 桩复合地基进行数值模拟,分析研究桩长、桩间距及褥垫层厚度等参数的变化对复合地基工作性状的影响,结果表明复合地基沉降量受临界桩长的影响比较显著,计算显示临界桩长约为 11 m,超过临界桩长后复合地基水平位移、沉降量均无明显变化;桩间距对路基表面竖直位移影响较小,而对路基表面水平位移影响较大,工程设计中应尽量采用较小的桩间距,建议合理桩间距为 1.4 m;褥垫层厚度从 0.4 m→0.6 m→0.8 m 变化过程中,路基表面水平位移随褥垫层厚度的增大而减小,但路基表面竖直位移变化量并不明显。综合考虑施工技术及施工成本等因素,建议合理褥垫层厚度设置为 0.4 m。

3 小结

CFG 桩复合地基作为一种有效的地基处理手段,20 世纪 80 年代后在建筑地基基础、路基工程等领域应用日益广泛,取得了良好的社会效益和经济效益。目前该技术还存在理论研究滞后于工程需要的诸多不足,如深厚软黏土场地有效桩长的选择及高烈度区复合地基的抗震性能等方面亟待加强研究。本文对 CFG 桩复合地基的工作性状及工程应用新成果进行分析述评,希望能为该技术的发展、完善和成熟尽力,并为广大工程技术人员和科研人员提供有益参考和指导。

基坑工程支护新技术及应用研究

随着“十三五”规划纲要的出台和一系列稳增长措施的不断落实,国民经济持续健康发展,城镇化规模不断加快,新建基坑工程项目不断增多。基坑工程在施工与维护过程中具有较高的复杂性和不确定性,从而使其目前成为极具挑战性、高风险性、高难度的岩土工程技术课题和复杂的系统工程。近些年来高层建筑高度不断增加,基坑开挖深度愈来愈深,在工程建设中涌现出了大批深、大基坑工程建设项目,对基坑支护结构的安全性、经济性和稳定性能等提出了更高的要求。安全可靠、科学合理的基坑支护结构是进行其他后续地下工程施工的重要前提和保证,工程技术人员在目前工程项目建设中发现,基坑工程支护设计与施工方面存在的问题比较突出,已成为工程界亟须解决的一个重大问题。当工程地质环境条件复杂、工程使用功能要求特殊时,这一问题显得愈加紧迫重要。

基坑工程是一个复杂的系统工程,影响基坑支护设计和施工的因素是多方面的,主要包括拟建建筑的基础类型、建设场地的工程地质和水文地质条件、周边紧邻建筑情况、基坑设计开挖深度及拟降水位深度、气象条件、地下管网分布情况和支护结构使用年限等。基坑开挖之前应对基坑支护方案充分调研和论证,精心设计,严格做好施工监控工作,才能确保基坑支护结构的安全和质量。近些年来涌现出一系列新型基坑支护技术,如双排桩支护技术、玻璃纤维土钉墙支护技术、预应力锚索支护技术及浆囊袋锚杆支护技术等新技术。本文简要介绍了这几种基坑支护新技术的基本工作原理、工程适用条件及工作特性等,期望对工程技术人员参加工程建设有所裨益,对基坑支护技术的创新发展有所帮助。

1 双排桩支护结构

双排桩支护结构是近些年来随着基坑开挖深度增大而发展起来的一种新型支护结构形式,它的主要组成部分是前后两排互相平行的钢筋混凝土桩体及连接桩体的连梁。目前常用的双排桩桩型为钻孔灌注桩,双排桩支护结构如图1所示。

1.1 基本原理

双排桩支护结构形式相当于插入土体的空间门式钢架,紧靠基坑侧壁的后排桩体受到土压力作用时产生一定的侧向变形,通过连梁的作用推压前排桩体,引起前排桩体协同变形。双排桩主要依靠基坑以下桩前土的被动土压力和刚架插入土中部分的前桩抗压、后桩抗拔所形成的力偶来共同抵抗倾覆力矩。双排桩的整体抗侧拉压刚度明显比单排桩结构大,因此在相同的土压力作用下其抵抗侧向变形的能力更强,整体稳定性能和安全性能更好。

由于双排桩支护结构具有较高的安全工作性能,基坑内部一般不需设置内支撑支护结构。这不仅节约了支护结构的成本,同时还为基坑内部施工提供了较为宽阔的作业空间。双排桩支护结构独有的工程优势使其得到了较广泛的应用。

1.2 计算假定

目前关于双排桩工作性能的力学计算理论尚不成熟,但学术界普遍认为,桩间土与前、后排桩间的相互作用主要是水平荷载,理论分析上可以把桩间土假定为具有一定刚度的弹簧,相互作用的大小与弹簧的刚度及前后排桩的位移量有关。双排桩支护结构的工作性状主要有这些特点:(1)前后排桩与桩顶连梁组成一个整体钢架,钢架节点可以传递弯矩;(2)连梁刚度视为无穷大,不产生挠曲变形;(3)前后桩顶的水平位移相等。

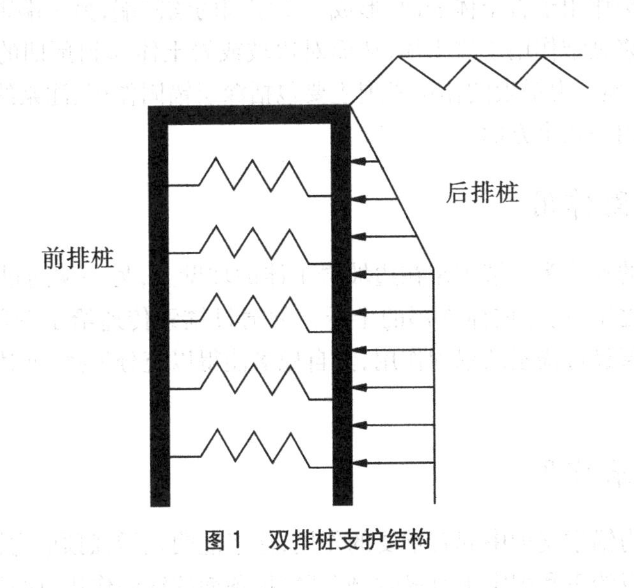

图1 双排桩支护结构

1.3 研究现状

丁洪元通过计算发现,当双排桩桩径取 0.8 ~ 1.0 m、排间距取 3 ~ 4 m 时,双排桩支护结构的工作性能达到最佳状态,排桩的最大弯矩和最大位移均比较合理,能够有效起到基坑支护的效果;研究还表明前排桩在支护结构中所发挥的作用更加显著,适当增加前排桩的桩长有利于提高支护结构的稳定性。李仁民对某基坑工程所采取的高强预应力砼双排管桩支护结构进行了分析计算,指出双排高强预应力砼管桩兼具双排桩及预应力高强管桩的优点,有利于降低工程造价,缩短施工工期,在深大基坑及对变形控制有严格要求的工程中可推广应用。杨德健对双排桩支护结构的土压力分布规律及变形情况进行了分析计算,指出双排桩基坑支护结构设计时,应适当提高主动土压力预测值,而适当降低被动土压力预测值。林鹏通过 Plaxis 有限元软件计算发现,增加前后排桩间连梁的刚度,可适当减小支护结构的水平位移;研究还发现排距对双排桩桩体两侧土压力的分布影响非常显著,小排距时表现为悬臂式特性,大排距时表现为拉锚特性。当排距适当时,双排桩支护结构有较好的性能表现,等。

双排桩支护结构中前后排桩的土压力分布、刚架结构的应力应变状态及位移的计算、对支护结构侧向变形及内力的影响因素等问题的理解认识将越来越深刻透彻,也必将推动双排桩支护结构在基坑工程中的推广应用。

2 预应力锚索支护技术

预应力锚索支护技术也是工程中常见的一种支护技术,普遍应用于高边坡和地下洞室的稳定性加固,效果良好。预应力锚固体系由锚头、锚索和内锚固段等 3 个部分组成。预应力通过外锚头作用于岩土体表面,形成一个牢固的锚固端,另一端则通过内锚固段与岩土体之间的砂浆黏结作用于岩土体,从而对边坡或岩土体起到预期的锚固效果。目前学术界普遍认为,预应力锚索的作用机理主要包括深层锚固作用、注浆约束作用以及锚索沿长上的摩阻作用等几个方面。

2.1 深层锚固作用

预应力锚索的外锚头一端固定在边坡岩土体的坡壁上,另一端通过预应力张拉锚固在深部稳定岩土之中,这样坡体内部的土压力便通过锚索传递给了深部稳定的岩土体。岩土体深部的土层经过锚索的锚固作用,其自稳潜能得以充分发挥,便达到了预期的锚固效果。

2.2 注浆约束作用

注浆在预应力锚索支护中起着重要的作用,注浆能明显增强预应力锚索的锚固效果。通过注浆不仅可以约束和固定土钉锚索,使其发挥预期的锚固作用,而且注浆后渗透到土体孔隙中的浆液往往还可以对土颗粒起胶凝作用,从而改善了土体的物理力学性能,并大大增强了土体的稳定性。

2.3 沿长摩阻作用

注浆改善了土体的物理力学性能,使原本松散的土颗粒胶结在一起,它们通过孔道内的水泥浆结石体将锚索紧紧握裹,起到了良好的摩阻作用,从而阻止钢筋从土体中拔出。拉拔力沿锚索长度的变化规律是逐渐减小的,这样锚索就能够稳固在岩土体内部,发挥其自身的功能。

2.4 研究现状

朱安龙通过对某预应力锚索边坡加固现场测试发现,很多因素如锚索自由段长度、钢绞线顺直度以及锚索材料的摩擦系数、钢绞线所受的围压等均会对预应力锚索的摩阻力产生影响;张雄通过引入传递系数,从理论上分析了预应力锚索锚固段荷载的传递规律,并建立了双曲线函数数学模型,通过工程检测发现该数学模型可以准确地反映锚固段内应力的分布规律,对实际工程应用具有较大的指导意义;刘新荣对预应力锚索结构中预应力的损失规律进行了分析研究,指出锚固体前端的脱黏滑移是预应力损失的重要原因,研究还发现有效减小张拉应力,适当增加张拉次数可以防范预应力的损失,等。

3 浆囊袋锚杆支护技术

浆囊袋注浆锚杆支护技术是伴随着我国南方地区经济建设发展而产生的一种新型基坑支护方案,与传统锚杆支护技术相比,浆囊袋注浆锚杆支护技术通过加设浆囊袋扩大了锚杆锚固段的直径,增加了锚杆与泥土之间的接触面积,这样就增大了锚固体与土体间的摩擦阻力,从而提高了注浆锚杆的抗拔力,大大改善了锚固体的工作性能。

浆囊袋注浆锚杆主要由锚杆主筋和柔性浆囊袋两部分组成。柔性浆囊袋一般设置在锚杆主筋的外侧,注浆后与锚杆协同作用抵抗拉拔力,其结构示意图如图 2 所示。柔性浆囊袋一般由韧性较好、抗拉强度较高的软塑料膜或土工膜材料制成。从外形上看柔性浆囊袋是长筒状结构,其直径略大于钻孔直径,以保证注浆后能与土体紧密挤压,发挥摩擦和锚固作用。

柔性浆囊袋外部通常设有一定数量、等间距布置的约束带,约束带的作用是封闭袋口,承受注浆压力,并将柔性浆囊袋限定为“糖葫芦”串状形态,从而增加支护结构的抗拔力。浆囊袋注浆锚杆支护技术具有结构简单、生产成本低等优点,特别适合在淤泥、淤泥质土等软弱地层中应用。现场测试发现浆囊袋锚杆抗拔力约为 10 kN/m,比普通土钉支护的抗拔力 (4 ~6 kN/m)高出一倍左右。浆囊袋注浆锚杆支护技术在我国江浙沿海地区及淤泥质软土地区基坑支护工程中具有独到优势。

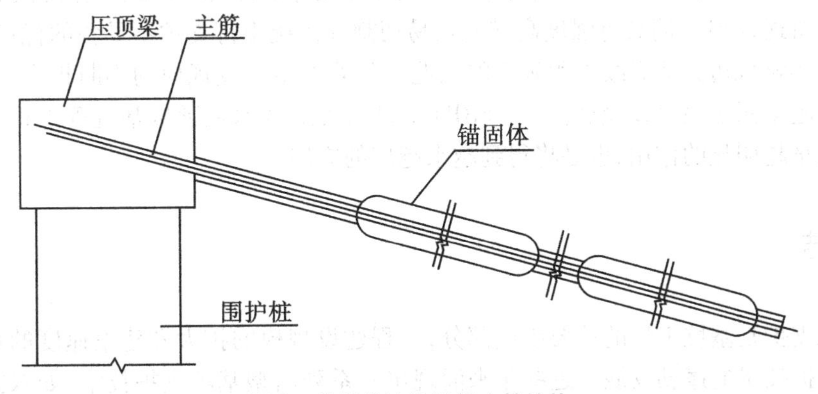

图2 浆囊袋注浆锚杆支护结构

4 玻璃纤维土钉墙支护

4.1 基本原理

土钉支护是由放置在土中的土钉体、被加固土体和喷射混凝土面层共同组成的一种挡土结构。其主要作用机理是充分利用原状土的自承能力,把本来完全靠外加同护结构来支挡的被动土体,通过土钉技术的加同使其本身成为一个复合的挡土结构。工程实践表明,土钉钢筋体与注浆体间的黏结强度远高于注浆体与土层的黏结强度。例如工程技术人员通过专门的室内试验发现,螺纹钢筋与水泥结石体的黏结强度可达 2 ~ 3 MPa,而注浆体与土体间的黏结强度却不足 1 MPa。天然土体通过土钉的加同并与喷射混凝土面层相结合,共同抵抗支护后面传来的土压力和其他荷载,保证了基坑开挖面的稳定。

4.2 工程特点

玻璃纤维(GFRP)土钉墙是由玻璃纤维增强材料制成的支护结构。与传统土钉墙支护结构相比,玻璃纤维(GFRP)土钉墙具有以下优势:(1)质量轻。玻璃纤维的天然密度介于 1.5 ~ 1.9 g/cm^3,仅为钢材密度的 25% 左右。(2)耐腐蚀性强。玻璃纤维在潮湿和腐蚀环境条件下比钢材具有更优异的工作性能,抵抗氯化合物和其他化合物侵蚀的能力强。(3)易切割、施工方便。玻璃纤维材质较脆,方便适宜于手工切割或机械切割。(4)混凝土结合力强。玻璃纤维的热膨胀系数等物理力学参数与普通硅酸盐水泥较为接近,在土中能与水泥水化反应产物紧密结合,协同工作。(5)绝缘隔热。玻璃纤维属非晶体材料,导热性差且绝缘,因此具有更高的安全性能。(6)透磁波性能强。玻璃纤维材料同时还是一种非磁性材料,在强磁场环境中同样能发挥正常功能,无须做脱磁处理。

如上所述,GFRP 筋具有强度高、轻质、易切割等传统土钉支护不具备的优势,解决了钢筋残留影响坑边其他后续工程施工的问题。随着城市建设规模的不断扩大,城市建设用地越来越紧张越狭窄,玻璃纤维(GFRP)土钉墙支护技术在紧接基坑等工程施工中将会发挥越来越明显的作用,也必将得到越来越广的应用。

5 小结

基坑支护是基坑工程的重要组成部分,工程建设规模的扩大和建设速度的加快推动着基坑支护技术的蓬勃发展。近些年来涌现出一系列新型基坑支护技术,如双排桩支护技术、预应力锚索支护技术、浆囊袋锚杆支护技术及玻璃纤维土钉墙支护等新技术。简要介绍了这几种基坑支护新技术的基本工作原理、工程适用条件及工作特性等,期望对工程技术人员参加工程建设有所裨益,对基坑支护技术的创新发展有所帮助。

土钉支护在某深基坑工程中的应用分析

基坑支护结构一旦失事,将产生严重的经济损失。工程建设中基坑支护结构产生的工程事故主要表现为基坑塌方、基坑内部大面积积土、基坑周边道路开裂甚至塌陷、基坑局部区域内的地下管线、电缆变位以至于破坏,邻近建筑物不均匀沉降产生墙体开裂等,给人们的正常生产生活带来一定困扰。因此,合理选取基坑支护形式和支护方案至关重要,直接关系着深基坑工程的安全与顺利施工,在基坑开挖之前必须深入调研,充分论证。

土钉支护是在预开挖的土体内设置土钉并逐步开挖土体的一种支护技术,在基坑工程中有着广泛的应用。土钉支护是由被加固土体、放置在其中的土钉体和喷射混凝土面层共同组成的一种挡土结构。其主要作用机理是充分利用原状土的自承能力,把本来完全靠外加围护结构来支挡的被动土体,通过土钉技术的加固使其本身成为一个复合的挡土结构。天然土体通过土钉的加固并与喷射混凝土面层相结合,共同抵抗支护后面传来的土压力和其他荷载,保证了开挖面的稳定。土钉支护现已成为继撑式支护、排桩支护、连续墙支护和深层搅拌桩支护后又一项成熟的支护技术。

土钉支护技术与钢筋混凝土排桩支护及地下连续墙支护技术相比,工程造价往往可以节约1/3甚至更多,因此在基坑支护工程中具有独特优势,具有较强的市场竞争力。目前关于土钉支护结构的理论计算尚不十分成熟,限制了这一支护技术的推广应用。本文对郑州某深基坑工程采用的土钉支护方案进行了分析研究,结果表明采取土钉支护方案是可行有效和科学的。

1 工程概况

郑州“曼哈顿广场”是中原崛起计划的重要组成部分,规划建设35幢高层建筑,主要包括商场、办公楼、居民住宅等,致力于打造成省会标志性建筑群。C区工程所在地位于郑州市金水路和未来大道的交汇处。拟建工程基坑长98.4 m,宽42.3 m,开挖深度为9.2 m,基础形式采用桩基。基坑北侧和东侧为已建的六层住宅,西侧和南侧为两条主干道。

1.1 场地岩土工程条件

根据河南省建筑设计研究院所提供的《岩土工程勘察报告》,该建筑场区地貌单元为黄河冲洪积平原,地形平坦。开挖层内工程地质为:第①层杂填土。杂色,稍湿,稍密至中密,成分主要为砖块、水泥块等建筑垃圾,局部层底为素填土,厚度0.4~3.0 m。第②层新近沉积粉土。褐黄色,湿,稍密,层底埋深2.0~4.8 m,厚度0.9~3.8 m。第③层新沉积粉质黏土夹粉土。褐黄至灰褐色,主要由粉质黏土组成,土质不均匀,局部与粉土互层。

第④层新近沉积粉质黏土。褐黄至灰褐色,饱和,处于可塑至软塑状态,局部夹有粉土薄层。层底埋深6.5~9.6 m,厚度1.3~4.1 m。第⑤层粉土。褐灰色,湿,稍密至中密。层底埋深9.1~12.3 m,厚度1.0~4.3 m。各土层物理力学性质指标如表1所示。

表1　各土层物理力学指标

序号及土性参数	土质类型	厚度/m	内摩擦角/(°)	重度/(kN/m³)	含水率	黏聚力/kPa
①	杂填土	0.4~3.0	24	21	7	15
②	粉土	0.9~3.8	16	20	14	19
③	粉质黏土	0.6~1.4	22	23	16	21
④	粉质黏土	1.3~4.1	20	21	25	28
⑤	粉土	1.0~4.3	18	19	23	20

1.2　水文地质条件

对本场地施工有影响的含水层主要有两个:上层的潜水和下部的承压水。潜水埋深在15.5 m以上,土层为弱透水层。承压水埋藏在地面下18.3~30.8 m,属强透水层,具有承压性。潜水与承压水被相对隔水层第8层粉质黏土隔开。勘察期间稳定水位为0.7~2.8 m。

2　基坑支护方案

2.1　基坑支护的目的

基坑开挖破坏了天然土体自重应力场的平衡,土体会根据自身状态调整应力的分布,在这一过程中往往会使土体剪应力增大。如果剪应力大于土的抗剪强度,土体内部产生塑性破坏区。塑性区进一步扩大形成连续滑裂面时,则引起边坡土体的失稳下滑。工程中常采用挡土结构支护防止土体的塑性破坏,其基本原理是依靠挡土结构自身的强度刚度及嵌埋深度形成抗衡力,支挡要下滑破坏的土体,从而为基坑内施工及周边安全稳定提供保障。

基坑支护设计与施工质量的好坏是整个工程能否顺利进行的关键,稍有不慎就可能影响后期工程的顺利进展,同时也会给周同建筑物的安全及周同居民的正常生活带来一定影响。在我国大规模工程建设的背景下,就曾经发生过基坑坍塌造成人员伤亡的事故,给社会生产生活带来巨大的损失,并造成了恶劣的社会影响。

2.2 基坑支护方案选取

基坑支护方案的选取应合理考虑基坑的尺寸形状、开挖深度、工程地质条件和环境条件等影响因素,在保证安全的同时并尽可能做到节省经济。目前深基坑工程支护结构的主要形式有内支撑(水平横撑、角撑、斜撑)、钢筋混凝土排桩和深层搅拌桩等形式。本基坑北侧和东侧分别为几栋民用住宅,南侧为一条市政道路,周边环境关系相对较为简单。经过技术经济综合比较分析,最终选取了土钉支护方案。土钉支护在本基坑工程中的突出优势主要表现为,施工机具简单、投资造价节省、结构重量轻便、施工速度快捷。其平、剖面布置分别如图1、图2所示,前3道土钉长度均为9 m,第4道10 m,后3道11 m,钢筋直径12 mm,倾角10°。

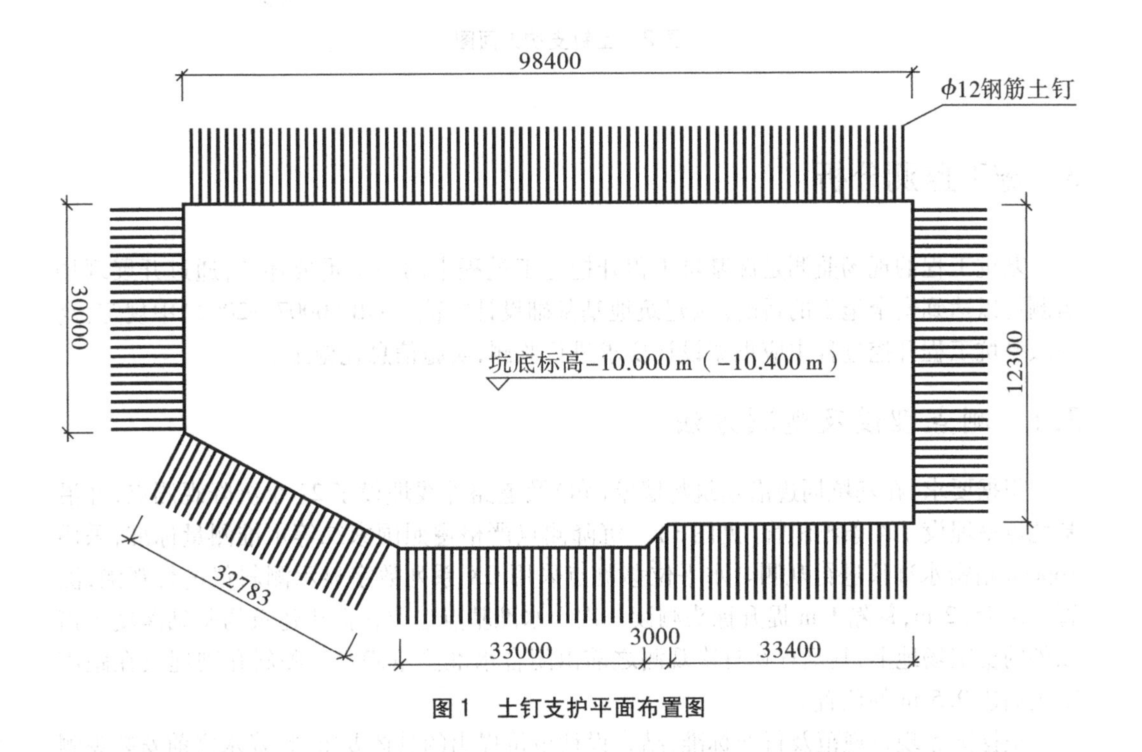

图1 土钉支护平面布置图

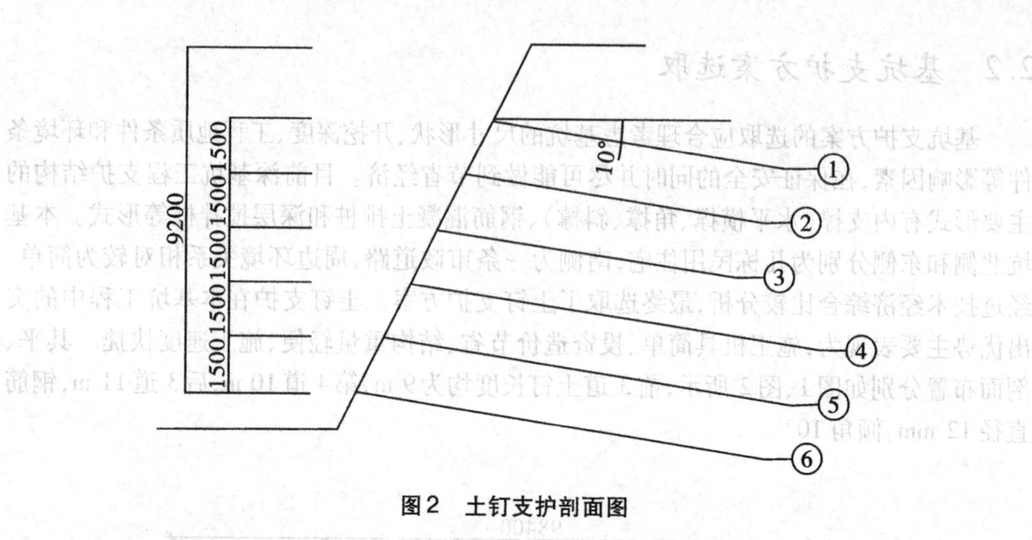

图2　土钉支护剖面图

3　施工监测分析

基坑工程的现场监测是深基坑工程开挖施工过程中的一个重要环节，通过开展现场监测可以达到安全施工的目的。《建筑地基基础设计规范》(GB 50007—2002)中规定：高等级基坑工程开挖过程中应根据设计要求进行监测，实施信息化施工。

3.1　测点埋设及观测方法

根据要求，在基坑周边沿建筑物墙壁(角)及道路外线埋设了27个沉降观测点，并沿基坑侧壁埋设了4条测斜管(见图3)。沉降测点严格遵照国家二等水准测量标准，采用Topcon精密水准仪进行观测。水平位移测点采用CX系列数字显示测斜仪进行观测，测管埋深15.2 m，每隔1 m提升探头测读一次。水准基点选取在拟建建筑物基础深度3倍以外的稳定场地上，其高程在首次观测之前由闭合水准测量确定。测斜孔则埋设在距离基坑周边0.5 m的位置。

根据国家现行规范及行业标准，结合设计单位提出的具体要求，在降水之前安装观测点位，观测3~4次，取其中值作为基准值；在基坑开挖期间，根据工程进度每天观测一次；基底垫层施工完成后可降低监测频率至每2~3天一次；基础底板浇筑完成后每两周观测一次；主体结构出地坪后终止观测。测斜次数可视基坑开挖情况而定，密集作业期间每天观测一次。数据处理严格按照《建筑变形测量规程》(JGJ/T 8—97)、《工程测量规范》(GB 50026—93)的相关规定执行。

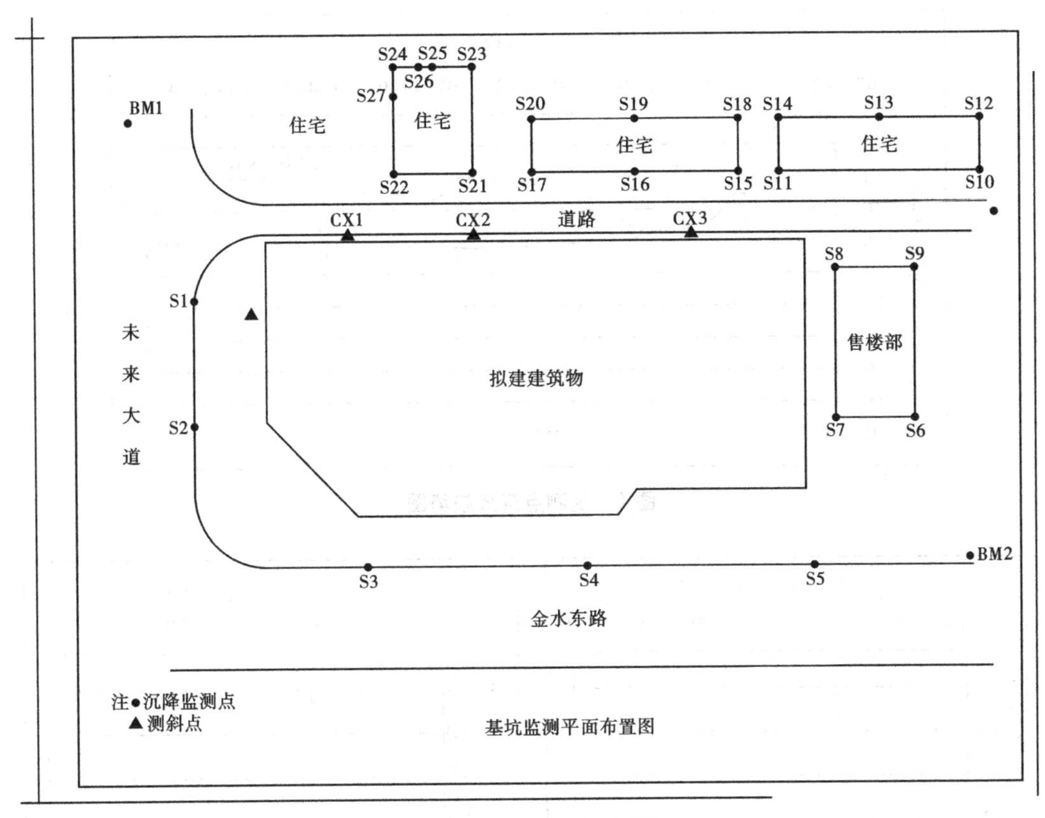

图3 测点平面布置图

3.2 监测成果分析

基坑开挖采取的是分层放坡开挖方式。由于该基坑工程面大线深，整个开挖过程持续了一个月左右。对基坑开挖过程中周边建筑物、道路及基坑侧壁水平位移等进行了全程监控量测。现场的实时监测表明，基坑周边道路和建筑物等沉降位移量不大，最大沉降位移不足 10 mm，最大水平位移约 2 mm，都控制在安全域以内，且变化趋势平缓，至基坑开挖完成后趋于稳定。基坑侧壁水平位移量也满足工程要求，说明土钉的群体作用，已与周围土体形成了一个坚固有效的组合体，土钉支护取得了明显的预期效果。选取两组有代表性的观测点位移发展趋势如图 4、图 5 所示。

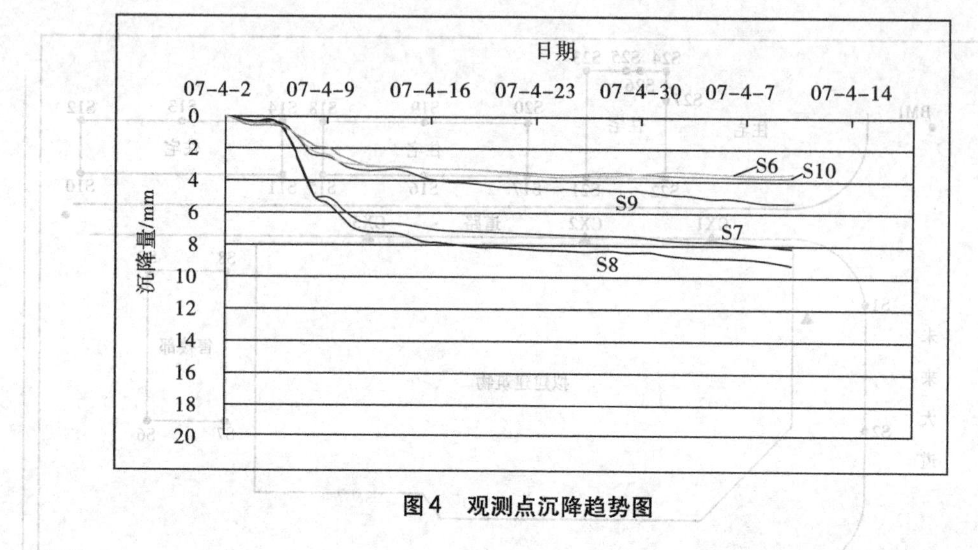

图4 观测点沉降趋势图

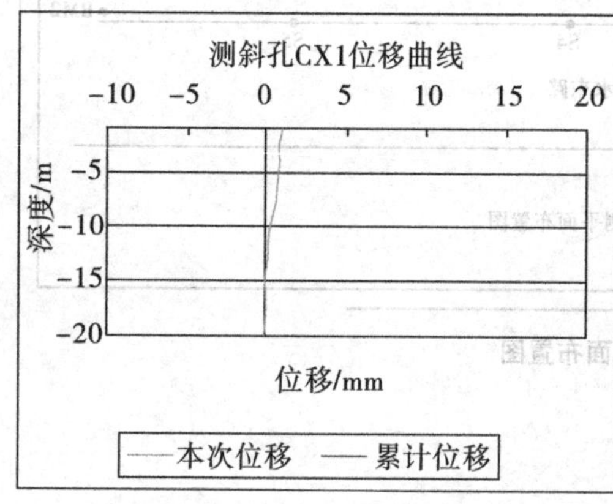

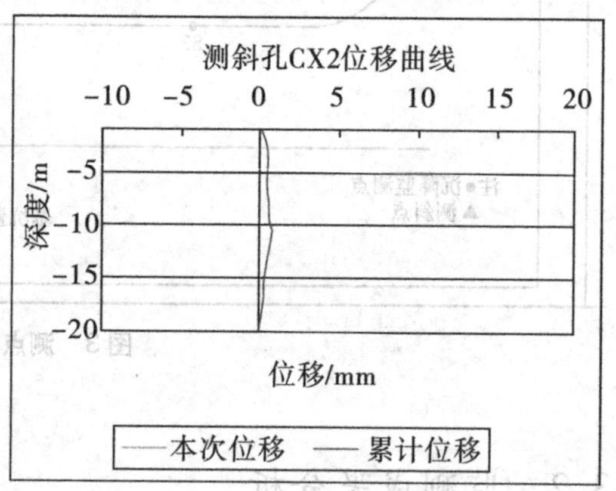

图5 水平位移观测点位移量

4 小结

土钉支护技术具有施工机具简单、投资造价节省、结构重量轻便、施工速度快捷等优势。本基坑工程的顺利开挖及现场实时监测取得的沉降、水平位移资料均表明,此基坑工程选取的土钉支护方案是可行有效和科学的,完全满足工程要求。目前土钉及复合土钉支护结构在北京、上海、郑州等地已有许多成功的工程实例。在有一定黏性的砂土、粉土、硬塑与干硬黏土土层中,可优先考虑采取土钉支护技术。目前对于土钉支护结构的工作性能、工作机理、抗拔能力及整体稳定性验算等方面已经取得了许多明显的研究成果,有力地推动了这一支护技术在基坑工程中的推广和应用。而对于土钉支护的止水防渗、防锈蚀(耐久性)及抗震能力等方面仍需进一步加强研究,以促使这一技术不断完善和日臻成熟。

参考文献

[1]ABUSHARAR S W,ZHENG J J,CHEN B G,et al. A simplified method for analysis of a piled embankment reinforced with geosynthetics[J]. Geotextiles and Geomembranes,2009, 27: 39-52.

[2]Cao Z H,Liu H L,Kong G Q,et al. Physical modelling of pipe piles under oblique pullout loads using transparent soil and particle image velocimetry[J]. Journal of Central South University,2015,22(11):4329-4336.

[3]CHAUDHARY M A. FEM modeling of a large pile draft for settlement control in weak rock [J]. Engineering Strucres,2007,28(11):2901-2907.

[4]CHEN Y H, WANG X Q, LIU H L. In-situ study on stress distribution of foundation improved by Y-section pile [J]. International Symposium on Ground Improvement Technologies and Case Histories,2009,319-330.

[5]CHOU C,SEAGREN E A,AYDILEK A H,et al. Biocalcification of sand through ureolysis [J]. Journal of Geotechnical and Geoenvironmental Engineering, 2011, 137 (12): 1179-1189.

[6]DEJONG J T,FRITZGES M B,NUSSLEIN K. Microbially induced cementation to control sand response to undrained shear[J]. Journal of Geotechnical and Geoenvironmental Engineering,2006,132(11): 1381-1392.

[7]EL-GARHY B,GALIL A A,YOUSSEF A F,et al. Behavior of raft on settlement reducing piles: Experimental model study [J]. Journal of Rock Mechanics and Geotechnical Engineering,2013,5 (5): 389-399.

[8]MITCHELL J K,SANTAMARINA J C. Biological considerations in geotechnical engineering [J]. Journal of Geotechnical and Geoenvironmental Engineering, 2005, 131 (10): 1222-1233.

[9]QIAN C X,WANG R X,CHENG L,et al. Theory of microbial carbonate precipitation and its application in restoration of cement-based materials defects[J]. Chinese Journal of Chemistry,2010,28(5): 847-857.

[10]RAMACHANDRAN S K,RAMAKRISHNAN V,BANGS S. Remediation of concrete using microorganisms[J]. ACI Materials Journal,2001,98(1): 3-9.

[11]SMALL J C,LIU H L S. Time-settlement behaviour of pile draft foundation susing in finite elements[J]. Computers and Geotechnics,2008,35(2):187-195.

[12]TAHA A, FALL M. Shear behavior of sensitive marine clay-steel interfaces[J]. Acta Geotechnica,2014,9(6): 968-980.

[13]WHIFFIN V S. Microbial $CaCO_3$ precipitation for the production of biocement[D]. Perth:

Murdoch University,2004.

[14]白冰,聂庆科,吴刚,等.考虑空间效应的深基坑双排桩支护结构计算模型[J].建筑结构学报,2010,31 (8):118-124.

[15]蔡德钩,叶阳升,张千里,等.桩网支承路基受力及加筋网垫变形现场试验研究[J].中国铁道科学,2009,30(5):1-8.

[16]蔡冬军,谢文.CFG桩处理山区公路软基的主要影响因素分析[J].重庆交通大学学报(自然科学版),2015,34(2):33-38.

[17]陈东佐,梁仁旺.CFG桩复合地基的试验研究[J].建筑结构学报,2002,23(4):71-75.

[18]陈飞,吴开兴,何书.挤扩支盘桩承载力性状的现场试验研究[J].岩土工程学报,2013,35(S2):990-993.

[19]陈亚东,王旭东,佘跃心,等.竖向受荷PCC桩宏细观工作性状研究[J].岩石力学与工程学报,2015,34(7):1503-1510.

[20]程宏生,隆威.CFG桩复合地基设计计算及有限元分析[J].公路工程,2010,35(2):74-78.

[21]程建华,王辉,刘云龙,等.深基坑主被动组合支护结构的协同作用及位移分析[J].广西大学学报(自然科学版),2014,39(1):191-123.

[22]程晓辉,麻强,杨钻,等.微生物灌浆加固液化砂土地基的动力反应研究[J].岩土工程学报,2013,35(8):1486-1496.

[23]丁小军,王旭,张延杰,等.大型油罐CFG桩复合地基变形与承载性能试验研究[J].岩石力学与工程学报,2013,32(9):1851-1857.

[24]丁选明,范玉明,刘汉龙,等.现浇X形桩低应变动力检测足尺模型试验研究[J].岩石力学与工程学报,2017,36(S2):4290-4296.

[25]丁选明,刘汉龙.均质土中PCC桩与实心桩动力响应对比分析[J].岩土力学,2011,32(12):3630-3639.

[26]董必昌,郑俊杰.桩复合地基沉降计算方法研究[J].岩石力学与工程学报,2002(4):177-122.

[27]杜秀忠,杨光华,孙昌利.双排桩支护在某水利基坑中的应用[J].岩土工程学报,2012,34(S):490-494.

[28]付强,宋金良,丁选明,等.高铁荷载下桩-土复合地基振动响应特性研究[J].铁道科学与工程学报,2017,14(10):2050-2058.

[29]韩雪松,任达,李军华,冯莉梅.无支撑双排桩支护体系在大型车库深基坑支护中的应用[J].岩土工程学报,2010,32(S):275-279.

[30]何长军,王慧,荣杰.滨海软土地基深基坑支护方案设计与优化分析[J].工业建筑,2013,43(增):555-559.

[31]黄旭,孔纲强,刘汉龙,等.不封底PCC能量桩与传统能量桩换热效率对比研究[J].防灾减灾工程学报,2018,38(5):867-873.

[32]蒋建平,高广运.抗压长支盘桩极限承载力的Sloboda模型预测[J].煤炭学报,2010,

35 (1):51-54

[33]巨玉文,梁仁旺,白晓红,等. 挤扩支盘桩中支盘破坏形态的试验研究[J]. 工程力学,2013,30(5):188-194.

[34]孔纲强,刘汉龙,丁选明,等. 现浇 X 形桩复合地基桩土应力比及负摩阻力现场试验[J]. 中国公路学报,2012,25(1):8-12,20.

[35]孔剑华. 浆囊袋注浆锚杆在超大面积软土基坑支护中的应用[J]. 工程勘察,2013(1):28-31.

[36]李栋,张琪昌,靳刚. 考虑拱效应深基坑支护结构土压力分析[J]. 岩土力学,2015,36(S):401-405.

[37]刘汉龙,孔纲强,吴宏伟. 能量桩工程应用研究进展及 PCC 能量桩技术开发[J]. 岩土工程学报,2014,36(1): 176-181.

[38]刘汉龙,周密,陈育民,等. PCC 桩加固铁路软土地基现场试验研究[J]. 岩土力学,2012,33(11):3201-3207.

[39]刘汉龙. 岩土工程技术创新方法与实践[J]. 岩土工程学报,2013,35(1): 34-58

[40]刘熙媛,毛清志,付士峰,等. CFG 桩基坑内施工对基坑周围环境稳定性的影响[J]. 地震工程学报,2015,37(3):834-839.

[41]卢一为,丁选明,刘汉龙,等. 循环加载下 X 形桩竖向承载特性模型试验研究[J]. 岩土力学,2016,37(S):281-288.

[42]吕亚茹,刘汉龙,王新泉,等. 现浇 X 形桩产生地基附加应力的修正 Geddes 应力解[J]. 岩石力学与工程学报,2013,32(2):349-362.

[43]马明正,海振雄,叶阳升,等. 高速铁路 CFG 桩复合地基沉降计算适用方法研究[J]. 中国铁道科学,2014,35(2):7-13.

[44]钱春香,王安辉,王欣. 微生物灌浆加固土体研究进展[J]. 岩土力学,2015,36(6):1537-1549.

[45]强小俊,赵有明,胡荣华. 桩网结构支承路堤土拱效应改进算法[J]. 中国铁道科学,2009,30 (4):7-12.

[46]丘建金,高伟,周赞良. 超深基坑及超大直径挖孔桩施工对临近地铁变形影响分析及对策[J]. 岩石力学与工程学报,2012,31(6):1081-1088.

[47]阮文军. 注浆扩散与浆液若干基本性能研究[J]. 岩土工程学报,2005,27 (1):69-73.

[48]孙锋,张顶立,姚海波. 土坝坝体底部劈裂灌浆加固效果研究[J]. 岩土力学,2010,31(4):1187-1192.

[49]孙广超,刘汉龙,孔纲强,等. 振动波型对 X 形桩桩-筏复合地基动力响应影响的模型试验研究. 岩土工程学报,2016,38(6):1011-1019.

[50]谭慧明,刘芝平,丁选明. 加筋褥垫层对 PCC 桩复合地基承载特性影响足尺试验研究[J]. 岩石力学与工程学报,2014,33(12):2531-2538.

[51]王伊丽,徐良英,李碧青. 挤扩支盘桩竖向承载力特性和影响因素的数值研究[J]. 土木工程学报,2015,48(S):158-163.

[52]王智强,刘汉龙,张敏霞.现浇 X 形桩竖向承载特性足尺模型试验研究[J].岩土工程学报,2010,32(6):903-908.
[53]温世清,刘汉龙,高玉峰,等.现浇混凝土薄壁管桩复合地基沉降简化计算研究[J].岩土力学,2016,25(10):1651-1655.
[54]闻世强,陈育民,丁选明,等.路堤下浆固碎石桩复合地基现场试验研究[J].岩土力学,2010,31(5):1559-1563.
[55]徐建平.多桩型组合基坑支护技术研究[J].工业建筑,2010,40(增):1119-1124.
[56]徐永浩.玻璃纤维土钉墙在地铁基坑支护中的应用[J].施工技术,2014(4):112-115.
[57]薛新华,魏永幸,杨兴国,等.CFG 桩复合地基室内模型试验研究[J].中国铁道科学,2012,33(2):7-12.
[58]杨坪,唐益群.砂卵(砾)石层中注浆模拟试验研究[J].岩土工程学报,2006,28 (2):2134- 2138.
[59]杨挺,刘汉龙,孔纲强.现浇 X 形桩复合地基静载荷试验研究[J].地下空间与工程学报,2016,12(3):662-670.
[60]张波,刘汉龙.现浇薄壁管桩复合地基竖向承载特性分析[J].岩土工程学报,2007,29(8):1251-1255.
[61]张富有,惠子华,张松,等.多排现浇薄壁管桩(PCC 桩)屏障隔振性能研究[J].地下空间与工程学报,2014,10(6):1415-1420.
[62]张军,郑俊杰,马强.路堤荷载下双向增强体复合地基受力机理研究[J].岩土工程学报,2010,29 (9):1392-1398.
[63]张敏霞,崔文杰,徐平,等.挤扩支盘桩与钻孔灌注桩现场对比试验研究[J].河南理工大学学报(自然科学版),2017,36(2):122-127.
[64]张钦喜,潘旭亮,陈鹏.CFG 桩复合地基沉降计算方法[J].北京工业大学学报,2012,38(6):835-839.
[65]张钦喜,王晓杰,陶韬.CFG 桩复合地基承载力计算新公式研究[J].岩土工程技术,2015,29(3):122-127. PH
[66]赵明华,何腊平,张玲.基于荷载传递法的 CFG 桩复合地基沉降计算[J].岩土力学,2010,31(3):839-844.
[67]郑长杰,丁选明,刘汉龙,等.黏弹性地基中 PCC 桩扭转振动响应解析方法研究[J].岩土力学,2013,34(7):1943-1950.
[68]郑刚,周海祚.复合地基极限承载力与稳定研究进展[J].天津大学学报(自然科学与工程技术版),2020,53(7):1-13.
[69]周爱军,栗冰.CFG 桩复合地基褥垫层的试验研究和有限元分析[J].岩土力学,2010,31(6):1803-1808.
[70]周海珠,王雯翡,魏慧娇,等.我国绿色建筑高品质发展需求分析与展望[J].建筑科学,2018,34(9):148-153.
[71]邹金锋,李亮,杨小礼.土体劈裂灌浆力学机理分析[J].岩土力学,2006,27(4):625-629.

下篇　土力学理论研究

新时代岩土力学基本问题探究

“一带一路”新时代背景下,我国的高铁、矿山、水利等基础设施正在大量兴建,与此同时城市化进程中产生的住房紧张、交通拥堵等现象日益显现,使得超高层建筑的建设、地铁等地下空间的开发利用如火如荼地进行。其他新兴产业如航空、港口、深海勘探等迅速发展,对相应的岩土工程技术也提出了更高的要求。前所未有的时代需求和大规模建设,推动着岩土工程学科的繁荣和蓬勃发展。不容忽视的是近些年来地震灾害频发、水土污染加剧,同时项目建设又时常需要面对非饱和土、黄土等性状极其复杂的岩土介质,这均是需要妥善解决的技术难点。新时代岩土力学的发展应致力于土动力学、非饱和土与特殊土力学和环境岩土工程等几个方面的研究,本文针对这些基本问题进行阐释分析。

1 土动力学

土动力学主要研究动荷载作用下土的变形、强度和动力稳定性,并分析土工结构的抗震性能及其破坏特征。土动力学的研究可以为水利水电、高层建筑等防灾减灾提供科学的技术依据,因而具有重要研究意义和价值。

1.1 土体动力测试技术

土是天然性、多相性的复杂材料,土的动力性态随其结构性、密实度和饱和度等因素的不同而迥然不同。土工动力测试技术是深刻认识土体的动力特性,揭示土动力学规律不可替代的技术手段(图1)。动三轴试验中通过循环竖向偏应力和循环围压同相位(异相位)的耦合,可以分析复杂应力路径对土动力特性的影响;共振柱试验中通过施加不同频率的激振力使试样产生扭转振动,可测算试样的共振频率,进而求得土的动剪切模量和阻尼比;空心圆柱扭剪仪(HCA)可研究主应力轴旋转作用下土的强度和变形特性以及各向异性;离心振动台试验则可以模拟动荷载作用下土体的液化变形特性,分析地下结构的动力响应特征;等。

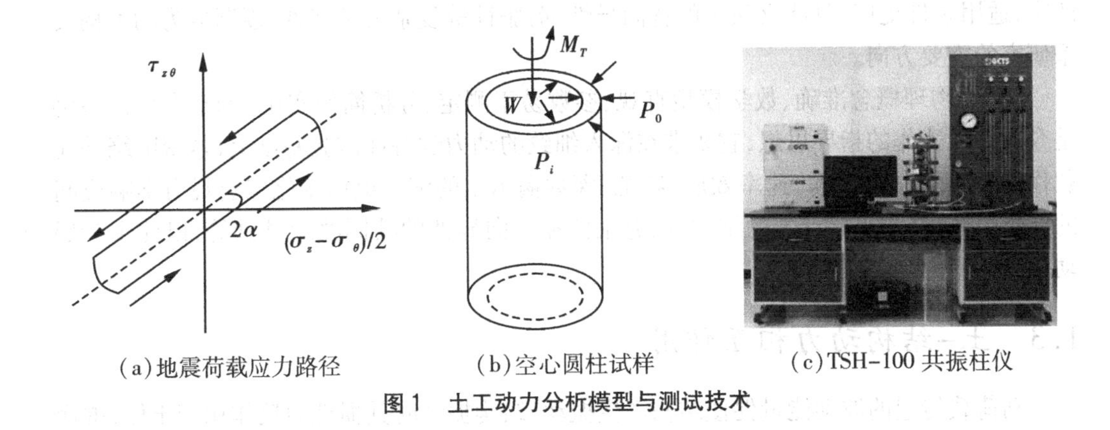

(a)地震荷载应力路径 (b)空心圆柱试样 (c)TSH-100 共振柱仪

图1 土工动力分析模型与测试技术

伴随着高新技术的发展,土工动力测试仪器、设备的研制取得了许多重大进展,同时剪应变、位移的量测方式和图像信息的采集方法等也产生了深刻变革。光栅、弯曲元等先进器材的应用显著提高了测试的精度,数码科技、粒子成像测速(PIV)为揭示土体的动力变形破坏规律提供了坚实的技术依托;等。

1.2 动本构关系

土的动本构关系是指动荷载作用下土的应力-应变关系,是表征土体动力特性的基本关系,也是土体动力反应分析和初边值等问题求解的重要基础。目前工程中应用较多的动本构模型主要有两类:基于黏弹性理论的模型和基于动力弹塑性理论的模型。

(1)黏弹性模型

黏弹性模型的应力应变曲线由骨干曲线和滞回曲线两部分构成,用以反映循环荷载作用下土体的非线性和滞后性。等价黏弹性模型不寻求滞回圈的具体表示形式,而采用等效剪切模量和等效阻尼比描述应力应变的非线性。曼辛型非线性模型则与此不同,它采用一定的规则描述应变对应力的滞后性,能较准确地反映循环荷载下土体的复杂动力特性。黏弹性模型经过多年发展已成为土工动力分析的主流方法,有关学者编制开发了相应的有限元计算程序,目前已在土石坝抗震设计、高铁路基动力反应分析等工程中发挥着重要作用。

(2)动力弹塑性模型

动力弹塑性模型将土体的应变分解为可恢复的弹性应变和不可恢复的塑性应变,分别采用弹性理论和塑性增量理论计算。基于塑性模量场理论(Mroz,1984)的多屈服面模型能较好地描述土的动力特性,其基本特征是在定义初始屈服面和边界面的应力空间内,允许产生一簇互不相交的套叠屈服面,套叠屈服面随变形累积按某种硬化规则胀缩或移动。双屈服面模型则在多屈服面模型的基础上作了简化,它采用解析内插函数代替套叠屈服面,从而避免了存储量大计算烦琐的难题。研究表明土的塑性变形不仅与其刚度有关,而且与外力作用方式也密切相关,具有典型的应力路径相关性,因而计算土体塑性变形、构建动本构模型需考虑应力路径的影响。与黏弹性模型相比,弹塑性模型理论上更加严密，适用条件更广，且能反映土的各向异性、剪胀性等复杂力学特性，逐渐成为动本构关系研究的重要方向。

建立“物理概念准确、数学模型直观、参数易于测定、分析简便实用”的动本构模型仍是今后各项工作的指导思想，它要求在深入细致的动力学特性试验基础上，紧密围绕动荷载作用的“循环效应”和“速率效应”特征，深刻揭示土的细观组构变化与宏观力学响应间的定量关系，并注重探寻土的结构性、剪胀性和各向异性的共同物理基础等，以此来开展动应力应变的相关研究。

1.3 土-结构动力相互作用

动荷载传递的波动能量促使结构产生振动，结构振动时其惯性力反作用于土体，继而引发半无限域内土与结构间周而复始的波动传递。土-结构动力相互作用则主要研究动荷载下二者相互作用所引发的一系列动力响应，分析土-结构体系的抗震性能和变形破坏规律。

(1)土与结构接触特性

土与结构相互作用中的界面接触问题，显著地影响动力响应的模拟精度和分析计算的整体效果。研究表明剪切破坏面往往与土体和结构的交接界面并不重合，而是产生在接触带内部[图2(a)]。混凝土结构的刚度及其表面摩阻性能和接触带土体的力学性状，是土与结构系统动力响应的关键影响因素。目前此方面已有丰硕的研究，有学者采用Goodman零厚度单元和Desai薄层单元反映切向应力和变形的发展过程，并分析接触面变形的非线性特性。强震作用下土体与结构接触面还可能发生局部脱开、滑动错位等非连续变形现象，界面接触研究尚应能合理考虑这种非线性、弹塑性或塑性流动大变形的产生和破坏机理。

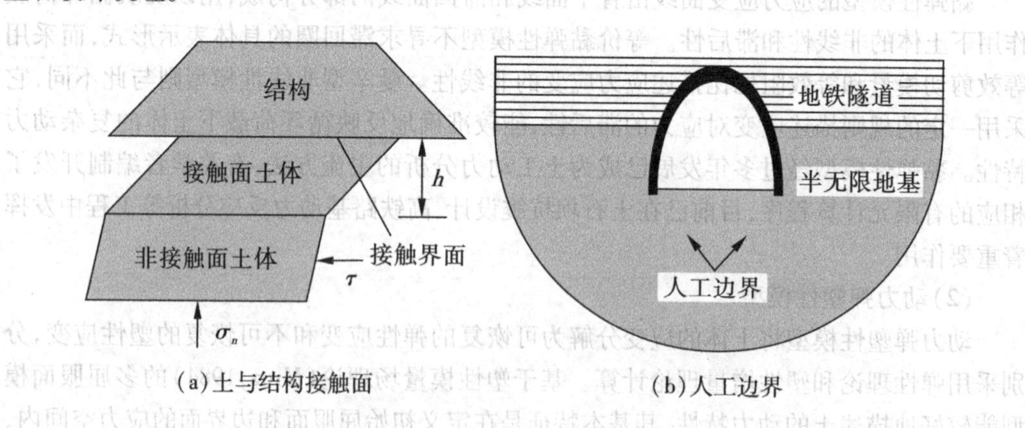

(a)土与结构接触面　　(b)人工边界

图2 土-结构动力相互作用分析

(2)人工边界

土-结构动力相互作用主要研究的是近场波动问题，目前常采用人工边界模拟无限域远场对近场的影响[图2(b)]。人工边界条件可分为两类：时空耦联的全局人工边界和时空解耦的局部边界。时空耦联的全局人工边界如一致边界、边界元边界和惠更斯边界等,可以实现无限介质的精确模拟,但计算工作量大;时空解耦的局部人工边界如CE边界、黏(弹)性边界、透射边界和吸收层边界,则是一种计算量小的近似算法,便于工程分析和应用。随着人工边界研究的深入,精确方法和近似方法间的严格界线逐渐被打破,两者融合发展形成了高阶精度人工边界。

2 非饱和土与特殊土力学

我国"一带一路"沿线的西北、华北等广阔区域分布着不同程度的非饱和土和黄土、膨胀土等特殊性土,非饱和土和特殊土的工程性状和力学行为采用经典土力学理论得不到较好的阐释,因而制约了工程建设的顺利进展。为了更深刻的探究其复杂力学性能,需要发展非饱和土和特殊土力学的基本理论。

2.1 非饱和土的有效应力原理

非饱和土的特性非常复杂,水气交接界面处存在基质吸力和溶质吸力,吸力对非饱和土的有效应力和强度影响非常显著。Bishop 将基质吸力和净应力进行组合,提出了 Bishop 有效应力。Bishop 有效应力原理的基本公式为

$$\sigma'_{ij}=(\sigma_{ij}-u_a\delta_{ij})+\chi s\delta_{ij} \tag{1}$$

式中,χ 为与饱和度有关的参数,取值范围0~1,干土取0,饱和土取1;u_a为气压力;s 为基质吸力。Fredlund 提出零位试验,建议将净应力和基质吸力分开,用两个应力变量表示非饱和土的有效应力。Skempton 考虑土的压缩性对 Bishop 有效应力原理公式进行了修正,提出的一般表达式为

$$\sigma'=\sigma-(1-C_s/)s_\chi u_w=\sigma-(1-K/K_s)[\chi u_w+(1-\chi)u_a] \tag{2}$$

式中,C 和 C_s分别为表征土骨架和土颗粒压缩性的参数,$C=1/K$,$C_s=1/K_s$,K 和 K_s则是土骨架和土颗粒的体积模量。陈正汉以混合物理论和理性土力学为基础,提出各向同性非饱和土的有效应力为

$$\sigma'=\sigma-\left[\frac{K^n}{K^{S_rn}}u_w-\left(1-\frac{K^n}{K^{S_rn}}\right)u_a\right] \tag{3}$$

式中,K^n 和 K^{S_rn}分别为孔隙率等于 n 和为 S_rn 的多孔介质的体积模量。式(2)表明非饱和土饱和度和孔隙率的改变对非饱和土的有效应力也有显著的影响。

2.2 非饱和土本构模型

非饱和土的本构模型是计算非饱和土强度和变形的重要依据,也是非饱和土力学研究的核心问题。Alonso 参考饱和土的临界状态土力学理论,采用净应力和吸力两个状态变量建立了非饱和土的 BBM (Barcelona basic model)模型。BBM 模型最主要的特征是在 p-s 坐标上提出了两条屈服线:加载湿陷(LC)屈服线和吸力增量(SI)屈服线,可以反映非饱和土的屈服应力随吸力的变化情况。其中加载湿陷屈服线的数学表达式为

$$p_0/p^c=(p_0^*/p^c)\exp\{[\lambda(0)-\kappa]/[\lambda(s)-\kappa]\} \tag{4}$$

式中,p_0和p_0^*分别是非饱和与饱和土的先期固结压力;$\lambda(0)$为饱和状态下对应于某个应力值的压缩指数;$\lambda(s)$为吸力s的函数。后来人们发现饱和度对非饱和土的力学性质也有重要影响,于是将有效应力等状态参量表示为饱和度的函数对 Alonso 的本构模型做出改进。

此外热量交换引起的温度变化也是影响非饱和土力学行为的一个因素,随着地热资源开发利用、核废料填埋处置及冻土路基工程等项目的建设,基于热力学理论和弹塑性力学开发构建非饱和土的热-水-力耦合模型,也具有其特殊的研究意义和价值。

2.3 黄土特性

黄土是在第四纪干旱气候环境条件下形成的颗粒沉积物,颗粒中富含碳酸盐、硫酸盐及氯化物等易溶盐成分。研究表明黄土内部存在有粒间孔隙和架空孔隙等多种孔隙形态,因此黄土一般保持着疏松的大孔隙结构(图3)。黄土在天然地质历史时期的沉积过程非常缓慢,使得黄土表面的固结压力增长速率很小,而黄土结构分子连接键的强度增长却较快,使得黄土的上覆压力不能有效向下传递,从而使黄土结构处于欠压密的特殊状态。

(a)黄土塬　(b)黄土裂隙　(c)黄土结构

图3　黄土及其结构特性

湿陷性黄土遇水结构迅速遭到破坏,研究表明影响黄土湿陷的因素主要为黄土的湿度状态、湿度变化历史及其应力状态和应力历史等。在湿陷性因素的作用下黄土内部产生一系列的毛细管作用、盐分溶解作用和孔隙压密作用,导致黄土结构发生显著的附加下沉。另外黄土结构对动荷载作用也很敏感,动应力条件下黄土表现出极强的动力易损性,并将产生震陷、液化和地震滑坡等各种灾害。我国中西部地区广泛分布的Q_3黄土、浅层黄土状土等均具有不良的力学特性,湿陷性和动力易损性均十分显著。

3 环境岩土工程问题

伴随着工业文明和城市化的进程,环境岩土工程问题不断涌现,如固体废弃物堆填造成的生态环境破坏、废液排放导致的土壤重金属离子(Hg、Pb)含量增加、地下水开采引起的建筑基础沉降、放射性核废料对周边日常生活的影响及采矿造成的地面坍陷等。环境岩土工程问题得不到妥善治理和解决,人们就难以拥有良好的工作和生活条件。当前城市固体废弃物的填埋处置与化工产业造成的水土污染治理等,是亟须解决的突出问题。

3.1 固体废物填埋处置

卫生填埋是固体废物处置的主要方法,填埋后的有机质在微生物参与下会产生化学反应,并产生大量的渗滤液[式(5)]、填埋气和其他污染物。有机质生化降解往往伴随着堆填体骨架的变形、水气产物的运移及溶质的迁移等多个环节的进行,因而固废处置是多场多相耦合作用的复杂过程[图4(a)]。生化降解过程产生大量的渗滤液和填埋气,气液阻滞则会增加渗滤液导排和填埋气收集的难度,同时提高堆积体失稳的风险。为此可通过设置水平导排盲沟或深层抽排竖井,能有效降低渗滤液水位,从而达到液气分离导排的效果。固体废弃物降解程度目前常采用纤维素与木质素的含量比(C/L)来测算,C/L 分别达0.3和0.15时可认为降解基本稳定和完全稳定[图4(b)]。

$$Q=\frac{I(C_{L1}A_1+C_{L2}A_2+C_{L3}A_3)}{1000}+\frac{M_d(W_C-F_C)}{\rho_w} \tag{5}$$

式中,I 为日均降雨量,mm/d;A_1、A_2、A_3为填埋作业区、中间覆盖区和终场覆盖区的汇水面积,m^2;C_{L1}、C_{L2}、C_{L3}则分别为 A_1、A_2、A_3对应的渗出系数;M_d为日均垃圾堆填量,t/d;W_C、F_C为堆积体的初始含水率和田间持水率。

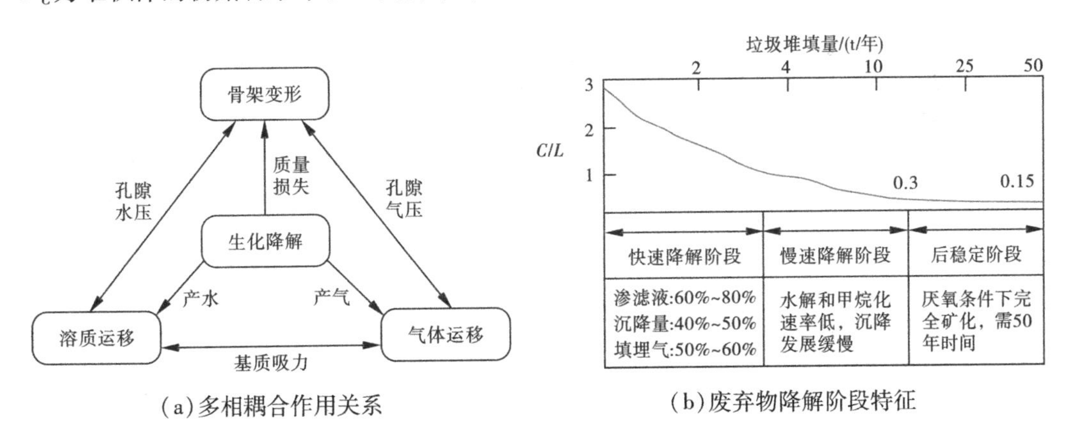

(a)多相耦合作用关系

(b)废弃物降解阶段特征

图4 固体废物填埋处置分析

3.2 污染土修复治理

重工业对国民经济建设和发展做出了重要贡献,但随之产生的水土污染等问题却不容小觑。目前对污染场地修复治理的方法主要有:(1)原位固化、稳定技术。针对污染土中的Hg、Cu、Pb及As等重金属离子或其他有机污染物,分别采取水泥基材料或木质素等相对应的固化剂就地将有害物质固结稳定，阻止其进一步扩散。(2)竖向隔离技术。采用水泥-膨润土材料在污染场地注浆形成竖向隔离墙，阻止污染物水平运移扩散。(3)电动修复技术。利用电泳、电渗或电解原理，将污染物从土体中分离去除。(4)曝气法。将压缩空气注入污染土中促使污染物挥发，收集后去除等。

4 小结

前所未有的时代需求和大规模工程建设，推动着岩土工程学科的繁荣和蓬勃发展，土力学学科目前正面临着极大的机遇期、发展期和挑战期。新的时代背景对岩土力学学科的发展方向提出了新的要求，未来应致力于土动力学、非饱和土与特殊土力学基本理论及环境岩土工程等几个方面的研究。本文针对这几个基本问题进行分析探讨，希望能为工程技术人员和科研人员提供有益启示和新见解。

极限平衡和数值方法在边坡工程中的应用

边坡及边坡稳定是土木、水利、矿山、交通等工程建设中需要研究和解决的难点问题，由于人为因素的干扰和自然因素的侵袭，近年来我国多个省份和地区发生了严重的滑坡事故（图1）。边坡的稳定性分析和治理研究具有重大的学术意义和工程价值，一直受到岩土工程工作者的广泛关注和重视。作为边坡稳定分析主流和发展较快的分析方法，刚体极限平衡法和计算机数值计算方法目前已取得了许多重要的研究成果。本文旨在对边坡稳定性分析方法最新进展及工程应用进行分析述评，希望能为推动边坡工程治理的精细化管理和精细化水平做出贡献。

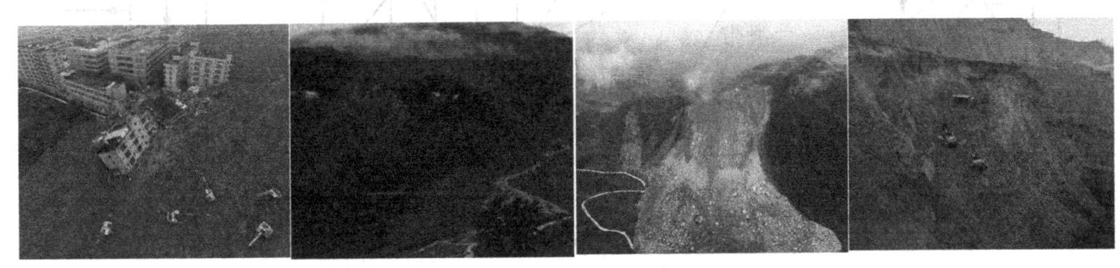

(a)深圳12·20滑坡　(b)贵州六盘水山体滑坡　(c)湖北鹤峰山体滑坡　(d)山西乡宁边坡垮塌

图1　2015—2019 年重大滑坡事故

1　刚体极限平衡法

刚体极限平衡法是以刚体极限平衡理论为基础，假定滑动面发生刚性滑动破坏而进行边坡失稳分析的物理方法。其求解思路是以摩尔-库仑的抗剪强度理论为基础，将潜在滑动面范围内的坡体按一定比例剖分为若干条块，然后根据条块间的极限平衡条件建立静力平衡方程，进而根据方程计算坡体的安全系数并评价坡体的稳定性。滑动面可以假定为折线形或圆弧形，根据所假定滑动面形状的不同而采用不同的计算方法。

1.1　简化 Bishop 法

简化 Bishop 法较 Fellenius 平面应变问题分析方法的优势在于考虑了条块间的水平作用力，因而计算结果具有更高的准确度。简化 Bishop 法假定滑面为圆弧形（见图2），它在计算中忽略了条间的竖向剪力作用，是非严格条分法，但在均质土坡稳定性的分析中，简化 Bishop 法的计算精度与考虑竖向剪力的严格法基本一致，因而在工程分析中具有广泛的适用性。简化 Bishop 法是目前《建筑边坡工程技术规范》推荐采用的计算方法，计算公式见式(1)。

$$F_s = \frac{M_r}{M_s} = \frac{\sum (n_i \tan\varphi_i + c_i l_i)}{\sum W_i \sin\alpha_i} \tag{1}$$

式中，M_r和M_s分别为抗滑力矩和滑动力矩；n_i为土条底部的法向力；W_i为土条重力；c_i、φ_i为抗剪强度参数；α_i为土条底部的倾角。

苏振宁(2014)采用积分中值定理推导了任意滑面简化 Bishop 法的安全系数计算式[式(2)]，使简化 Bishop 法适宜于非圆弧滑面的计算，拓展了它的工程应用范围。

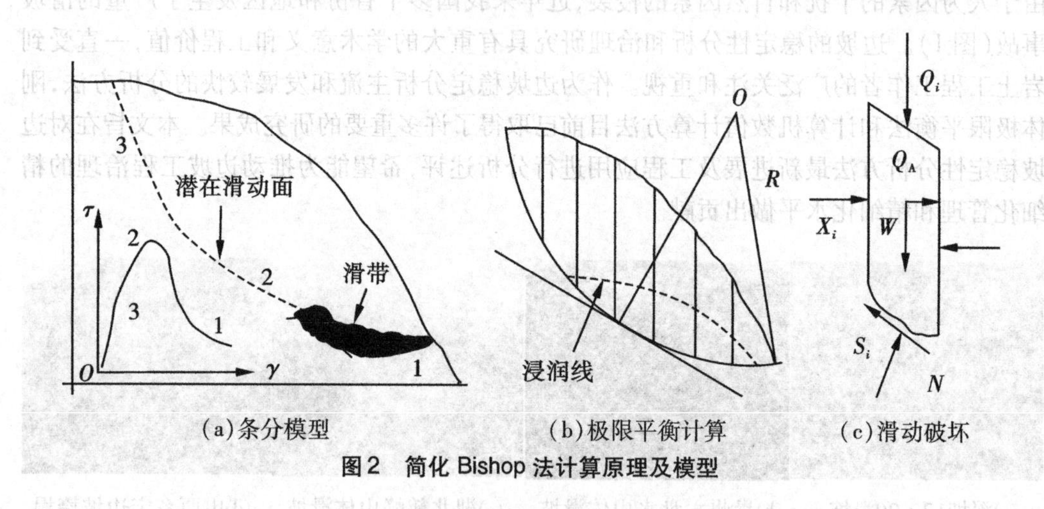

图2 简化 Bishop 法计算原理及模型

$$F_s = \frac{\int_1 \tau_f \mathrm{d}l}{\int_1 \tau \mathrm{d}l} = \frac{\sum (N_i \tan\phi_i + c_i l_i)}{\sum W_i \sin\alpha_i} \tag{2}$$

式中，$\int_1 \tau_f \mathrm{d}l$ 和 $\int \tau \mathrm{d}l$ 分别为任意滑面上的抗滑力和滑动力；l_i为各土条长度。

卢玉林(2018)假定浸润线为抛物线形式，推导了渗流作用下黏土边坡安全系数的简化 Bishop 法计算式[式(3)]，并通过计算机程序实现了数值解。算例表明该方法具有较高的可靠性，可为渗流作用下边坡的稳定分析提供参考；等。

$$F = \frac{\int_x \frac{1}{m}[c\mathrm{d}x + (\mathrm{d}W - \mathrm{d}U\cos\theta)\tan\varphi]}{\int_\chi \frac{1}{m}\mathrm{d}W\sin\theta} \tag{3}$$

式中，m 为隐式系数，$m=\cos\theta(1+\tan\varphi\tan\theta/F)$；$W$ 为土条自重；U 为水土压力。

1.2 Morgenstern-Prince 法

Morgenstern-Price 法(以下简称 M-P 法)是严格条分法，其每一条块均能严格满足力和力矩的平衡条件，且 M-P 法不要求滑面是圆弧形的，适宜于更一般情形下边坡的稳定分析计算(见图3)。M-P 法建立的平衡方程数目较多，为便于计算在平衡分析中引入了条间力函数$f(x)$，并假定条块剪切力 X 与法向力 E 满足关系式 $X=\lambda f(x)E$，λ 为比例常数。当$f(x)$取常数 1 时,M-P 法与严格分析法 Spencer 法等价。

朱大勇(2011)对传统 M-P 法安全系数 F_s的计算方法进行了改进,建立了易于编程的安全系数 F_s和比例常数 λ 的迭代计算公式[见式(4)、式(5)],只需经过简单迭代便可得到快速稳定的收敛解。

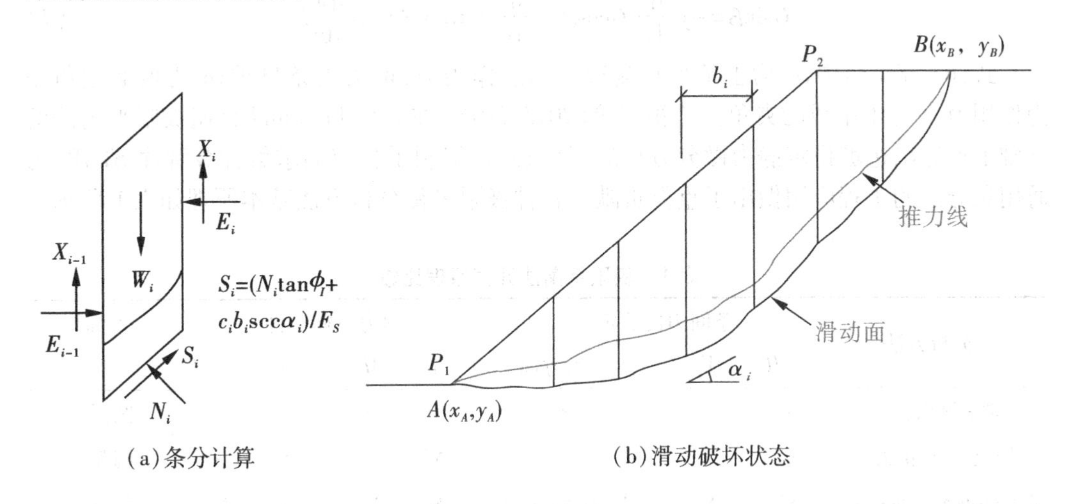

(a)条分计算 (b)滑动破坏状态

图 3 Morgenstern-Price 法计算原理及模型

$$F_s = \frac{\sum_{i=1}^{n-1}(R_i\prod_{j=i}^{n-1}\psi_j) + R_n}{\sum_{i=1}^{n-1}(T_i\prod_{j=i}^{n-1}\psi_j) + T_n} \tag{4}$$

$$\lambda = \frac{\sum_{i=1}^{n}[b_i(E_i + E_{i-1}\tan\alpha_i + K_cW_ih_i + 2Q_i\sin\omega_ih_i)]}{\sum_{i=1}^{n}[b_i(f_iE_i + f_{i-1}E_{i-1})]} \tag{5}$$

式中,R 为抗滑力;T 为下滑力;ψ 为传递系数;K_c为地震影响系数;Q_i 为坡面上外荷载;ω_i为其与竖线夹角。邓东平(2013)通过改变条分数、边坡高度和边坡角度等参数,采用 M-P 法对圆弧和任意滑面形状边坡的稳定性进行了计算,结果发现条间力函数$f(x)$取 0.1、0.5、1.0 或半正弦函数对计算结果影响不大;梁冠亭(2015)采用改进的 M-P 法对抗滑桩支护边坡的稳定性进行了计算,通过引入自适应遗传算法准确地搜寻到了坡体最危险滑动面的位置,并分析得到了支护结构的受力规律及其与边坡稳定性的关系;等。

1.3 通用条分法

通用条分法(general limit equilibrium method)是基于静力平衡方程的一般形式及其边界条件,严格考虑所有力和力矩的平衡所建立的条分方法。通用条分法所得结果是理论意义上的最严格解,能广泛应用于任意形状滑面的边坡稳定分析和安全系数的计算。通用条分法力和力矩的平衡方程计算如式(6)、式(7)所示。

$$\cos(\varphi'-\alpha+\beta)\frac{\mathrm{d}G}{\mathrm{d}x}-\sin(\varphi'-\alpha+\beta)\frac{\mathrm{d}\beta}{\mathrm{d}x}G=-p(x) \tag{6}$$

式中，$p(x)=\left(\frac{\mathrm{d}W}{\mathrm{d}x}+q\right)\sin(\varphi'-\alpha)-r_u\frac{\mathrm{d}W}{\mathrm{d}x}\sec\alpha\sin\varphi'+c'\sec\alpha\cos\varphi'-\eta\frac{\mathrm{d}W}{\mathrm{d}x}\cos(\varphi'-\alpha)$

$$G\sin\beta=-y\frac{\mathrm{d}}{\mathrm{d}x}(G\cos\beta)+\frac{\mathrm{d}}{\mathrm{d}x}(\gamma_t G\cos\beta)+\eta\frac{\mathrm{d}W}{\mathrm{d}x}h_e \tag{7}$$

式(6)、式(7)中，G 为土条垂直侧边上的总作用力；W 为土条自重；α 为坡面倾角；β 为作用力 G 与水平线的夹角。陈祖煜等(2015,2018)在分析 Fredlund 普遍极限平衡法的基础上推导出边坡稳定静力微分方程的闭合解，并编制了相应的求解计算程序 STAB，为通用条分法的工程应用做出了重要贡献。各种极限平衡分析方法基本原理如表 1 所示。

表 1 极限平衡法计算原理比较

分析方法	条间力的假定			静力平衡条件				滑面形状
	H_i	V_i	合力方向	M	M_i	F_h	F_v	
瑞典圆弧法	×	×	无	√	×	×	×	圆弧
简化 Bishop 法	√	×	水平	√	×	√	×	圆弧
Morgenstern-Price 法	√	√	$V_i/H_i=\lambda f(x)$	√	√	√	√	任意
简化 Janbu 法	√	×	水平	√	×	√	√	任意
Spencer 法	√	√	$V_i/H_i=\tan\theta$	√	√	√	√	任意
通用条分法	√	√	计算确定	√	√	√	√	任意

注：表中 M 为整体力矩平衡，M_i 为条块力矩平衡，F_h 为条块水平方向力的平衡，F_v 为条块垂直方向力的平衡，θ 为滑动面平均坡度。

2 强度折减数值计算法

强度折减数值计算方法(strength reduction numerical calculation method)可以考虑边坡失稳破坏过程中土的应力-应变关系，随着高性能计算机技术的发展和岩土强度理论的进步，数值计算方法如有限元法(Plaxis、ABAQUS)、离散元法(PFC、3DEC)、边界元法(BEM)和拉格朗日元法(FLAC)等已取得了许多积极的研究成果，并在工程分析中发挥着举足轻重的作用。

2.1 计算原理

强度折减数值计算方法的基本原理是，将岩土材料的黏聚力和内摩擦角等抗剪强度参数进行折减［式(8)］，用折减后的参数进行边坡的稳定性分析计算。不断降低强度参数直至边坡失稳破坏为止，破坏时的折减数值即为坡体的安全系数。

$$\begin{cases}c_F=c/F\\ \tan\phi_F=\tan\phi/F\end{cases} \tag{8}$$

式中，c 和 c_F 分别为折减前后土体的黏聚力；ϕ 和 ϕ_F 则为折减前后的内摩擦角；F 为强度折减系数。强度折减法不需要作烦琐的条分计算，也不需要假定潜在滑动面的位置和形状，程序可严格依照实际地质条件分析坡体滑动破坏的自然过程[28-29]。图 4（扫码进入）分别为采用 $FLAC^{3D}$ 和 PFC^{2D} 计算得到的某黏质土坡安全系数、剪切应变增量云图及速度矢量图等，计算结果可以为相关工程的设计和安全评判提供可靠的参考和依据。

图4

2.2 失稳判据

强度折减法通常以位移突变、塑性区贯通和数值计算不收敛作为边坡失稳的判据。具体来说：（Ⅰ）坡顶的竖直位移或坡脚的水平位移突然大幅度增加，则认为边坡失稳；（Ⅱ）坡脚至坡顶的塑性区范围不断扩大直至贯通，则认为边坡失稳；（Ⅲ）程序计算无限制运行，无收敛迹象则认为边坡失稳。

对于严格遵从弹塑性本构关系的理想岩土体边坡，上述 3 种失稳判据具有较好的一致性，而对于成分复杂的高陡边坡这 3 种判据则存在较大偏差。为解决失稳判据选取上的争议，陈力华（2012）提出考虑“张拉-剪切破坏的强度折减法”，主张将坡体渐进破坏过程中的抗拉强度同幅度折减［见式（9）］，结果表明考虑张拉强度折减的计算方法在失稳判据上具有较高的一致性和准确性；

$$c' = c/F \quad \tan\varphi' = \tan\varphi/F \quad T' = T/F \tag{9}$$

周正军（2014）指出边坡的失稳破坏模式与所采用的岩土屈服强度准则密切相关，目前广泛应用于边坡稳定分析中的 Drucker-Prager 准则和 Mohr-Coulomb 准则不能准确反映土体的抗拉强度，应予以适当折减和修正；李永亮（2018）指出岩土本构模型和计算参数、迭代计算算法及收敛容差等均会影响边坡的稳定性，为准确衡量边坡的失稳破坏状况应联合多种判据进行综合分析，对于均质、非均质、土-岩组合边坡和岩质边坡，建议分别采取Ⅰ（主）+Ⅱ（辅）、Ⅱ（主）+Ⅰ（辅）、Ⅱ（主）+Ⅰ（辅）和Ⅲ（主）+ Ⅰ（辅）相结合的边坡失稳分析方法；等。

2.3 折减方法改进

边坡失稳破坏过程具有渐进性和局部化特征，物理机制表现为坡体局部强度降低，岩土材料出现应变软化，应力转移进而引起塑性区贯通。赵炼恒（2014）指出强度参数 c 和 φ 在边坡失稳过程中不是同时折损的，采用单一折减系数 F 进行等比例折减存在较大的不合理性，为此他基于双强度（c、φ）折减的方法提出边坡安全系数的隐式函数表达式（见式 10），并编制非线性规划程序迭代求解，对准确求解安全系数具有参考价值；陈国庆（2014）指出坡体真实失稳破坏过

程中只有滑动带的强度参数受损减小，而强度折减法忽略了滑动区和未滑动区土体强度的差异性致使计算获得的塑性区偏大，为此提出动态、整体相结合的强度折减法，即由动态强度折减法搜寻确定滑动面，由整体强度折减法计算安全系数，强度折减法做出了重要改进；李世贵（2018）以岩土材料的极限剪应变作为坡体失稳破坏的判据，建立了模拟边坡破坏的极限应变-动态局部强度折减法，并采用离散元程序 UDEC 进行模拟和验

证，结果表明该方法在坡体稳定性评价和渐进性破坏分析方面具有较高的可靠性；等。

$$F_s = f(F_{S_c}, F_{S_\varphi}, c, \varphi, \alpha, \beta, \gamma, H) \tag{10}$$

3 小结

本文阐释了以简化 Bishop 法、Morgenstern-Price 法和通用条分法为代表的刚体极限平衡法的基本原理、主要特点和功能优势，并从计算方法、失稳判据和折减改进等方面对强度折减数值方法进行了分析，阐述了两种方法在工程应用中的研究进展。边坡工程分析方法的进步，必将推动边坡工程治理向着精细化水平迈进。

湿陷性黄土加固技术及其研究进展

湿陷性黄土(collapsible loess)是浸水后强度骤降和变形大幅增加的不良土体,对其场地上的工程建设危害极大。“一带一路”新时代背景下大规模的公路、铁路、高层建筑等工程建设,迫切需要解决与湿陷性黄土相关的技术难题。本文从微观角度分析了湿陷性黄土的结构特点与湿陷机理,总结阐释了化学加固法、灰土挤密桩法和强夯法等黄土地基处理技术的应用研究进展,期望着对湿陷性黄土地区的工程建设提供有益启示和新见解。

1 湿陷性黄土力学性状

湿陷性黄土是在第四纪干旱气候环境下形成的颗粒沉积物,颗粒中富含碳酸盐、硫酸盐及氯化物等诱发湿陷性的盐分。我国中西部地区广泛分布的Q_3黄土、浅层黄土状土等均具有明显的湿陷性,工程建设前需进行针对性处理。

1.1 黄土微观结构

黄土颗粒成分主要是单粒、集粒和凝块,其骨架强度低,胶结力弱,黄土内部存在粒间孔隙和架空孔隙,尤以架空孔隙发育,致使黄土呈现疏松的结构状态(图1)。在漫长的地质历史演化进程中,黄土表面颗粒沉积非常缓慢,因而黄土的自重应力和固结压力增长速率很小,黄土结构中分子连接键的强度增长却比较快,使得上覆压力不能有效向下传递,致使黄土呈现欠压密的结构性状。

(a)黄土性状　(b)黄土裂隙　(c)弱胶结颗粒

图1　湿陷性黄土力学特性

1.2 湿陷机理

湿陷性黄土遇水结构迅速破坏,研究表明影响黄土湿陷的因素主要为黄土的湿度状态、湿度变化历史及其应力状态和应力历史等。在湿陷性因素的作用下黄土内部产生一系列的毛细管作用、盐分溶解作用和孔隙压密作用,导致黄土结构发生显著的附加下沉。多孔结构是黄土发生湿陷的诱发因素,微胶结破坏和强度降低是黄土湿陷的主要机理。黄土结构破坏后,其孔隙率和平均孔径减小,微细孔隙则相应增多。

2 湿陷性黄土加固技术

化学加固法、灰土挤密桩法和强夯法等地基处理技术在黄土工程建设中已得到了成功应用,并在工程实践中获得了创新性的发展,形成了独具特色的黄土地基处理新技术。

2.1 化学灌浆(chemical grouting)法

化学浆液渗入黄土后可使土粒间的胶结力加强,显著改变黄土的原状结构并大幅提高承载力。黄土地基的加固材料主要有水泥、水玻璃、碱液及粉煤灰和石灰等无机材料,以及SH、LD固化剂和木质素等有机材料(表1)。

2.1.1 无机材料

吴文飞(2016)通过试验研究了水泥及微量固化剂对黄土力学性能的改善情况,发现水泥可显著提高黄土强度,而$CaCl_2$和磷酸盐等微量固化剂则可以有效改善黄土的水稳定性;杨有海(2016)发现二灰(水泥、粉煤灰)掺入比从12%增加到20%,水泥饱和黄土的强度提高了约1倍,粉煤灰与水泥的最佳质量配比为1∶2;金鑫(2016)采用水玻璃自渗方式对马兰黄土(Q^{3eol})进行注浆加固,发现黄土强度可达天然黄土强度的10倍,而反应生成的硅酸凝胶则能使黄土保持良好的水稳定性;王铁行(2016)指出NaOH碱液在适宜的温度下能显著提高黄土加固体的强度,由于黄土中参与反应的Ca^{2+}、Mg^{2+}数量有限,建议NaOH碱液掺量不超过3%;等。

表1 黄土化学加固分析

项目	无机材料加固法	有机材料加固法
加固材料	水泥、水玻璃、石灰、粉煤灰、NaOH碱液、$CaCl_2$和磷酸盐等	SH、SSA、HEC固化剂、LD胶结剂、木质素磺酸盐、抗疏力固化剂等
加固机理	离子交换、吸附、絮凝、膨胀填充	缠绕搭接、吸附、胶结
加固强度	水泥2~3 MPa;碱液1.5 MPa	SH/LD 4~6 MPa;木质素>10 MPa
加固效果检测	压汞试验、电镜扫描、X射线能量色散谱分析、红外光谱试验	

2.2.2 有机高分子材料

王银梅(2012)发现SH高分子材料能通过高分子链与黄土颗粒相互搭接、缠绕并联结形成一个错综交叉、结合牢固的空间网状结构,显著改善黄土的结构形态,强度提高至5 MPa以上;王生俊(2013)研究表明LD长链状高分子结构对黄土颗粒具有较好的吸附、胶结作用,经胶结剂固化后黄土的湿陷性消除,各项物理力学性能大幅改善;张虎元(2015)指出抗疏力固化剂也是有效改良黄土物理力学性能的新型化学材料,经抗疏力固化剂改良后黄土的液塑限和塑性指数提高,最大干密度、最优含水率及干缩率和膨胀率等指标明显改善;侯鑫(2017)研究表明木质素磺酸盐能与黄土中的阳离子产生化学反应,生成强度更高的石英质和碳酸盐矿物,有效提高黄土的强度;马文杰(2018)指出水化类固化剂HEC可有效激发黄土粒料的铝硅酸盐成分,产生强度更高的多晶聚合体,且与水泥掺和使用效果更佳;等。

2.2 复合地基(composite foundation)法

桩体与黄土协同作用形成复合地基,是有效提高黄土承载力的加固方法。目前用于黄土地基加固的竖向增强体主要有灰土挤密桩、CFG桩、旋喷桩及钢管桩等[图2(a)],为提升加固效果可以将两种或两种以上桩体组合使用,形成刚-柔性桩复合地基。

2.2.1 灰土挤密桩

灰土挤密桩的设计、计算,可依据弹塑性力学的基本理论进行。根据柱形扩孔理论和统一强度准则,灰土挤密桩成桩过程中孔壁上的弹性极限压力为[图2(b)]

$$p_e=\frac{\sigma_t(1+b)-q(\alpha-1)(1+b)}{1+b+\alpha} \tag{1}$$

式中,σ_t为黄土的拉伸屈服强度;b为材料强度参数;q为水平向自重应力;α为拉压强度比。孔壁压力p与塑性区半径r_p的关系为

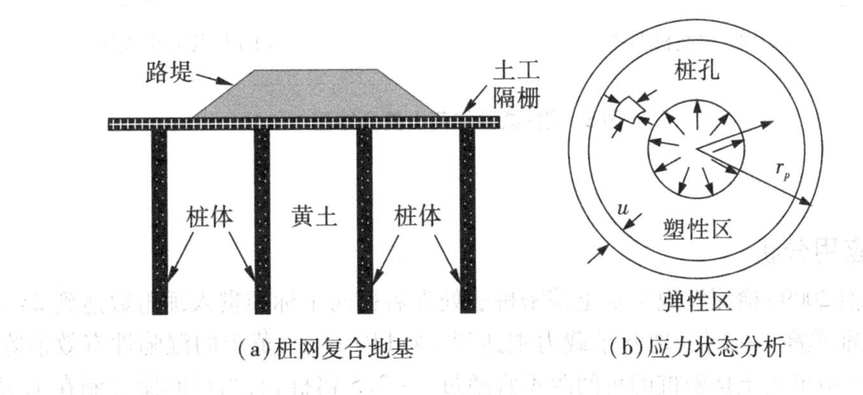

(a)桩网复合地基 (b)应力状态分析

图2 黄土复合地基设计计算

$$p=\left(\frac{r_0}{r_p}\right)^{\frac{2(\alpha-1)(1+b)}{2+2b-b\alpha}}\left[\frac{\sigma_t}{1-\alpha}+\frac{\sigma_t(1+b)+q(2+2b-b\alpha)}{1+b+\alpha}\right]-q-\frac{\sigma_t}{1-\alpha} \tag{2}$$

《湿陷性黄土地区建筑规范》(GB 50025)规定桩孔间距按式(3)进行设计,桩位按正三角形布置。

$$s=0.95d\sqrt{\frac{\bar{\eta}_c\rho_{d\max}}{\bar{\eta}_c\rho_{d\max}-\bar{\rho}_d}} \tag{3}$$

式中,$\bar{\eta}_c$ 为处理后的平均挤密系数;$\rho_{d\max}$ 为设计要求的桩间土最大干密度,t/m^3;$\bar{\rho}_d$ 为处理前桩间土的平均干密度,t/m^3。

2.2.2 刚-柔性桩

通过设置灰土挤密桩、素土挤密桩等柔性桩,可有效消除黄土的湿陷性,改善黄土的力学性能。通过设置素混凝土桩、CFG 桩等刚性桩,则可以较好地控制沉降,大幅提高黄土地基的承载力[图 3(a)]。研究显示刚-柔性桩复合地基中,刚性桩承担荷载的 60%,柔性桩承担荷载的 10%,桩间土承担荷载的 30%。刚柔并济协同作用,显著提升了黄土地基的加固效果[图 3(b)]。

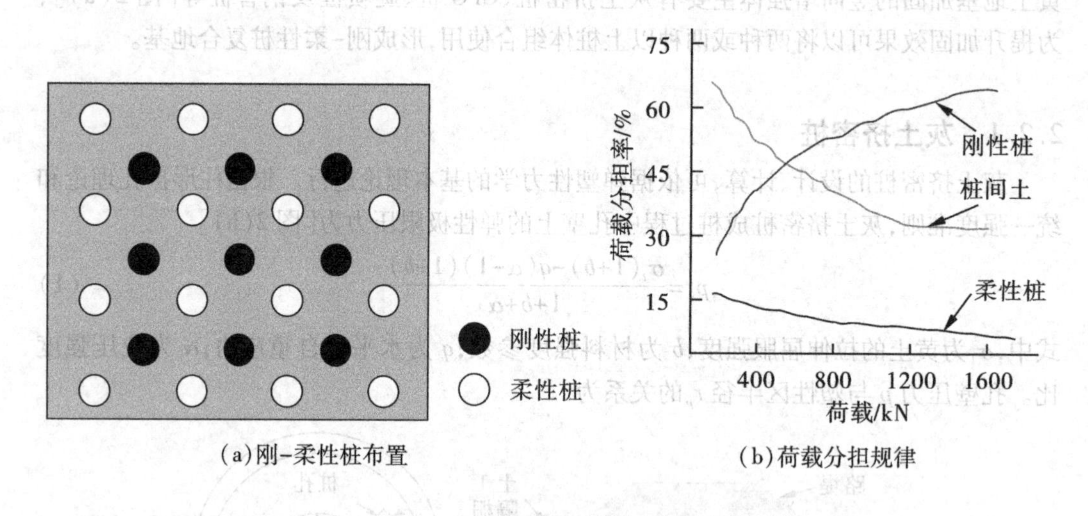

(a)刚-柔性桩布置　　(b)荷载分担规律

图3 刚-柔性桩黄土复合地基

2.2.3 应用分析

刘志伟(2009)检测发现经灰土挤密桩法处理后桩间土标准贯入锤击数达到 25 击以上,比处理前提高 1~2 倍,地基承载力则达到 300 kPa 以上,黄土的湿陷性有效消除;米海珍(2012)指出灰土挤密桩的桩间距不宜超过 2~2.5 倍桩径,当桩间距控制在 1.75 倍桩径范围内时,可在消除湿陷性的基础上提高地基承载力 1 倍以上;赵永虎(2018)分别采用换填法和灰土挤密桩法对西部地区某公路涵洞地基进行处理,结果发现灰土挤密桩法比换填法在降低湿陷性黄土压缩变形、提高地基承载力方面更为有效；张恩祥(2019)指出适当增加柔性桩的长度或减小柔性桩的间距可有效降低刚性桩承担的荷载，刚-柔性桩协同作用下复合地基的沉降量明显减小；等。

2.3 强夯(Dynamic Compaction)法

工程实践表明强夯法能将夯锤所携带能量全部转入土中，显著提高黄土的密实度和地基的承载力，强夯法的加固机理主要表现为动力密实、动力固结和动力置换。

2.3.1 强夯效果

王松江(2012)研究表明，深厚湿陷性黄土经过强夯后其标贯击数增加至24击，静力触探锥尖阻力可超过10.0 MPa，地基承载力提高至300 kPa以上；王谦(2013)指出强夯法显著提高了黄土地基的承载力和抗液化性能，但黄土的力学性状与土中的颗粒组分和结构的胶结性等特性有密切关系，强夯法不能完全消除黄土的液化势；王兰民(2013)通过显微镜扫描试验证明，经强夯处理后黄土的微观结构发生了较大变化，黄土中的大、中孔隙基本消失而细微孔隙明显增加(见图4)，这一变化使得黄土地基的密实度和承载力大幅提高；朱彦鹏(2014)研究发现经强夯处理后黄土最大颗粒粒径由120.226 μm减小至104.713 μm，黄土的结构性状也有较大改变，颗粒接触形态由棱边接触转变为面接触和叠置接触，黄土的回弹模量、压实度和无侧限抗压强度等指标显著提高；等。

(a)强夯前　　(b)强夯后

图4　黄土微观结构变化

2.3.2 有效加固深度

胡长明(2012)通过试验发现，经强夯处理后离石黄土有效加固深度可达9.0 m，有效加固深度计算公式见式(4)。

$$H=\alpha\sqrt{wh/10} \tag{4}$$

式中，H为有效加固深度；w为夯锤重量；h为夯锤落距；α为修正系数，可取0.35～0.37。詹金林(2015)指出强夯能级是黄土地基夯实效果的决定性因素，他通过对陇中某黄土塬的强夯现场试验发现,3 000 kN·m、8 000 kN·m、12 000 kN·m和15 000 kN·m强夯能级所对应的黄土有效加固深度分别为5 m、9 m、12 m和16 m;贺为民(2017)通过检测发现,强夯处理后的黄土地基从上至下可依次分为强加密带(3~6 m)、加密带(7~10 m)和影响带(10 m以上)3种区域,强加密带和加密带的处理效果非常明显,承载力提高幅度非常显著,而影响带仍保留着黄土的原始结构,湿陷性不能消除;等。

2.3.3 强夯效果影响因素

何淑军(2011)对西北干旱湿陷性黄土进行15000 kN·m高能级强夯,结果发现湿陷消除深度可达9.5 m,而经过增湿处理后采用同能级强夯处理深度则可达15.5 m,地基土压缩模量提高2~3倍;冯志焱(2011)指出为保证良好的夯击效果夯点间距应控制在2 d以内,夯击次数不宜少于12击,停夯标准为最后两击的夯沉量不大于3~5 cm;翁效林(2011)通过强夯试验表明含水率应严格控制在20%以内,否则将会产生明显的震陷;李保华(2015)研究发现除湿陷性黄土自身力学性质外,影响强夯加固效果的因素还有夯击能、单点夯击次数、夯点间

距、夯击遍数及夯点搭接方式等工艺参数。强夯效果主要影响因素如表2所示。

表2 强夯效果评价及影响因素

强夯效果影响因素		评价指标		检测方法	强夯前后力学性状对比	
强夯能级	★★★	承载力	提高	标准贯入试验	ρ/g·cm^{-3}	1.78/2.09
含水量	★★	湿陷性	消除	静力触探试验	c/kPa	20.13/49.61
夯点间距	★★	渗透性	降低	瑞利波试验	φ/(°)	16.55/28.77
夯击次数	★	压缩性	降低	探井取样试验	δ_s	0.076/0.002

3 小结

化学加固法、灰土挤密桩法和强夯法在湿陷性黄土加固中得到了成功应用,并在工程实践中获得了创新性的发展,形成了独具特色的黄土地基处理技术。本文阐释了湿陷性黄土的微观结构及其湿陷机理,分析了这三种主要方法的应用研究进展,期望着对黄土地区的工程建设提供有益启示和帮助。

岩土工程数值分析与其应用研究

岩土工程问题如高铁路基沉降、岩质边坡动力失稳、富水地铁隧道开挖及深海矿产勘采等,由于工况复杂且不确定影响因素多,采用弹塑性力学、结构动力学或流体力学等经典理论计算,往往很难得到精确解析解。目前高性能计算机技术的发展进步,为岩土工程项目的设计、决策与优化分析提供了新的途径。通过编制计算机程序并设定相关物理力学参数,可以借助计算机技术强大高效的计算优势,得到相应工程的数值解,从而为项目建设提供可靠的分析或指导。目前以计算机技术为重要依托和鲜明特征的数值分析,已与理论研究和试验研究一起,构成工程科学问题分析的主流方法。在信息技术高速发展的新时代背景下,积极开展计算土力学和岩土工程数值方法的相关研究,具有重要的科学意义和应用价值。

1 岩土工程数值分析

岩土工程数值分析的基础是经典土力学理论体系,主要包括 Darcy 渗流理论、Mohr-Coulomb 强度理论、Rankine 土压力理论、Biot 固结理论及一维压缩变形理论等。数值分析的方法主要有有限元和离散元法,近些年来新的计算方法如无单元、边界元及无限元法在项目设计中也有一定应用。岩土工程数值分析的基本思路是,将工程问题的物理特征进行抽取和概化,考虑其初边值条件建立对应的数学、力学模型,在计算机上编制、运行程序来实现问题的求解。

岩土工程数值分析是多因素作用的复杂计算过程,勘探取样、土工试验、本构模型、物理力学参数、计算方法与程序等环节均会对分析结果产生影响。其中本构模型选取、物理力学参数确定及计算方法使用,是至关重要的核心环节,它们决定着数值分析的计算精度和实际效果。

1.1 本构模型

土的本构模型种类繁多,目前在工程中应用较广的主要有 Duncan-Chang 非线性双曲线模型、修正 Cam-Clay 模型、理想弹-塑性模型和改进的 $K-G$ 模型等。Duncun-Chang 模型在描述土的非线弹性变形方面准确性较高,可以反映土的压硬性和应力路径依存性等特性,多用于高层建筑、面板堆石坝等工程的沉降计算;修正 Cam-Clay 模型以塑性体应变为硬化参数,在描述土的塑性屈服破坏方面有显著优势,适宜于正常固结和弱超固结土的弹塑性分析;理想弹-塑性模型假定土体屈服后变形无限制增加,不考虑硬化规则,可用于基坑坍塌、路基滑移、挡土墙倾倒等极限破坏问题的分析;$K-G$ 模型采用体变模量 K 和剪切模量 G 替代 Duncun-Chang 模型中的弹性常数 E 及泊松比 μ,可反映土的剪胀性与软化性等力学特性。数值计算时应根据具体工况，结合所要达到的分析目标选取适宜的本构模型，以求得理想效果。

1.2　计算参数

计算参数是压缩、剪切或振动作用下，土体宏观力学表现的本质因素。准确、合理的土工参数是数值计算顺利开展的前提和保证，通常可按照《土工试验方法标准》对土的基本物理力学参数进行测定。如烘干法测定含水率 w，环刀法测定天然密度 ρ，常水头试验测定渗透系数 k，直剪或三轴试验测定黏聚力 c、内摩擦角 φ，共振柱试验测定土的动剪切模量 G_d 和阻尼比 λ 等。受取样扰动、保存不规范或含水率变化等因素的影响，试验所得的土工参数与原状土的物理力学状况可能有一定差异，此时可考虑补充原位勘探试验，并参考相关资料对参数进行修正。需要指出的是，土的力学参数受应力状态、应力路径、应力历史等多因素的影响，必要时应开展特定条件下的土工静-动力学试验，以提高分析计算的精度。

1.3　计算方法

有限元将求解域剖分为有限个网格单元，先对局部单元进行求解，然后再将单元组合起来进行整体分析。有限元计算精度高，且可以模拟复杂、不规则介质结构的应力、变形等，是目前应用较广的数值分析方法。离散元能模拟岩土结构的非均质、不连续和大变形特点，在含有软弱夹层、节理与裂隙的岩体介质问题分析中，具有很强的适用性。离散元将研究对象划分为若干刚性块体，块体之间可以产生平动或转动，通过赋予不同的块体接触关系研究宏观介质的力学性态。边界元在接触边界上划分单元，用满足控制方程的函数逼近边界条件，可以准确模拟复杂的边界形状。无限元适用于无界域静、动力问题的分析，无单元法则适宜于裂纹扩展、结构破坏等问题的计算。

2　工程项目应用

2.1　Plaxis 数值计算

Plaxis 是荷兰代尔伏特理工大学研发的有限元分析程序，目前主要用于复杂岩土工程问题的弹塑性分析，如基坑、隧道、边坡及堤坝等结构物的变形和稳定性计算。Plaxis 采用 6 节点或 15 节点三角形单元建立模型，内置有板、转动弹簧、土工格栅、界面、点对点锚杆与锚定杆、隧道及 Embedded 桩等多种单元。板单元可模拟挡土墙、衬砌等结构物，土工格栅可模拟加筋土、锚杆，界面单元可模拟土-结构接触面、基坑止水帷幕或软弱夹层，Embedded 桩单元则可以模拟复合地基中的竖向增强体等。Plaxis 在轴对称和平面应变问题的分析中优势独特，在大型基坑与周边环境相互影响、软土地基流固耦合计算等项目中应用广泛。

Plaxis 引入了土体硬化（HS）和小应变土体硬化（HSS）模型，能考虑土体刚度随应力状态的变化。HS 是一种高级土体硬化模型,它采用卸载再加载模量 E_{ur}^{ref} 和剪胀角 ψ 反映土体的硬化与剪胀特性,计算结果具有高度准确性。HSS 模型则在 HS 模型上增加了 G_0^{ref} 和 $\gamma_{0.7}$ 两个应变参数,可以考虑土体剪切模量的衰减特性。图 1(扫码进入)是 Plaxis 在隧道开挖、基坑支护和边坡稳定分析中的应用,模拟结果对相关工程的设计施工、决策与优化起到了良好指导作用。

2.2 Comsol 数值计算

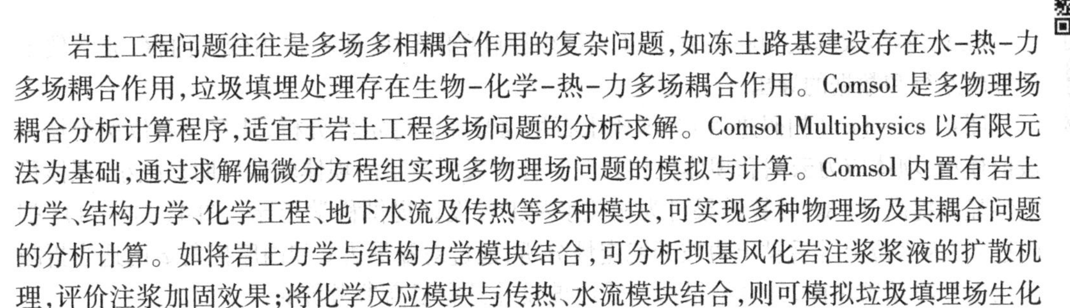

图1

岩土工程问题往往是多场多相耦合作用的复杂问题,如冻土路基建设存在水-热-力多场耦合作用,垃圾填埋处理存在生物-化学-热-力多场耦合作用。Comsol 是多物理场耦合分析计算程序,适宜于岩土工程多场问题的分析求解。Comsol Multiphysics 以有限元法为基础,通过求解偏微分方程组实现多物理场问题的模拟与计算。Comsol 内置有岩土力学、结构力学、化学工程、地下水流及传热等多种模块,可实现多种物理场及其耦合问题的分析计算。如将岩土力学与结构力学模块结合,可分析坝基风化岩注浆浆液的扩散机理,评价注浆加固效果;将化学反应模块与传热、水流模块结合,则可模拟垃圾填埋场生化降解的过程,揭示填埋场地表的沉降变形机理等。

在复杂岩土工程问题的设计、分析计算中,Comsol 可显示出其巨大的优势。它可以采用密度拓扑优化方法进行结构的优化设计,分析岩土介质受温度场影响物理力学性状的改变,并预测湿度场与应力场耦合作用下结构的健康使用寿命等。值得指出的是,Comsol 内置类型丰富的本构模型,支持用户自主创建屈服函数,开发复杂条件下的高级模型。Comsol 还支持自定义材料参数和偏微分方程组,以极具创造活力的方式完成多场耦合问题的分析。

图 2(a) ~ (c)(扫码进入)为山岭隧道风化岩注浆加固分析,通过对浆液扩散规律的模拟可以确定最佳孔排距,分析浆液有效扩散范围,评价加固后拱圈的承载性能。图 2(d) ~ (f)(扫码进入)为沿江堤防道路注浆加固分析,通过对注浆孔距、布孔方式及地表沉降的模拟,可以为复杂水文地质下的工程设计提供科学指导。

图2

2.3 FLAC 数值计算方法

FLAC(Fast Lagrangian Analysis of Continua)是基于显式"拉格朗日"算法和"混合-离散分区"的数值模拟技术,采用动态松弛法、混合离散法和显式差分法进行数值计算,适宜于模拟岩土介质的塑性流动和破坏。FLAC 将计算区域划分为四节点平面等参单元,单元遵循相应的线性或非线性本构关系。如果单元应力使得材料屈服或产生塑性流动,则单元网格会随之发生相应变形或移动(见图 3)。

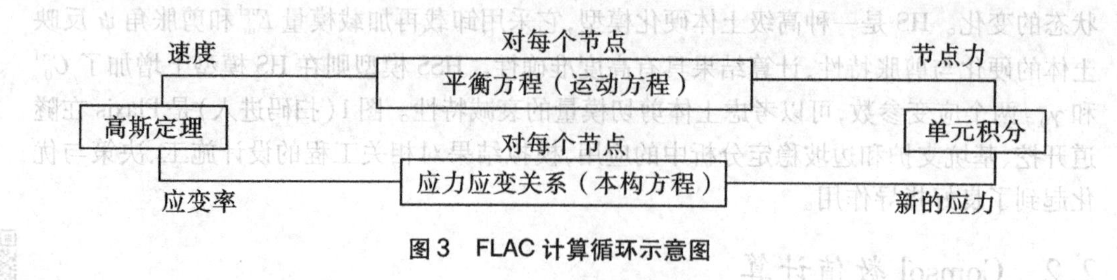

图3 FLAC 计算循环示意图

图4

FLAC 不需求解大型联立方程组，不形成刚度矩阵，因而不占用较大内存，非常便于计算的运行和数据的导出。

图4(a)~(c)(扫码进入)为碾压土石坝灌浆加固稳定性分析，从左至右依次为坝体数值模型、坝体应力云图和坝体位移云图。分析表明灌浆后坝体塑性区明显减小，坝体稳定性显著提高，FLAC 计算结果可为相关水利工程设计提供科学指导。图4(d)~(f)(扫码进入)为水位上升后黏土边坡的稳定性分析，通过对黏聚力 c 和内摩擦角 φ 的适当折减得出潜在滑动破坏面，计算结果对土质边坡设计具有很高参考价值。

2.4 PFC 数值计算方法

PFC2D(particle flow code in 2 dimensions)是基于离散介质理论建立的数值计算方法，也是目前岩土工程问题分析的有力工具。PFC2D 通过离散单元模拟介质的变形、运动及其与流体的耦合作用，单元变形的累积、叠加引起宏观介质物理状态发生相应改变。其基本思想是将岩土体划分为成许多个圆形颗粒，通过牛顿第二定律和力-位移定律进行迭代计算，实现工程问题的数值求解。

PFC2D 中的岩土材料被抽象的刚性单元代替，单元允许发生重叠以模拟颗粒间的接触力。颗粒位置、速度根据牛顿第二定律计算确定，颗粒间接触力则由力-位移法则计算确定，PFC2D 交替使用牛顿第二定律和力-位移定律，进行颗粒运动规律和颗粒变形特性的分析。第四纪地层中常含有角砾、碎石等不规则岩土介质，为准确模拟隧道开挖、路堤填筑中的不规则复杂岩土成分，PFC 允许采用 Clump 方法构建颗粒簇，创立与实际地质条件高度相符的数值模型。

图5

图5(a)~(c)(扫码进入)为颗粒流数值方法(PFC2D)在注浆工程中的应用，从左至右分别为颗粒流数值计算模型、流体域与颗粒接触关系及颗粒位移大小与方向。数值计算中通过设置不同的注浆压力，可观测到颗粒体的位移动向、速度大小及浆液的扩散分布形态，分析结果可为注浆机理研究及效果评价提供参考。图5(d)(扫码进入)为相同密实度的混合粒径颗粒流模型，通过对混合模型的三轴压缩试验，可以分析土工建筑物的变形、破坏特性，进而为项目设计、决策提供参考和指导。

2.5 Geostudio 数值计算方法

GeoStudio 由 SLOPE/W、SEEP/W、SIGMA/W、QUAKE/W、TEMP/W、CTRAN/W、AIR/W 和 VADOSE/W 等 8 个主要模块组成，适宜于岩土、地质等工程现象的分析研究。

GeoStudio 的应用领域主要有：

(1)边坡稳定分析。GeoStudio 可以利用极限平衡或有限元强度折减法计算边坡的安全系数，分析边坡濒临破坏时锚杆或土钉的应力状态。

(2)有限元稳态/瞬态渗流分析。GeoStudio 可计算基坑内外水头差作用下的稳定渗流量，求解绕坝渗流库前水头损失，预测基坑或坝基可能发生的渗透破坏形式。

(3)地基处理设计。GeoStudio 可计算软土地基固结度和沉降量的大小，分析不同排水速率下地基的变形量或破坏趋势。

(4)土动力学计算。GeoStudio 可分析地震引起的超孔隙水压力产生与消散规律，预测砂土液化范围并计算地震永久变形等。

GeoStudio 的优势在于所有计算都在同一界面下进行，用户只需建立一个几何模型就可以多次分析使用。如图 6(扫码进入)所示的堤坝渗流模型，可依次采用 GeoStudio 的 SLOPE/W、SEEP/W、SIGMA/W、QUAKE/W 等多个模块进行静动力稳定性分析。具体过程如下：①SLOPE/W 极限平衡法地基稳定性分析→②SEEP/W 等势线及断面流量计算→③SIGMA/W 坝体应力状态有限元分析→④QUAKE/W 坝基液化变形计算→⑤库岸非饱和区水-气相互作用分析。GeoStudio 的计算结果已为众多土木、水利工程项目的设计、修建，提供了科学的参考和指导。

图 6

3 结语

计算机技术的发明创造极大地推动了人类文明的阔步前进，计算机技术与岩土工程的结合则有力提升了项目建设的质量和水平。目前市场上涌现出的大型离散元、有限元通用计算程序，掀起了计算土力学研究的新热潮，并推动了岩土数值分析在边坡工程、隧道工程、基坑工程及水利工程等岩土项目建设中的应用。文中阐释了 PFC、FLAC、Comsol、Plaxis、Geostudio 等计算程序的基本特征及主要功能，并结合实例分析了其具体应用。期望着这些研究成果能为相关技术人员和科研人员提供有益参考和借鉴，进而全面提升岩土项目建设的精细化水平和质量。

不同应力路径下饱和粉土强度与变形特性试验研究

目前,北京、上海、武汉等各大城市地铁、地下通道、地下商场等城市地下基础设施正在大规模的进行建设。例如根据北京市政府的交通规划,2015 年北京将基本建设形成“三环、四横、五纵、七放射”总里长达 561 km 的地铁轨道交通网络,到时将极大地缓解当前地面交通压力大的现状,并进一步方便城市居民的交通出行。然而长期以来,由于人们对地铁等地下工程施工扰动引起的周围土体性质的改变和施工中结构与土体介质的变形、失稳、破坏的发展过程认识不足,或者对此有所认识,但没有更好的理论和方法得以解决,导致城市基础设施在建设过程中产生基坑边坡失稳及坍塌等,并造成了人员伤亡等屡见不鲜的事故。

例如:2006 年 6 月,北京市海淀区地铁十号线 3 标段发生坍塌,将两名正在施工作业的工人掩埋身亡;2008 年 11 月,杭州市萧山区地铁一号线明挖基坑发生塌方,导致临近一条市政交通主干道 75 m 长路面整体塌陷,致使二十余名工人丧生并造成恶劣的社会影响;2009 年 6 月,上海市闵行区一栋 13 层的在建的住宅楼轰然倒塌,造成楼房内一名正在装修的工人当场死亡,并产生重大经济损失;等等。

张孟喜等根据不同施工工况的特点,对不同卸载应力路径下黄土的应力—应变关系曲线、强度与变形破坏特性进行了一系列研究。结果表明,卸载作用下的强度与变形特性、变形模量及破坏特征与加载路径存在很大差别,挤长破坏的抗剪强度较压缩破坏低,挤长破坏的最大轴向应变仅为压缩破坏的 1/3 ~ 1/2;李兆平对基坑开挖扰动对土体工程性质的影响进行了试验研究(见图 1),其结果表明开挖扰动对土体的黏聚力没有明显影响,但对内摩擦角影响显著,最低影响幅度在 2°左右,随扰动程度的增大内摩擦角受影响的程度增大。

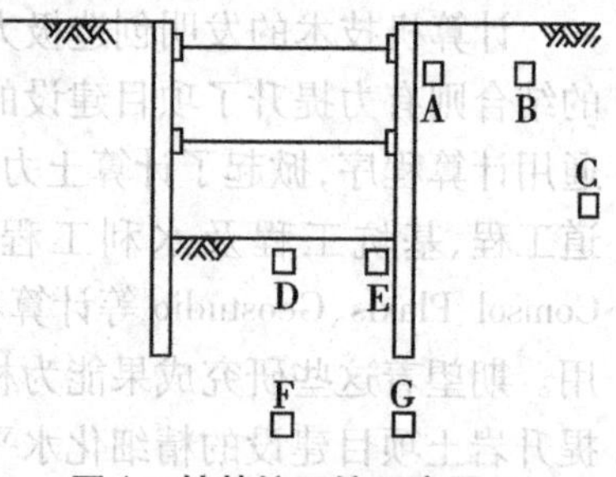

图 1　某基坑开挖示意图

本文针对北京地区典型饱和粉土进行常规三轴压缩、等 P 压缩、等压减压压缩和偏压减压压缩等不同剪切路径室内试验,拟探讨施工扰动对土体变形与强度特性的影响。

1 试样及其制备

1.1 土样的基本物理力学指标

试验土料取自北京地铁十号线二期工程“樊家村站(首都经贸大学)-石榴庄站”工地施工现场,按照《土工试验方法标准》(GB/T 50123—1999),经测定土样的基本物理力学指标如表1所示。

表1 试验土样的基本物理力学指标

土的分类定名	土粒相对密度 G_s	密度/(g/cm^3)	含水量/%	孔隙比 e	液限/%	塑限/%
粉土	2.69	1.94	22.30	0.17	31.05	22.50

1.2 制样

称取一定重量天然状态下受扰动的松散湿土,放入击实桶内分层击实。各层土料重量应相等,接触面刨毛,自然落锤轻击12次。击实完取出,放于削土器上削成直径50 mm,长度100 mm的圆柱土样。将盛装试样的饱和器放入真空缸内,抽气和充水共饱和10 h以上。

按照土工试验规程的要求,常规三轴压缩试验采用应变控制式剪切方式,剪切速率为每分钟0.1%;等P压缩、减压压缩试验采用应力控制式剪切方式,剪切速率为每分钟0.5 kPa。

2 试验剪切路径设计

基坑开挖或打桩、注浆等施工过程中,土体经受了复杂的剪切路径。为了模拟地下工程施工过程中不同位置处受扰动土体实际的应力和变形状态,即为了探讨不同剪切应力路径条件下土体的变形和破坏特性,共设计了4组实验。分别为常规三轴压缩试验(路径1)、等P压缩试验(路径2)、等压减压压缩试验(路径3)和偏压减压压缩试验(路径4)。制定的试验方案见表2。

表2　不同剪切路径的试验方案

剪切试验	编号	固结类型	加载路径	初始固结压力	控制方式
路径1	A1	等压固结	常规三轴压缩	围压 200 kPa	应变控制
	A2-1	等压固结	常规三轴压缩	围压 100 kPa	应变控制
	A2-2	等压固结	常规三轴压缩	围压 100 kPa	应力控制
	A3	等压固结	常规三轴压缩	围压 50 kPa	应变控制
路径2	B1	等压固结	等P压缩	围压 400 kPa	应力控制
	B2	等压固结	等P压缩	围压 200 kPa	应力控制
	B3	等压固结	等P压缩	围压 100 kPa	应力控制
	B4	等压固结	等P压缩	围压 50 kPa	应力控制
路径3	C1	等压固结	减压压缩	围压 200 kPa	应力控制
	C2	等压固结	减压压缩	围压 100 kPa	应力控制
	C3	等压固结	减压压缩	围压 50 kPa	应力控制
路径4	D1	偏压固结	减压压缩	围压 200 kPa 轴压 300 kPa	应力控制
	D2	偏压固结	减压压缩	围压 150 kPa 轴压 225 kPa	应力控制
	D3	偏压固结	减压压缩	围压 100 kPa 轴压 150 kPa	应力控制
	D4	偏压固结	常规三轴压缩	围压 100 kPa 轴压 150 kPa	应力控制

3 试验结果分析

3.1 应力、应变控制式剪切方式的影响

本文中常规三轴压缩试验采用了应变控制剪切试验，其他特殊路径均为应力控制式剪切。为了讨论应力应变控制式剪切方式对土体剪切特性的影响，针对均等固结的试样分别进行了应力和应变控制式常规三轴试验，以此进行对比，如路径1编号A2-1、A2-2的试样。图2表示两种剪切方式得到的偏应力-应变关系及孔隙水压力时程曲线。

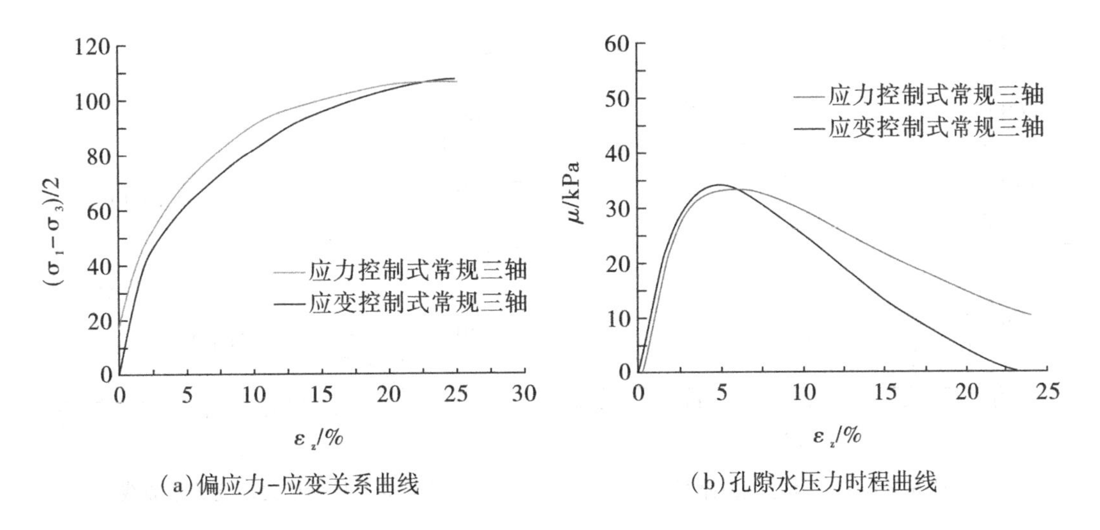

(a)偏应力-应变关系曲线　　(b)孔隙水压力时程曲线

图2　应力-应变控制式剪切试验结果对比

从图中可以看出，应力控制式、应变控制式剪切方式对粉土剪切特性似乎没有显著的影响，因此可以认为在本文所有试验结果对比中消除了剪切控制方式的影响，主要探讨剪切路径、固结比的影响。

3.2　剪切路径的影响

为了探讨不同剪切路径下即不同应力释放条件下的土体剪切特性，针对三种均等固结条件下的土样分别进行了三种不同剪切路径的试验。土样编号分别为表 1 中路径 1、路径 2、路径 3 中的 A1、A2、A3、B1、B2、B3、C1、C2、C3 等，试验结果如图 7、图 8 所示。

从图 3 中可以看出，在相同的剪切路径条件下，随初始固结围压增高，土样在相同应变时对应的剪应力明显增大，即土体表现出明显的压硬特性，但是对于相同的剪切方式，试样达到极限状态时在相同的应力比下趋于稳定。

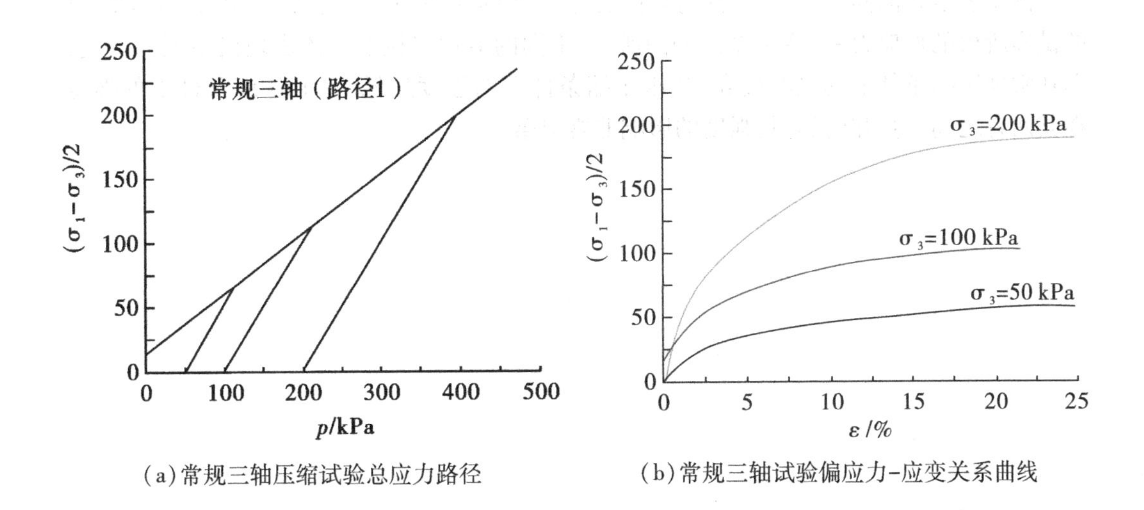

(a)常规三轴压缩试验总应力路径　　(b)常规三轴试验偏应力-应变关系曲线

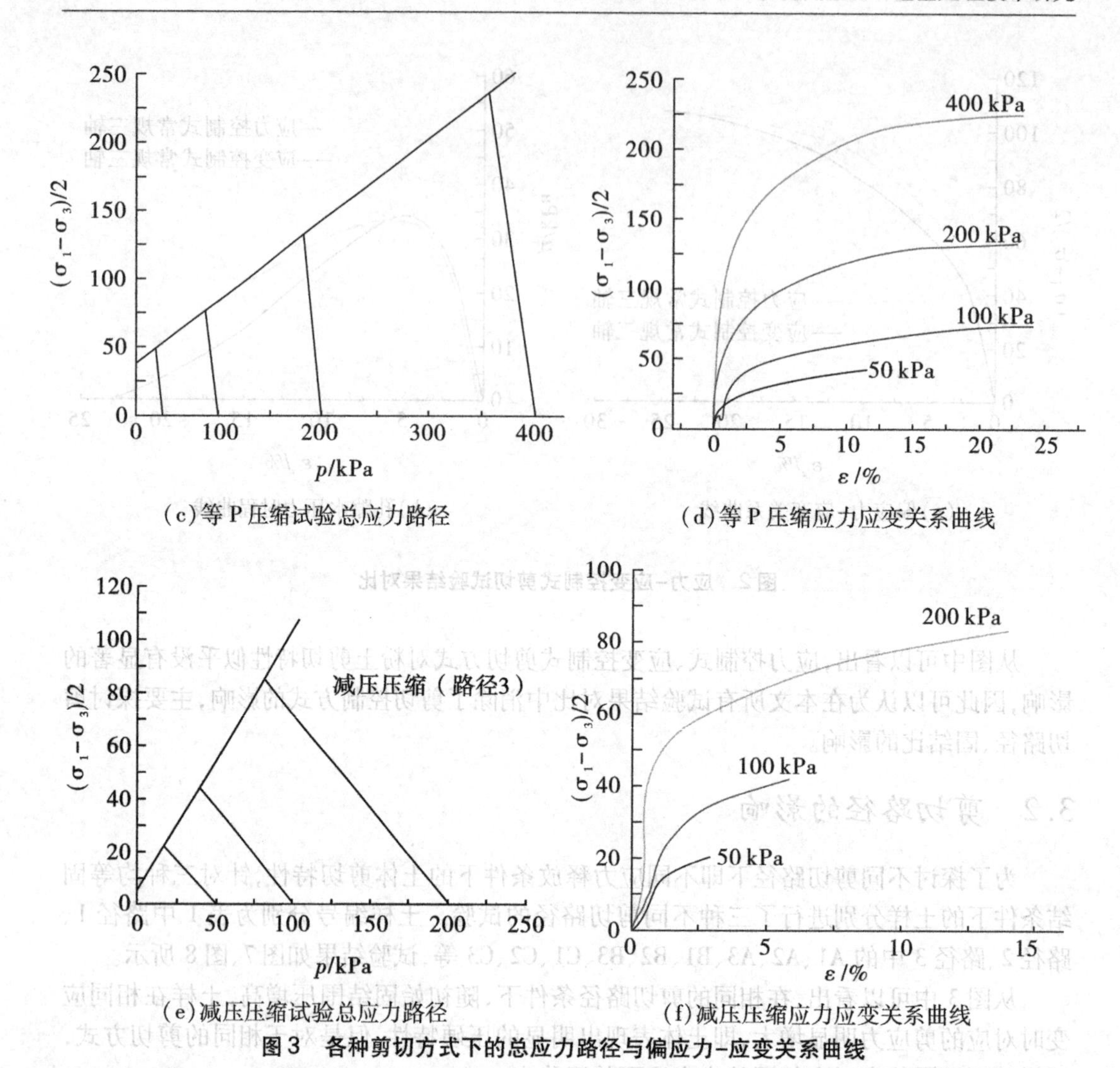

(c)等 P 压缩试验总应力路径

(d)等 P 压缩应力应变关系曲线

(e)减压压缩试验总应力路径

(f)减压压缩应力应变关系曲线

图 3　各种剪切方式下的总应力路径与偏应力-应变关系曲线

图 4 表示相同固结压力，不同剪切路径条件下的应力-应变关系，即编号 A1、B2、C1 的试样所得的偏应力-应变关系。如图所示，不同的剪切路径下土体表现出不同的强度，即在常规压缩条件下其强度最高，减压压缩条件下的强度最低，等 P 压缩条件下的强度在其两者之间，剪切路径对其强度的影响非常显著。

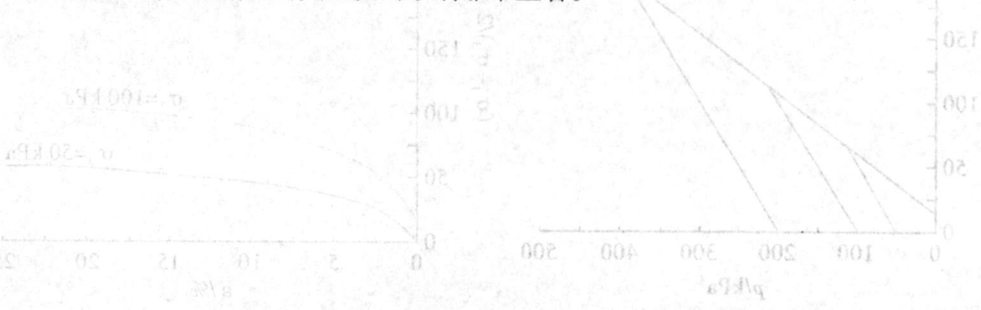

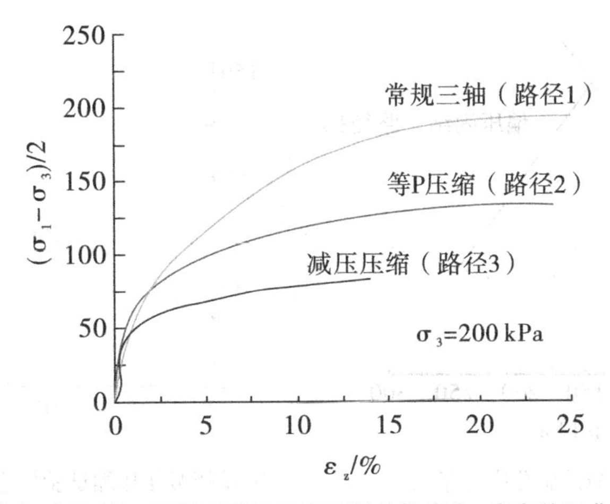

图4 200 kPa 围压下不同剪切路径的偏应力-应变关系曲线

3.3 强度结果分析

经计算，试验所设计的各剪切路径条件下，饱和粉土所发挥的内摩擦角分别为27.2°、30.8°、41.8°、16.4°，其强度指标如表3所示。

表3 各种剪切路径下的饱和粉土强度指标

力学指标 / 剪切类型	黏聚力/kPa		内摩擦角/(°)
常规三轴(路径1)	9.8		27.2
等P压缩(路径2)	23.3		30.8
减压压缩(路径3)	偏压固结	27.8	41.8
	均等固结	21.4	16.4

3.4 偏压固结试验结果分析

偏压减压压缩试验得到的偏应力-应变关系曲线及应力路径如图5所示。从图中可以看出，不同固结围压、相同剪切路径下，试样达到极限状态时在相同的应力比下趋于稳定，与等压固结条件下的试验结果是完全一致的。在偏压固结条件下土体同样显现出压硬特性，且偏压固结条件下的强度比等压固结条件下的强度有显著提高。

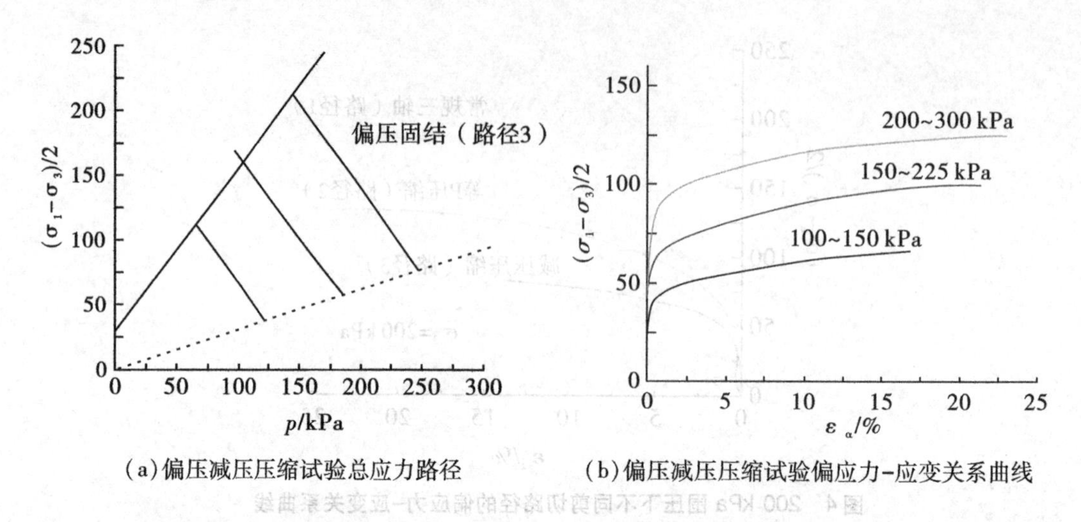

（a）偏压减压压缩试验总应力路径　（b）偏压减压压缩试验偏应力-应变关系曲线

图5　偏压固结条件下的总应力路径与偏应力-应变关系曲线

4　小结

为了模拟地下工程施工过程中不同位置处受扰动土体实际的应力和变形状态，探讨不同应力路径条件下土体的剪胀剪缩变形和破坏特性，共设计了4组实验。分别为常规三轴压缩试验（路径A）、等P压缩试验（路径B）、偏压减压压缩试验（路径C）和往复卸加载试验（路径D）。试验结果表明在不同的剪切路径下土体表现出不同的强度，在常规压缩条件下其强度最高，减压压缩条件下的强度最低，但最终在不同的应力比水平下趋于稳定，并直接影响内摩擦角大小。而且，三种剪切方式下土体均没有出现应变软化现象。试验结果所揭示的规律可为现场施工提供初步科学有益的指导。

土工测试技术及工程应用研究

我国著名岩土工程专家沈珠江院士（沈珠江，2004）指出试验土力学是现代土力学的一个重要分支。土工测试和土力学试验在土力学学科的形成、发展中占据着重要的地位，土力学的发展必须将理论和实验紧密结合起来。土工试验不可替代的作用主要表现在以下几个方面：(1)土是颗粒性、碎散性的不连续介质，只有通过试验才能揭示这种材料特有的力学性质；(2)土力学试验作为土力学科学研究的重要环节，是验证各种理论的正确性和实用性的主要手段，也是确定工程设计参数的基本方法；(3)只有通过室内或现场土工试验，才能揭示出不同固结状态、不同组成成分土的不同力学性质，对于湿陷性黄土、多年冻土等特殊土以及非饱和土和人工复合土等尤为重要；(4)土工离心模型试验、足尺试验及现场原位测试试验等可直接为土木工程建设服务，同时也是开展数值计算反算和实现信息化施工的依据（钱家欢，2000）。所以，土力学的研究和土工实践从来不能脱离土工试验工作，土力学相关理论的发展进步必须紧密依托功能日益强大和完善的土工测试技术。

1 土工室内试验

土工室内试验是在土工实验室内开展完成的试验，一般为常规测试性试验，主要包括土的基本物理性质试验、击实试验、液塑限联合测定试验、直剪试验、静动三轴压缩试验、空心扭剪试验、共振柱试验和无侧限抗压强度试验等。土工室内试验为工程技术人员开展土工测试，从而深入理解土工特性及规律创造了重要条件。

1.1 土的基本物理性质试验

土的基本物理力学性质试验主要是为了测定土的天然密度、孔隙比、含水率等基本物理指标而开展的试验。土的天然密度采用环刀法测定，含水率采用烘干法测定，而孔隙比则根据相对密度、天然密度和含水率换算而定。

1.2 直剪试验

直剪试验是简捷测定土体抗剪强度的试验，是一种重要的土工室内试验。常用的直剪仪分为应变控制式和应力控制式两种。应变控制式直剪试验在操作过程中，通过缓慢推动剪切盒下盒使试样产生水平位移，并测定剪切应变以计算土的抗剪强度；应力控制式则是对试样分级施加水平力，使土样产生剪切位移从而测定土的抗剪强度。应变控制式操作方法能较准确地测出剪切强度的变化规律，应力控制式则有较大困难，因而我国《土工试验方法标准》推荐采用应变控制式测定土体的抗剪强度（余凯，2014；李广信，2006；Kitazume M，2005），如图1所示。

直剪试验的测试结果可以为次要的、一般性的工程建设提供有效可靠的指导。但若工程的重要性巨大、技术复杂,则不能简单依赖直剪试验所得的试验指标,此时应对测试技术提出更高要求。这是由于直剪试验存在一定的局限性:试样的剪切面并不是土体受力最薄弱的平面,受力面积在剪切过程中不断发生变化;剪应力、剪应变分布不均匀;不能严格控制排水条件、不能测得孔隙水压力。

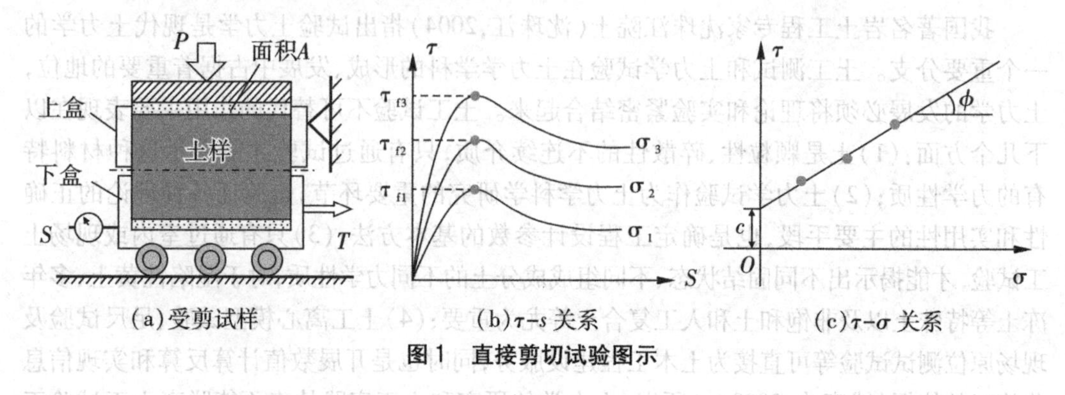

(a)受剪试样　(b)τ-s 关系　(c)τ-σ 关系

图1　直接剪切试验图示

1.3　三轴压缩试验

三轴压缩试验是土工实验室内设施相对完善、功能相对齐全的试验,且应力条件比较复合明确和均匀,可以控制排水条件和测量孔隙水压力,同时还可以进行多种应力组合试验。根据土样固结排水所要求的不同条件,三轴试验可分为不固结不排水剪(UU 试验)、固结不排水剪(CU 试验)、固结排水剪(CD 试验)三种基本方法(秦鹏飞,2010;Kitazume M,2000)。

三轴压缩试验为土工技术的发展进步做出过很大贡献,但仍然不是完美无缺的技术。从受力状态方面考虑,实际地基土处于三向应力状态,而受测试样则处于轴对称应力状态,因此无法考虑中主应力和初始固结主应力方向角等因素的影响。许多科研单位与高校的同行对三轴试验仪器的改进、研制及开发做出了很大努力,研制出了一批新型三轴试验设备。如建研院地基所开发研制出能自动控制应力路径的多功能三轴仪,同济大学参考国内外相关三轴测试技术研制出一种 K_0固结真三轴仪,西安理工大学开发拉压与扭剪功能制备出双向三轴仪,河海大学与日本等国外技术专家合作共同研制了一种新型的多功能静动三轴仪,香港理工大学设计和改进了一种新的双室三轴仪。

1.4　共振柱试验

共振柱试验是一种利用振动波在试样中传播的特性来测定试样的模量及阻尼比的土工实验。共振柱仪的基本原理是在一定湿度、密度和应力条件下的圆柱或圆筒形土样上,以不同频率施加纵向激振或扭转激振使土样扭转向振动或纵向振动,测定其共振频率,以确定弹性波在土样中传播的速度,再切断动力测出其振动衰减曲线。根据这个共振频率和土样的几何尺寸,计算土样动模量 G_d或 E_d,根据衰减曲线计算阻尼比 λ。

1.5 动三轴试验

动三轴测试技术在动三轴仪中测试完成，其与静三轴测试技术的区别在于轴向采用周期动荷载。动三轴测试仪由三个部分组成：压力室及加压系统；激振器及激振系统；量测试件动应力、动应变和动孔压的量测装置。根据轴向周期动荷载施加方式的不同，常见的动三轴仪分作电磁激振式，液压式和气动激振式等几种。实验操作过程中圆柱形试件受轴向动荷载作用而发生竖向振动或竖向与侧向双向振动，孔压和应力应变量测装置可以对试样的孔隙水压力及动应力、动应变等参数进行量测，用以判定土样液化可能性及其他土动力学特征的相关研究（许成顺，2006；贺瑞霞，2009）。

20世纪七八十年代中国水利水电科学研究院等国内相关科研院所采用动三轴仪对砂土的动力特性进行了研究，取得了系统的研究成果。国内其他高校和科研院所纷纷借鉴效仿，极大地推动了动三轴仪测试技术在土动力特性教学和科研试验中的应用。

1.6 无侧限抗压强度试验

无侧限抗压强度试验是使试样处在无侧限的状态和条件下开展的试验。试验时直接在试样顶部施加轴向压力直至试样破坏，从而确定土体的抗剪强度。无侧限抗压强度试验较三轴压缩试验简便快捷。

2 现场试验

在施工现场或野外开展的试验一般为现场试验，主要有静载荷试验、标准贯入试验、静动力触探试验和十字板剪切试验等。现场测试试验同样是重要的土工测试技术，它可以弥补室内试验测试结果的不足，同时它还是工程勘察、地基承载力检测的重要方法和手段。

2.1 静载荷试验

静载荷试验是检测地基承载力大小的一种现场测试技术。试验过程中通过圆形或方形承压板逐级对地基缓慢施加荷载，用以模拟建筑物产生的实际基底压力 p，并同时记录各级荷载所作用所产生的地基沉降量 s。通过对 p–s 关系曲线的分析整理，结合弹性理论公式便可求得土的变形模量和地基承载力，如图 2 所示。静载荷试验适用于砂土、粉土、黏性土地基及各种复合地基的承载力检测（王毅红，2010）。

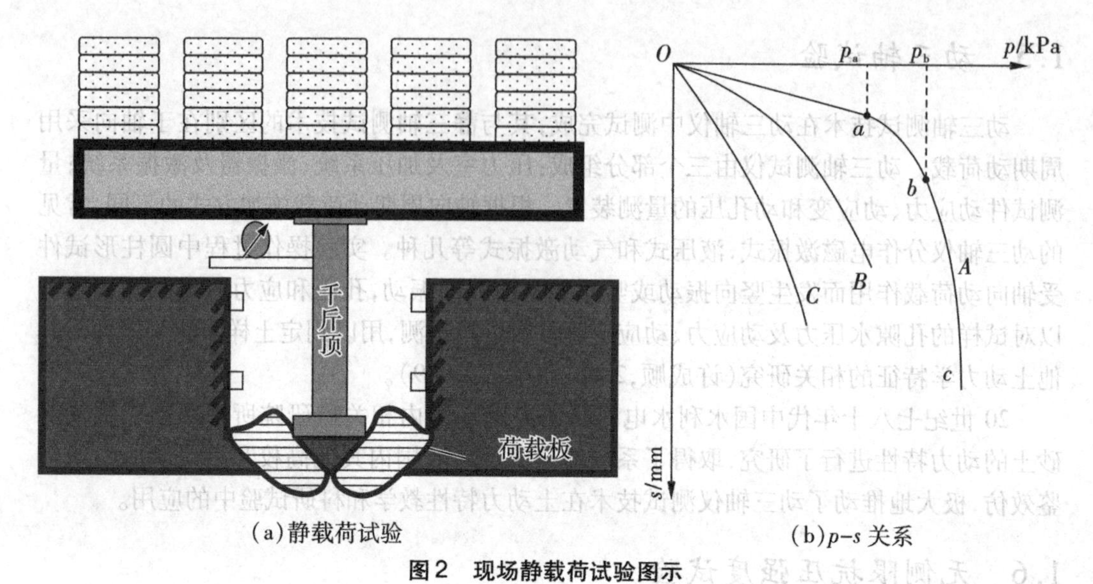

(a)静载荷试验　　(b)$p-s$关系

图2　现场静载荷试验图示

地基检测中常用的静载荷试验主要有浅层平板载荷试验、深层平板载荷试验、岩基载荷试验、复合地基载荷试验、桩(墩)基载荷试验和锚杆(桩)试验。根据加载方式的不同可采用竖向抗压试验、竖向抗拔试验和水平载荷试验。静载荷试验能够比较准确地反映出建筑物地基受荷产生沉降变形直至破坏的全过程,试验结果真实、准确、可靠,已被工程界普遍认可和接受,并被列入各国地基承载力检测的规范或规定中。

2.2　静动力触探试验

静力触探(CPT)是通过一定的机械装置,利用准静力将标准规格的金属探头垂直均匀地压入土中,从而测定土层阻力和地基承载力的原位测试技术。测试过程中金属探头由于受到土层的阻力而产生一定的压力,其大小与土的强度成正比。测试装置的金属探头内置有电子传感器,可以将土层的阻力转换为电讯号,由仪表测量并显示出来。根据需要还可实现数据的自动采集和静力触探曲线的自动绘制。静力触探试验数据可用于土层分类、承载力的确定、土的变形性质指标和单桩承载力估算以及粉、砂土的液化判别等。

动力触探(DPT)是利用一定的锤击能量,将一定规格的探头打人土中,按贯入的难易程度来评价土的力学性质。对难以取样的碎石类土及静力触探难以贯人的土层,动力触探是十分有效的测试手段。

2.3　标准贯入试验

标准贯入试验(SPT试验)是地基液化判别和工程地质勘察中广泛采用的一种原位测试技术(刘翔宇,2016;邵青,2016),试验设备主要有标准贯入器、触探杆和穿心锤等三部分。试验操作时令质量为63.5 kg的穿心锤沿导杆自由下落,将贯入器击入土中。贯入器入土深度自150 mm至300 mm所需要的锤击数称为标贯锤击数,用以评定砂土的密实度和黏性土的强度、变形模量及液化可能性。

标准贯入试验在岩土工程勘察和地基处理中还可作为砂土分类和确定砂土地基承载力的参考依据，对钻探不易取样的砂土和砂质粉土进行物理、力学性质的评定具有独特的意义。

2.4 旁压试验

旁压实验是一种钻孔横向载荷实验，是工程地质勘察和公路工程等建设中常用的现场测试技术，常分为预钻式、自钻式和压入式3种。试验过程中通过施压使旁压器产生膨胀，旁压膜则将膨胀压力传给钻孔周围的土体，连续施压直至土体发生破坏。根据测得的膨胀压力与土体变形之间的关系，可以绘制应力-应变（或钻孔体积增量、或径向位移）关系曲线，从而实现对所测土体的承载力、变形性质等性能的评价（郭建波，2014；谢焰云，2013；王广禄，2013）。

旁压试验测试技术20世纪30年代由德国工程师Kogler发明，之后迅速在各国推广使用。旁压试验的主要优势表现在：（1）实用性大。旁压试验可同时评定地基土的强度和变形两种性能，测试结果能直接反映出承载力f_a、旁压模量E_m、初始压力P_0、临塑压力P_f、极限压力P_L以及侧向基床反力系数K_h等参数的大小。（2）适用性广。旁压试验在卵石土、碎石土、粗砂土、粉土、黏性土以及软岩和极软岩等地基中均有广阔应用，而且测试结果不受地下水的影响，最大测试深度可达20~30 m深。（3）可操作性强。旁压试验投入机械设备少，操作简单、灵活。

2.5 十字板剪切试验

十字板剪切试验是测定饱和软黏土的不排水抗剪强度及灵敏度等参数的现场测试试验。试验所测得的抗剪强度值，相当于天然土层在试验深度处原位固结压力下的不排水抗剪强度。试验时通过施加外力将十字板压入一定深度的软黏土中，并通过对板架施加扭矩，使十字板在土中缓慢等速旋转一周，形成一个圆柱形的土体破坏面，如图3所示。根据圆柱体表面抵抗力矩的大小，可以换算出土的抗剪强度（邓代强，2014；刘亚洲，2013）。

十字板剪切试验不需要采集土样，最大限度地保持了软黏土的天然应力状态和原状结构，测试结果具有较高的准确度和代表性，是一种推广价值较高的现场原位测试技术。研究人员通过对现场测试和室内测试的结果进行对比分析发现，十字板剪切试验所得的抗剪强度普遍高于三轴压缩试验和无侧限抗压强度试验等室内试验所得的抗剪强度，其幅度高达10%~30%。就目前土工测试技术的发展水平，采用十字板剪切试验评价饱和软土的强度特性具有其他方法无法比拟的优点。

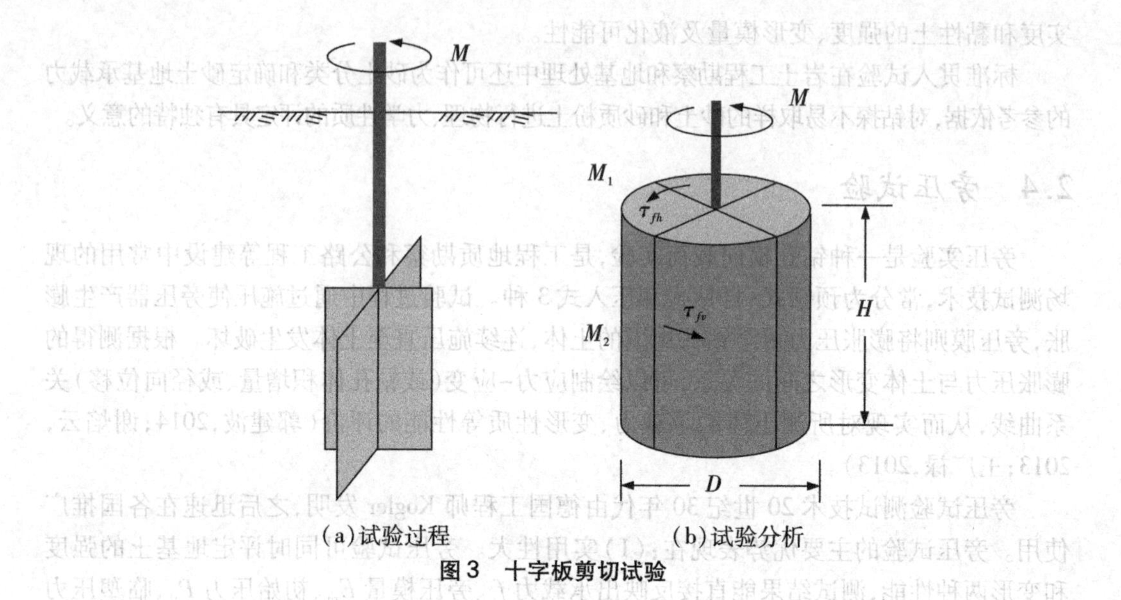

(a)试验过程 (b)试验分析

图3 十字板剪切试验

3 小结

土工测试和土力学试验在土力学学科的形成、发展中占据着重要的地位，土力学的发展必须将理论和实验紧密结合起来。系统分析总结了土的基本物理性质试验、直剪试验、三轴压缩试验、共振柱试验、无侧限抗压强度试验等室内试验以及静载荷试验、标准贯入试验、静动力触探试验、旁压试验和十字板剪切试验等现场试验的试验方法，为土工技术人员从事相关测试研究提供参考和借鉴。

软土地铁车站注浆加固技术分析

地铁等地下轨道交通是缓解城市地面交通压力的重要工具,伴随着我国经济的不断发展,城市化进程的不断加快,地铁工程建设正在飞速进展,各大城市诸如北京、天津、上海、广州、郑州、武汉、青岛、长沙等均有多条地铁线路在建或筹建。郑州市政府远景规划21条地铁线路,截至2019年底地铁1号线、2号线、5号线及城郊线已经开通运营。软土层地铁车站建设过程中存在承载拱松动变形、地表沉降、渗水或流砂突泥等一系列技术难题,因此在施工中采取注浆技术对薄弱区域进行加固治理至关重要。

1　工程概况

东大街站是郑州市轨道交通3号线一期工程的第11个车站,是实现郑州轨道交通南北联动的关键工程。东大街站有效站台中心里程为右DK18+056.631,设计起点里程为左线DK17+969.531,设计终点里程为左线DK18+136.531。该地铁车站采取地下三层岛式站台设计,站址处自然地面标高95.17~95.41 m,规划4个出入口,2组风亭,1个换乘通道。车站主体结构长167 m,标准段宽19.6 m,有效站台宽13 m,顶板覆土厚度3 m。车站主体结构为钢筋混凝土箱型结构,采用暗挖法施工作业,结构外墙铺贴卷材防水层作防水处理。车站周边楼房密集,地面车流量大,建筑环境复杂,见图1(a)(扫码进入)。

1.1　工程地质

图1

郑州市区出露地层全部为第四系地层,自下更新统至全新统均有沉积,地层总厚度50~200 m,自西南向东北由薄变厚,与下伏上第三系地层呈角度不整合接触。根据勘察单位所提供的工程地质勘察报告,结合郑州区域地质资料和附近其它工程的相关地质资料,可将本建设场区划分为4大地质类层,自上而下分别为人工填土层、第四系全新统冲洪积层、第四系上更新冲洪积层、第四系中更新统冲洪积层。根据各层土工程力学性状的具体差别,进而可细划分为8类亚层,见图1(b)(扫码进入)。施工影响范围内主要土层物理力学参数请见表1。

表 1 施工影响范围土层物理力学参数

岩土分层	时代成因	岩土名称	天然密度 ρ g/cm³	含水率 w %	抗剪强度指标 内摩擦角 φ_{cu} (°)	抗剪强度指标 黏聚力 c_{cu} kPa	静止土压力系数 K_0 MN/m⁴	基床系数 垂直 K_v MN/m⁴	基床系数 水平 K_h MN/m⁴
1_1	Q_4^{ml}	杂填土	1.7	8.6	20	12	0.68	21	19
1_3	Q_4^{ml}	砂质粉土填土	1.75	11.3	21	13	0.70	20	19
2_{32}	Q_{4-3}^{al}	砂质粉土	1.88	16.4	22	15	046	21	19
2_{41}	Q_{4-3}^{al}	粉砂	2.05	16.9	23	14	0.38	35	32
2_{51}	Q_{4-1}^{al+pl}	细砂	2.07	18.2	25	7	0.35	45	42
2_{51A}	Q_{4-1}^{al+pl}	砂质粉土	2.09	19.7	25	17	0.40	35	32
3_{24}	Q_3^{al}	粉质黏土	2.01	21.4	21	32	0.40	40	38
3_{25}	Q_3^{al}	粉质黏土	2.00	22.8	22	34	0.39	38	36
3_{26}	Q_3^{al}	粉质黏土	2.00	23.1	24	36	0.38	40	38
4_{21}	Q_2^{al}	粘质粉土	1.99	22.8	26	38	0.37	45	42

1.2 水文地质

本车站施工影响范围内无河流等地表水，含水层区域可认定为Ⅰ级水文地质单元。现场水文地质钻探和抽水试验分析表明，勘探深度范围内的地下水主要为潜水，稳定水位埋深为 19.4～19.7 m，水头标高 89.95～90.47 m。区域水文地质资料显示，潜水水体流向与地形坡度基本一致，水力坡度约为 0.5‰，潜水主要受大气降水和侧向径流补给。该建设场区第四系全新统、第四系冲洪积砂层以下存在微承压水，水量较丰富。

2 承载拱注浆加固分析

东大街地铁车站开挖作业在含水层中进行，渗水会引起承载拱及周围土体强度降低，侵蚀隧道衬砌、仰拱和侧墙，影响工程安全。现场决定采取注浆技术加固掌子面及其外侧土体，提高隧道拱圈的承载力，改善施工作业的工作环境。水泥材料选用郑州某水泥厂生产的普通硅酸盐水泥，所配备水泥浆液的基本性能参数见表 2。

表2　现场注浆浆液基本性能

水灰比	密度/(g/cm^3)	析水率/%	屈服强度/Pa	塑性黏度/(mPa·s)	初凝时间/h	终凝时间/h	净浆结石体强度/MPa
0.8	1.63	5	35	10-90	7	13	27.6

2.1　Comsol 注浆分析

浆液在被注介质内的运移扩散是介质应力场和浆液渗流场的耦合作用过程，浆液的渗流流动改变了被加固土体的弹性模量，土体弹性模量等应力参数的变化影响孔隙的分布，孔隙分布形态的改变则反过来作用于浆液的渗流扩散进程。基于各向同性介质的弹性本构关系和多孔介质的渗流规律，土体的应力场方程可以表示为：

$$\begin{cases}\sigma_{ij}-\sigma_0=C_{ijkl}:(\varepsilon_{kl}-\varepsilon_0)-\alpha p_f\delta_{ij}\\ \sigma_{ij,j}=-F_i\\ C_{ijkl}=\lambda\delta_{ij}\delta_{kl}+\mu(\delta_{ij}\delta_{jl}+\delta_{il}\delta_{jk})\end{cases}\tag{1}$$

$$\begin{cases}\lambda=\dfrac{vE}{(1+v)(1-2v)}\\ \mu=\dfrac{E}{2(1+v)}\end{cases}\tag{2}$$

式中，σ_{ij}和σ_0为土体应力和初始应力；ε_{kl}和ε_0为土体应变和初始应变；C_{ijkl}为弹性张量；α为 Biot 孔隙弹性系数；p_f为浆液渗透压力；λ、μ 为一阶和二阶拉梅常数；$F_i=\rho g$，$\rho=(1-n)\rho_s+n\rho_f$，ρ_s是土体的密度，ρ_f是浆液的密度，n 为多孔介质的孔隙率。考虑应力场耦合作用的影响，多孔介质中浆液的渗流场方程为

$$\begin{cases}\rho_f S\dfrac{\partial p_f}{\partial t}+\nabla(\rho_f u)=-\rho_f\alpha\dfrac{\partial\varepsilon_v}{\partial t}\\ u=\dfrac{\kappa}{\mu_f}(\nabla p_f+\rho_f g\nabla D)\\ S=\dfrac{n}{K_f}+(\alpha-n)\dfrac{1-\alpha}{K_s}\end{cases}\tag{3}$$

式中，K_f、K_S分别为浆液和土体的体积模量；μ_f为考虑时变效应的流体黏度；∇D 为重力方向的向量。

基于 Comsol 有限元程序的流固耦合模块，可以实现注浆过程中浆液渗流场与土体应力场的耦合分析。图 2(a)、(b)(扫码进入)为 1 MPa 注浆压力作用下，小导管角度分别为 30°、60°、90°、120°和 150°时浆液的扩散分布情形。从图中可以看出，由于小导管间隔距离较大，浆液扩散不充分，土层内部分区间未得到浆液的有效充填，不能达到良好的预期效果。

图2

图 2(c)、(d)(扫码进入)为 1 MPa 注浆压力作用下，小导管角度分别为 20°、40°、60°、80°、100°、120°、140°和 160°时浆液的扩散分布情形。从图中可以看出，小导管间隔距离缩小后浆液扩散较为充分，土层内有效充填浆液基本饱满，能够取得良好的预期

效果。

2.2 承载拱加固效果检测

图3

采用Comsol的岩土力学模块,对注浆加固后承载拱的受力性能进行了检测分析。从图(3)(扫码进入)可以看出,在150 kPa荷载作用下承载拱Mises应力基本控制在60 kPa左右,最大沉降位移不超过2 cm。经注浆加固后承载拱力学性能显著提高,完全满足轨道交通和地面交通安全通行的需要。

3 站台地基注浆加固分析

图4

为保证轨道交通的长期安全运营,对车站站台地基进行了注浆加固处理。注浆孔分别设计为矩形和梅花形布置,注浆孔间距2 m,最大注浆压力1 MPa。图4(扫码进入)为正方形和梅花形布孔条件下浆液的扩散分布情形,从图中可以看出,两种布孔条件下浆液扩散分布都比较均匀,可以达到预期加固效果。为方便施工选取正方形布孔注浆设计方案。

为检测注浆加固的效果,仍然采用Comsol岩土力学模块对加固土的承载力和沉降变形进行分析计算。

图5

从图5(扫码进入)可以看出,在100 kPa荷载作用下站台地基的Mises应力基本控制在100 kPa左右,最大沉降位移不足1 cm;300 kPa荷载作用下站台地基的Mises应力基本控制在200 kPa左右,最大沉降位移不足3 cm。经注浆加固后站台地基力学性能也显著提高,能满足轨道交通安全运营的需要。

4 小结

地铁等轨道交通的建设缓解了郑州市公共交通的压力,提升了郑州市的城市形象和软实力,为助力实现中原崛起做出了积极贡献。基于流固耦合的Comsol有限元程序对郑州市轨道交通3号线东大街站隧道拱圈和站台地基进行了注浆分析,结果表明小导管间距较大时浆液扩散不充分,适当缩小小导管间距土层内有效充填浆液基本饱满,能够取得良好的预期效果;正方形和梅花形布孔条件下浆液的扩散分布都比较均匀,效果显著。经注浆加固后承载拱和站台地基力学性能大大提高,完全满足轨道交通和地面交通安全通行的需要。

颗粒流 PFC2D 计算方法及应用研究述评

PFC2D(particle flow code in 2 dimensions)是基于离散介质理论而建立的一种新的数值计算方法,是目前用于岩土等碎散颗粒介质数值计算分析的有力工具。PFC2D 通过离散单元方法来分析圆形颗粒介质的运动及其相互作用问题,比较符合岩土等离散介质的工程特点。PFC2D 所建立的数值模型是有限多个颗粒单元的集合体,通过对细观颗粒单元的受力、变形和位移分析,实现对宏观岩土介质的物理力学性状的研究。PFC2D 数值计算程序的基本求解思路,是将实际工程问题的物理特点进行抽取和概化,建立起反映实际工程问题的数值模型,将工程问题和物理问题映射到数学领域进行求解。颗粒单元通常被设计为圆形,并赋予一定的物理力学参数、接触本构关系和边界条件,通过对数学方程的运算和求解,达到对工程问题分析的目的。

1 PFC2D 基本原理

1.1 基本假设

PFC2D 在数值计算中作了一定假设,主要如下:

(1)单元为理想的刚性体;

(2)颗粒单元仅在极小的范围内产生接触;

(3)颗粒间的接触被赋予一定的接触本构关系;

(4)颗粒接触的地方允许发生一定量的“重叠”,重叠量极小,颗粒接触间的重叠满足力-位移定律;

(5)单元体被设计为标准的圆形。

1.2 主要特点

PFC2D 的主要特点表现在:

(1)计算效率高。由于 PFC 模拟计算的对象是纯粹的圆盘颗粒,圆颗粒在相互接触时其“叠合”特征表现为不同半径圆的相交,这比块体单元的叠合特征更容易判断和描述。块体单元接触时其“叠合”特征远比圆形单元复杂。

(2)PFC2D 采用按时步显式的计算方法,计算过程不存在迭代和收敛问题。显式计算过程中的所有矩阵不需存贮,因此对计算机的内存消耗小。

(3)颗粒流程序能同时生成成千上万个颗粒,PFC 内置的强大计算功能能同时对成千上万个颗粒的相互作用进行动态模拟计算。

(4)颗粒流模拟的计算对象虽然是由堆积在一起的离散单元组成的集合体,但这些颗粒彼此间是独立的,受力后颗粒单元可以彼此分离,因此能够有效实现大变形问题的模拟计算。

1.3 接触本构关系

PFC2D 模型中的颗粒单元是刚性体,但颗粒之间的接触却是“柔性接触”,接触处允许产生一定量的“重叠”。目前通用的颗粒流计算方法中设置有 3 种接触本构模型,分别为接触刚度模型、滑动模型和连接模型,具体计算时可根据需要进行选择。接触刚度模型类似于一维拉伸的胡克定律,表征颗粒间接触力与相对位移的弹性关系;滑动模型最明显的特征是能够体现切向和法向接触力与颗粒间的相对滑动关系,适用于颗粒间不存在黏结力的砂土地层;而连接模型表征颗粒连接处的连接关系,适用于颗粒间存在黏聚力的黏性土地层。

2 渗流及管涌

渗流问题是岩土工程中常见的重要问题,渗流问题的正确求解对于基坑工程等地下工程和土石坝等水利工程的安全建设具有重要的意义。由渗流引起的土蚀和管涌等渗透破坏现象的研究也是亟需解决的重大课题,颗粒流数值计算方法 PFC2D 在此计算方面显示出了独特的优势,已有众多学者做出了创新性研究成果。

2.1 渗流

周健、张刚基于流固耦合原理的颗粒流理论,成功地将颗粒体与流体域完美耦合,利用遵从流体流动法则的流动方程和压力变化方程,实现了水体在土中的渗流过程。数值模拟结果表明,水体渗流规律符合达西定律,如图 1 所示。这一研究成果为 PFC2D 在渗流和渗透破坏方面的应用奠定了理论基础;刘洋针对饱和多孔介质的渗流特点,采用固相颗粒和液相流体耦合的细观力学模型,对二维渗流问题进行了模拟验证;周健、姚志雄基于散体介质理论,利用 PFC2D 内置 FISH 语言定义的流固之间的作用力方程和压力梯度方程,求解不可压缩流体中两相介质的连续方程和 Navier-Stoke 方程,利用该理论模拟不同水压下渗流引起砂土特性变化的全过程,数值试验得到了流速、渗透系数、孔隙率和砂的流失量等参量的定性变化规律,模拟结果与试验结果相符。

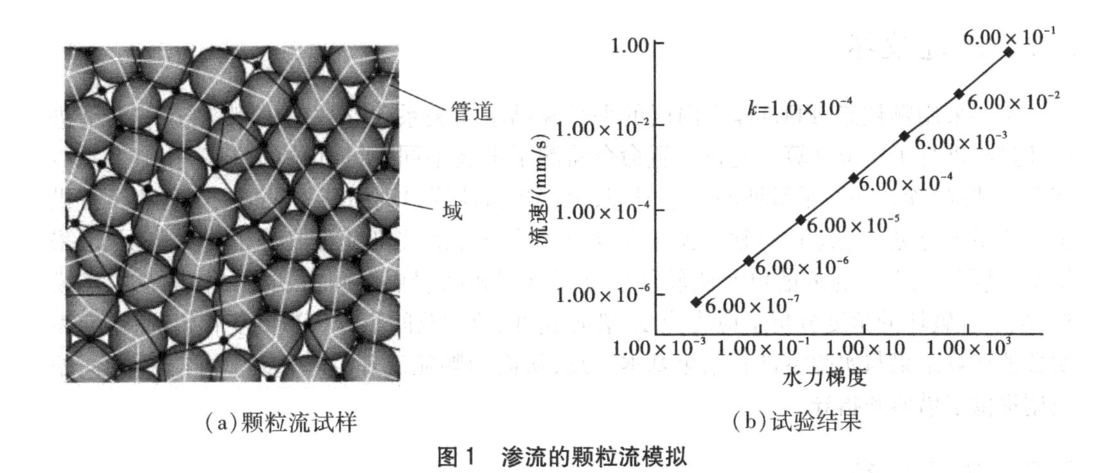

(a)颗粒流试样　　(b)试验结果

图1　渗流的颗粒流模拟

2.2　管涌

倪小东采用颗粒流方法对水体在砂槽内的渗流至管涌破坏过程进行数值模拟,得到了多孔介质中土颗粒从层流到紊流状态的运移变形情况。研究表明颗粒流数值模拟方法是研究离散介质渗流特性的理想途径,在流固耦合及复杂渗透变形等问题方面的研究上具有独特优势和广阔前景;周健、周凯敏对离散元理论的颗粒流程序进行开发,根据岩土介质的渗流规律建立数值模型,对砂土的管涌破坏过程进行分析计算,得到了砂料流失量、砂土颗粒间接触力、砂样孔隙率及渗透系数和水力梯度等参数的变化情况,对于从细观角度揭示管涌破坏机理及提供相关防治对策指明了方向;游碧波采用颗粒流程序PFC2D 中的线性接触刚度模型和平行黏结本构模型建立了双层堤基管涌的数值模型,通过数值试验记录得到了管涌过程中颗粒流失量、水力梯度、孔隙率和流速等参数的变化情况。研究结果与室内试验结果基本一致,表明颗粒流 PFC2D 程序在渗流及渗透破坏方面的研究上具有高度的可靠性和可信性,为其在渗透破坏方面的深入研究应用提供了有力支持。

3　边坡稳定分析

边坡失稳而产生的滑坡等现象是一种常见的地质灾害,每年因滑坡而造成的人员伤亡及财产损失不可估量,关于滑坡机理的深入研究也是目前岩土工程领域中亟需解决的重大课题。边坡的失稳破坏运动是一个存在岩土体的滑动、平移、转动的复杂过程,具有宏观上的不连续性和单个块体运动的随机性。采用颗粒流模拟土坡的变形破坏全过程,不需要假定滑移面的位置和形状,颗粒根据所受到的接触力调整其位置,最终从抗剪强度最弱的面发生剪切破坏,因此离散元法是模拟边坡变形破坏力学行为的比较理想的途径。

3.1 渐进破坏

王宇采用颗粒流(PFC)程序内嵌的平行黏结本构关系建立数值模型,对边坡的渐进破坏过程进行了模拟计算。通过设置命令监测了滑坡不同关键部位的位移、孔隙率及应变变化情况,深入探究了滑坡的产生机理,根据数值计算得到的结果对现场工程决策提供了一定指导意见。聂琼针对软弱夹层等复杂地质条件滑坡机理难以分析的具体困难,采用基于颗粒流理论的离散单元法软件建立了软弱相间岩层层间剪切带试样的颗粒流模型,从渐进破坏的角度分析了应力应变、裂隙宽度、角度及间距等参数的变化情况,研究表明数值计算结果与实验室试验结果基本一致,从而为颗粒流理论在边坡稳定分析方面的应用提供了借鉴和指导。

3.2 边坡失稳

周健、王家全为了实现对边坡失稳和破坏过程及机理的分析,将强度折减法和重力增加法的计算思想引入颗粒流理论中,采用 PFC2D 软件对边坡稳定及破坏进行尝试性分析。研究发现采用颗粒流程序进行边坡机理分析时不需假定潜在滑裂面的位置及形状,能节省传统条分法的大量工作量。研究还发现边坡破坏时数值模型中的颗粒单元体根据所受接触力的大小自动调整位置,最终沿抗剪强度最弱面破坏。研究结果真实可信,为边坡稳定计算提供了一种新的方法;张小雪采用颗粒流理论建立数值模型,结合岩土介质的摩尔-库仑破坏准则,对黏性土坡在重力荷载作用下的失稳破坏过程进行了分析计算。研究得到了滑坡发生、发展演变的全过程,表明颗粒流方法在边坡稳定分析方面具有较高的可行性和一定的优越性。周健、王家全根据砂性土坡和黏性土坡的不同物理和工程特点分别建立数值模型进行分析计算,对土坡的破坏形式及过程进行研究。分析结果表明,不同物理力学性质的土体直接决定着边坡的破坏类型,砂性土呈现出塑性破坏特征而黏性土则呈现脆性破坏特征。

4 注浆研究

基于细观力学的颗粒流数值模拟方法,可以从细观角度研究注浆过程中颗粒的位移和变形运动,分析注浆过程中颗粒和浆液间的流固耦合作用,从而为注浆机理的分析研究开辟了一条新的途径。近年来相关学者针对注浆机理和注浆效果等重大课题做出了尝试研究,取得了许多宝贵的成果。

4.1 注浆机理

郑刚针对劈裂灌浆作用的力学机理做了深入分析,在此基础上采用土体颗粒与“域”耦合作用反映裂缝形成过程,从而建立了可模拟、能观察裂缝的产生、展开的劈裂注浆全过程的颗粒流模型,如图 2 所示。分析所得结果与工程实际结果基本一致,充分体现了颗粒流方法在注浆机理研究方面的优越性,对工程实践具有较强的指导意义。袁敬强采用基于离散单元法的二维颗粒流程序 PFC2D，对结构软弱承载力低的地层进行了灌浆过程的细观模拟研究，并分析了不同渗透性质、不同注浆压力、不同注浆时间及不同颗粒黏结强度等参数对注浆效果的影响，最后结合工程实例进行了数值计算，在现场取得了很好的效果。

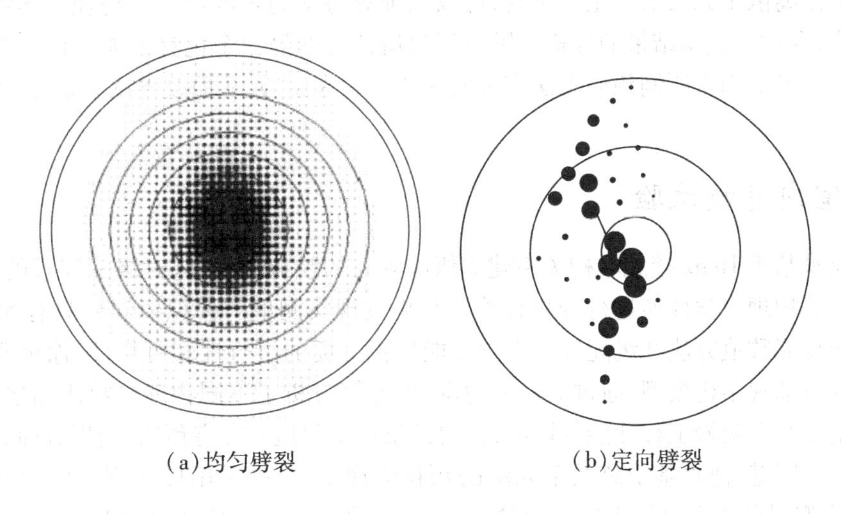

(a)均匀劈裂　　(b)定向劈裂

图2　注浆过程的颗粒流模拟

4.2　注浆效果

吴顺川利用 PFC2D 软件模拟了单孔条件下不同注浆压力对灌浆效果的影响，发现随注浆压力的提高在钻孔附近土体出现显著的压密效应，而在钻孔外围出现拉应力并不断扩大范围，直至产生劈裂注浆效应；随后又模拟了多灌浆孔存在的情况下浆液扩散及劈裂效应产生的规律，发现当灌浆压力控制在适宜值时，各灌浆孔之间能够互相贯通、交叉形成网状浆脉，土性改善达到最为理想的效果。孙锋利用 PFC2D 计算软件内置的 Fish 语言和 FISHTANK 函数库建立浆液的流动方程和压力方程，针对致密土体的劈裂注浆过程进行了细观模拟研究，并同时分析了颗粒的细观参数对劈裂注浆效果的影响。计算结果表明注浆压力较低时土体内不会产生劈裂现象，劈裂注浆需要足够大的压力。劈裂灌浆中注浆压力的确定应以浆脉网络的形成为宜，过高压力易引起地层结构的破坏。而土体颗粒的细观参数如粒径比、摩擦系数及黏结强度等对劈裂灌浆效果有一定影响。随后通过注浆现场试验对这些结论进行了检验，证明了颗粒流计算程序的可信性和可靠性。宿辉从细观角度分析了灌浆过程中浆液在粗砂层中流动扩散的特点，根据灌浆压力的大小将浆液的流动扩散分为渗透、压密和劈裂三个阶段，分别分析了各灌浆阶段浆液的扩散规律及孔隙率的变化情况。研究结果表明，离散单元计算方法 PFC2D 能很好地反映灌浆过程中浆液的扩散规律，是注浆机理研究的一条理想途径。

5 土工试验

颗粒流离散单元法引入土工试验,可以从细观力学的角度对土工物理力学性质进行理论研究,深化对试验结果的分析。颗粒流数值计算的另一个优势是能完成一些由于经费、时间、技术等因素所制约而无法实施或完成的物理试验,从而改善试验条件,丰富研究方法。

5.1 室内静载试验

蒋应军基于Hertz接触本构关系建立级配碎石的颗粒流模型,对级配碎石的抗压、抗剪切强度等物理力学性能进行分析计算。结果发现实测值与模拟值误差只有5%,充分体现出颗粒流数值方法在级配碎石力学性能模拟方面的可行性和可靠性;徐金明建立了石灰岩的微细观结构模型,通过对模型的调试、计算分析了不同物理参数诸如法向刚度、接触模量等对石灰岩工程性能的影响,所得结果在工程地质灾害预测、治理方面具有较重大的价值。周健、池永基于离散单元法的颗粒流理论,分别采用接触刚度模型和Hertz-Mindlin模型对砂土和黏性土建立颗粒流模型,并进行了平面应变试验和剪切破坏试验。模拟计算结果与室内试验结果基本一致,对指导室内试验具有一定参考。周健、廖雄华在分析具有凝聚力的黏性土和无凝聚力的砂性土两类不同土质材料的工程特性的基础上,分别建立相应的数值模型,对这两种土的细观和宏观力学特性进行分析研究,数值计算所揭示的规律对岩土工程实际应用具有较重要的参考价值。

5.2 室内动载试验

周健、杨永香对砂土的动力特性进行了数值计算,分析了不同循环荷载作用下颗粒间的法向接触力、切向接触力等参量的变化规律,揭示了砂土的液化破坏特征及规律,对于合理指导地震或车辆等动荷载作用下岩土工程的安全减灾工作具有借鉴意义;刘洋研究了动力冲击循环荷载作用下饱和砂土状态转换面产生的条件、过程及影响因素,揭示了饱和砂土振动液化的机理。研究所得成果对于揭示砂土动力变形破坏的细观机理具有一定意义,对深入研究地震作用下的安全防护及减灾工作奠定一定基础。贾敏才对二维颗粒流程序PFC2D进行二次开发,建立了能模拟砂土地基承受振冲加固荷载作用的动力数值仿真模型,通过编制程序调试了振冲频率和振冲方向等细观参数对试验结果的影响。结果表明颗粒流程序在揭示砂土振动破坏特性方面具有较高的可行性和适用性,对于深入研究砂土的动力性能和变化规律具有较高的参考价值。动载试验的颗粒流模拟如图3所示。

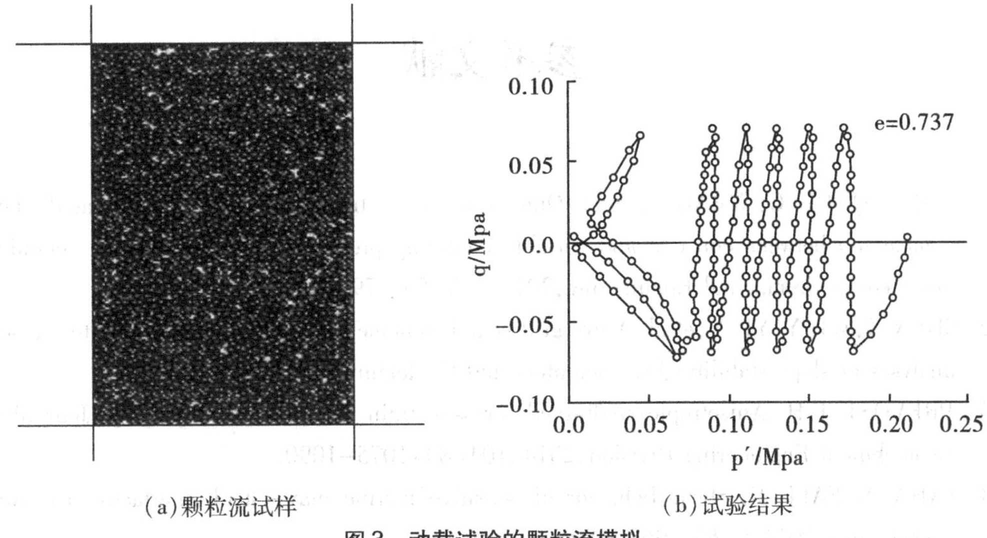

(a)颗粒流试样　　(b)试验结果

图 3　动载试验的颗粒流模拟

6　结论

土体的细观特性是土体宏观特征更加基本的属性,建立土体细观结构对宏观力学性质的定量反应分析理论已成为当前研究的热点问题。颗粒流理论及其 PFC2D 程序,克服了传统连续介质力学模型的宏观性假设,从细观层面上对土的工程特性进行数值模拟,尤其适合土这类散粒介质的力学分析。在数字信息技术高速发展的背景下,积极开展土工数值仿真研究具有重要意义。本文基于颗粒流理论,对岩土工程领域内的渗流及渗透破坏、边坡稳定分析、灌浆及土工试验问题的颗粒流研究进行述评,期望着能推动颗粒流数值仿真技术的创新发展。

参考文献

[1]CAI Y Q, GU C, WANG J, et al. One-way cyclic triaxial behavior of saturated clay: comparison between constant and variable confining pressure[J]. Journal of Geotechnical and Geo-environmental Engineering, 2013, 139(5): 797-809.

[2]CHEN X, WU Y, YU Y, et al. A two grid search scheme for large-scale 3-D finite element analyses of slope stability[J]. Computers and Geotechnics, 2014, 62: 203-215.

[3]PREVOST J H. Anisotropic undrained stress-strain behavior of clays[J]. Journal of Geotechnical Engineering Division, 2014, 104(8): 1075-1090.

[4]TAHA A, FALL M. Shear behavior of sensitive marine clay-steel interfaces[J]. Acta Geotechnica, 2014, 9(6): 968-980.

[5]陈国庆,黄润秋,石豫川.基于动态和整体强度折减法的边坡稳定性分析[J].岩石力学与工程学报,2014,33(2):243-256.

[6]陈力华,靳晓光.有限元强度折减法中边坡三种失效判据的适用性研究[J].土木工程学报,2012,45(9):136-146.

[7]陈仁朋,李君,陈云敏,等.干砂盾构开挖面稳定性模型试验研究[J].岩土工程学报,2011,33(1):117-122.

[8]陈曦,刘春杰.有限元强度折减法中安全系数的搜索算法[J].岩土工程学报,2010,28(9):1443-1447.

[9]陈云敏.环境土工基本理论及工程应用[J].岩土工程学报,2014,36(1):1-46.

[10]陈正汉.非饱和土与特殊土力学的基本理论研究[J].岩土工程学报,2014,36(2):201-272.

[11]陈祖煜,宗露丹,孙平.加筋土坡的可能滑移模式和基于库仑理论的稳定分析方法[J].土木工程学报,2016,49(6):113-122.

[12]程展林,龚壁卫,胡波.膨胀土的强度及其测试方法[J].岩土工程学报,2015,37(S):11-15.

[13]邓代强,吴鸿云,袁爱平,等.充填料浆十字板剪切测试分析[J].地下空间与工程学报,2014,10(2):299-305.

[14]邓东平,李亮.两种滑动面型式下边坡稳定性计算方法的研究[J].岩土力学,2013,34(2):372-381.

[15]杜修力,路德春.土动力学与岩土地震工程研究进展[J].岩土力学,2011,32(S):10-20.

[16]范凌燕.基于FLAC3D纤维石灰土路基边坡稳定性分析[J].铁道科学与工程学报,2018,15(9):2258-2262.

[17]费康,刘汉龙,孔纲强,等.热力耦合边界面模型在COMSOL中的开发应用[J].岩土

力学,2017,38(6):1819-1826.

[18]耿萍,卢志楷,丁梯,等.基于颗粒流的围岩注浆动态过程模拟研究[J].铁道工程学报,2017(3):34-40.

[19]谷川,王军,蔡袁强.考虑变围压因素的饱和软黏土循环纯压动力特性试验研究[J].岩土工程学报,2013,35(7):1307-1315

[20]郭建波,刘晓明.预钻式旁压试验在厦门地铁岩土工程勘察中的应用[J].铁道勘察,2014(2):54-58.

[21]贺瑞霞,任德生,曹洪亮.工程地质勘察中的标准贯入试验[J].铁道建筑,2010(3):60-62.

[22]贺为民,范建.强夯法处理湿陷性黄土地基评价[J].岩石力学与工程学报,2017,26(S2):4095-4101.

[23]侯鑫,马巍,李国玉.木质素磺酸盐对兰州黄土力学性质的影响[J].岩石力学与工程学报,2017,38 (S2):18-26.

[24]蒋中明,龙芳,熊小虎,等.边坡稳定性分析中的渗透力计算方法考证[J].岩土力学,2015,36(9):2478-2486.

[25]金鑫,王铁行,于康康.水玻璃自渗注浆加固原状黄土效果及评价[J].西安建筑科技大学学报(自然科学版),2016,48(4):516-521.

[26]雷进生,刘 非,王乾峰,等.非均质土层的注浆扩散特性与加固力学行为研究[J].岩土工程学报,2015,37(12):2245-2253.

[27]李保华,郭伟林,安明.超高能级强夯处理低含水量湿陷性黄土原理研究[J].施工技术,2015,44 (9):112-114.

[28]李永亮,周国胜,李永鹏.有限元强度折减法边坡失稳判据的适用性研究[J].水利与建筑工程学报,2018,16 (5): 125-129.

[29]梁冠亭,陈昌富,朱剑锋.基于 M-P 法的抗滑桩支护边坡稳定性分析[J].岩土力学,2015,36(2):451- 457.

[30]刘汉龙.土动力学与土工抗震研究进展综述[J].土木工程学报,2012,45 (4):148-165.

[31]刘松玉,詹良通,胡黎明,等.环境岩土工程研究进展[J].土木工程学报,2016,49(3):6-30.

[32]刘翔宇,杨光华,杨球玉,等.旁压试验在深厚强风化花岗岩层中的应用[J].工程勘察,2016(7):31-36.

[33]刘中兴,冯 猛,伍永福,等.基于 COMSOL 软件的稀土电解过程数值模拟[J].科学技术与工程,2017,17(13):247-253.

[34]卢玉林,陈晓冉.地下水渗流作用下土坡稳定性的简化 Bishop 法解[J].应用力学学报,2018,35(3):524-530.

[35]马文杰,王博林,王旭.改性黄土的力学特性试验研究[J].水利水电技术,2018(10):63-67.

[36]裴利剑,屈本宁,钱闪光.有限元强度折减法边坡失稳判据的统一性[J].岩土力学,

2010,31 (10): 3337-3341.
[37]秦鹏飞. 不良地质体注浆细观力学模拟研究[J]. 煤炭学报,2020,45(7): 2646-2654.
[38]秦鹏飞. 不同应力路径下饱和粉土强度与变形特性试验研究与现场监测分析[D]. 北京:北京工业大学,2010.
[39]秦鹏飞. 砂土注浆的颗粒流细观力学数值模拟[J]. 土木工程与管理学报,2017,34(4): 30-38.
[40]秦胜伍,苗强,张领帅,等. 基坑开挖与支撑拆除对周围环境影响的研究[J]. 工程地质学报,2020,28(5):1106-1115.
[41]邱清文,詹良通,黄依艺. 考虑任意初始条件的均质土质覆盖层降雨入渗解析解[J]. 岩土工程学报,2017,39(2):359-365.
[42]屈耀辉,苗学云. 3 种常用地基处理方法在黄土区高铁地基中的适用性研究[J]. 中国铁道科学,2015,36(4):8-12.
[43]邵龙潭,刘士乙,李红军. 基于有限元滑面应力法的重力式挡土墙结构抗滑稳定分析[J]. 水利学报,2011,42(5):602-608.
[44]邵生俊,李骏,李国良. 大厚度自重湿陷黄土湿陷变形评价方法的研究[J]. 岩土工程学报,2015,37 (6):965-980.
[45]邵云铖. 受扰动土性状室内试验研究[D]. 杭州:浙江大学,2008.
[46]沈珠江. 当前土力学研究中的几个问题[J]. 岩土工程学报,1986,8(5):1-8.
[47]师涛. 冲击碾压技术在黄土路基施工中的应用研究[D]. 西安:长安大学,2017.
[48]苏振宁,邵龙潭. 边坡稳定分析的任意形状滑动面的简化 Bishop 法[J]. 水利学报,2014,45(S2):147-152.
[49]孙磊,王军,孙宏磊,等. 循环围压对超固结黏土变形特性影响试验研究[J]. 岩石力学与工程学报,2015,34(3):1-7
[50]唐皓,赵法锁,段钊,等. 考虑含水损伤的 Q2 黄土非线性蠕变模型[J]. 南水北调与水利科技,2014,12(5):6-10,17.
[51]王杰,李迪安,田宝吉,等. 新型桩-土-撑组合支护体系工程应用研究[J]. 岩土工程学报,2019,41(S2):93-96.
[52]王冬勇,陈曦,吕彦楠. 基于二阶锥规划理论的有限元强度折减法及应用[J]. 岩土工程学报,2018,36 (11):1254-1260.
[53]王金龙,张家发,李少龙. 乌东德水电站水垫塘边坡雾化雨入渗数值分析[J]. 岩土力学,2012,33(9):2845-2850.
[54]王鹏程,骆亚生,张希栋,等. 分级加卸载条件下 Q3 黄土三轴蠕变特性研究[J]. 地下空间与工程学报,2014,10(6):1237-1242.
[55]王谦,刘红玫,马海萍,等. 水泥改性黄土的抗液化特性与机制[J]. 岩土工程学报,2016,38(11):2128-2134.
[56]王铁行,吕擎峰,王生新. 复合改性水玻璃加固黄土微观特征研究[J]. 岩土力学,2016,37(S2):301-308.
[57]王晓玲,李瑞金,敖雪菲,等. 水电工程大坝基岩三维随机裂隙岩体灌浆数值模拟

[J]. 工程力学,2018,35(1):148-159.

[58]王旭,刘东升,宋强辉. 基于极限平衡法的边坡稳定性可靠度分析[J]. 地下空间与工程学报,2016,12(3):839-845.

[59]王艳春,王永岩,李剑光,等. 基于 COMSOL 的页岩蠕变过程中固热化耦合响应分析[J]. 应用力学学报,2019,36(3):697-704.

[60]吴文飞,张纪阳,何锐. 固化剂改良水泥稳定黄土强度及水稳性研究[J]. 硅酸盐通报,2016,35(7):2159-2166.

[61]肖特,李典庆,周创兵. 基于有限元强度折减法的多层边坡非侵入式可靠度分析[J]. 应用基础与工程科学学报,2014,22 (4):718-725.

[62]许成顺,姚爱军,杜修力,侯世伟. 全自动静——动三轴剪切仪的功能分析及应用[J]. 北京工业大学学报,2008,34(6):591-595.

[63]杨春景,张迪. 非饱和重塑黄土三轴蠕变试验研究[J]. 长江科学院院报,2016,33(6):75-78.

[64]杨有海,刘永河,任新. 水泥搅拌饱和黄土强度影响因素试验研究[J]. 铁道工程学报,2016 (1):21-26.

[65]姚仰平,牛雷,崔文杰,等. 超固结非饱和土的本构关系[J]. 岩土工程学报,2011,33(6): 833-839.

[66]姚志华,黄雪峰,陈正汉. 关于黄土湿陷性评价和剩余湿陷量的新认识[J]. 岩土力学,2014,35 (4):998-1006.

[67]詹金林,水伟厚. 高能级强夯法在石油化工项目处理湿陷性黄土中的应用[J]. 岩土力学,2015,30 (S2):469-473.

[68]张恩祥,何腊平,龙照,等. 黄土地区刚-柔性桩复合地基的承载机理[J]. 交通运输工程学报,2019,19(4):70-80.

[69]张虎元,林澄斌,生雨萌. 抗疏力固化剂改性黄土工程性质试验研究[J]. 岩石力学与工程学报,2015,34 (S1):3575-3581.

[70]张建民. 砂土动力学若干基本理论探究[J]. 岩土工程学报,2012,34 (1):1-50.

[71]张小雪,王滨生,迟玉鹏,等. 边坡稳定分析的颗粒流方法研究[J]. 哈尔滨工程大学学报,2015,36(5):666-670.

[72]赵健,杨立,邓冬梅,等. 基于 3DEC 对某输电线路新建铁塔岩质边坡的稳定性评价[J]. 安全与环境工程,2018,25(2):55-60.

[73]赵炼恒,曹景源,唐高朋. 基于双强度折减策略的边坡稳定性分析方法探讨[J]. 岩土力学,2014,35 (10):2977-2984.

[74]赵永虎,米维军,孙润东,等. 湿陷性黄土区公路涵洞地基处理措施效果研究[J]. 铁道工程学报,2017(1):6-11.

[75]周正军,陈建康,吴震宇,等. 边坡稳定数值计算中失稳判据和岩土强度屈服准则[J]. 四川大学学报(工程科学版),2014,46 (4): 6-12.

[76]李宇杰,王梦恕,徐会杰,等. 地铁矿山法区间隧道病害分级标准及补强对策[J]. 都市快轨交通,2014,27(1):86-89.

[77]张顶立. 隧道及地下工程的基本问题及其研究进展[J]. 力学学报,2017,49(1):3-21.
[78]张顶立. 隧道稳定性及其支护作用分析[J]. 北京交通大学学报,2016,40(4):9-18.
[79]雷进生,刘非,王乾峰,等. 非均质土层的注浆扩散特性与加固力学行为研究[J]. 岩土工程学报,2015,37(12):2245-2253.
[80]董飞,房倩,张顶立,等. 北京地铁运营隧道病害状态分析[J]. 土木工程学报,2017,50(6):104-113.
[81]叶飞,孙昌海,毛家骅,等. 考虑黏度时效性与空间效应的C-S双液浆盾构隧道管片注浆机理分析[J]. 中国公路学报,2017,30(8):49-56.
[82]郑刚,杜一鸣,刁钰,等. 基坑开挖引起邻近既有隧道变形的影响区研究[J]. 岩土工程学报,2016,38(4):599-612.
[83]张庆松,张连震,张霄,等. 基于浆液黏度时空变化的水平裂隙岩体注浆扩散机制[J]. 岩石力学与工程学报,2015,34(6):1198-1210.
[84]孔祥言. 高等渗流力学[M]. 北京:中国科学技术大学出版社,1999.
[85]张龙云,张强勇,李术才,等. 基于流固耦合的围岩后注浆对大型水封石油洞库水封性影响分析[J]. 岩土力学,2014,35(2):474-480.
[86]吕晓聪,许金余. 海底圆形隧道在渗流场影响下的弹塑性解[J]. 工程力学,2009,26(2):216-221.
[87]谢宏明,何川,封坤,等. 地震作用下盾构隧道环缝单向振动防水性能试验[J]. 西南交通大学学报,2019,54(9):1000-1005.
[88]王培涛,杨天鸿,于庆磊,等. 节理边坡岩体参数获取与PFC2D应用研究[J]. 采矿与安全工程学报,2013,30(4):560-565.
[89]周喻,MISRA A,吴顺川,等. 岩石节理直剪试验颗粒流宏细观分析[J]. 岩石力学与工程学报,2012,31(6):1 245-1 256.
[90]刘顺桂,刘海宁. 断续节理直剪试验与PFC2D数值模拟分析[J]. 岩石力学与工程学报,2008,27(9):1828 - 1836.
[91]周健,周凯敏,姚志雄,等. 砂土管涌-滤层防治的离散元数值模拟[J]. 水利学报,2010,41(1):17-25.
[92]游碧波,周翠英. 双层堤基条件下管涌逸出的颗粒流模拟[J]. 中山大学学报(自然科学版),2010,49(6):42-48.
[93]张小雪,王滨生,迟玉鹏,等. 边坡稳定分析的颗粒流方法研究[J]. 哈尔滨工程大学学报,2015,36(5):666-670.
[94]王宇,李晓,王声星,等. 滑坡渐进破坏运动过程的颗粒流仿真模拟[J]. 长江科学院院报,2012,29(12):46-52.
[95]聂琼,项伟. 红层坝基层间剪切带破坏特征及颗粒流模拟[J]. 长江科学院院报,2014,31(6):53-59.